ESTEREOISOMERIA DE COMPOSTOS ORGÂNICOS

Blucher

Alexandre J. S. Góes

ESTEREOISOMERIA DE COMPOSTOS ORGÂNICOS

CONCEITOS E APLICAÇÕES

Estereoisomeria de compostos orgânicos: conceitos e aplicações

Editora Edgard Blücher Ltda.

Imagem da capa: iStockphoto

Blucher

Rua Pedroso Alvarenga, 1245, 4º andar
04531-934 – São Paulo – SP – Brasil
Tel.: 55 11 3078-5366
contato@blucher.com.br
www.blucher.com.br

Segundo Novo Acordo Ortográfico, conforme 5. ed. do *Vocabulário Ortográfico da Língua Portuguesa*, Academia Brasileira de Letras, março de 2009.

Dados Internacionais de Catalogação na Publicação (CIP)
Angélica Ilacqua CRB-8/7057

Góes, Alexandre J. S.
Estereoisomeria de compostos orgânicos : conceitos e aplicações / Alexandre J. S. Góes. – São Paulo : Blucher, 2019.
256 p. : il.

Bibliografia
ISBN 978-85-212-1432-8 (impresso)
ISBN 978-85-212-1433-5 (e-book)

1. Estereoquímica 2. Química orgânica 3. Compostos orgânicos I. Título.

19-0208 CDD 547

Índice para catálogo sistemático:
1. Química orgânica : Estereoquímica

APRESENTAÇÃO

Transmitir nosso conhecimento a outros é uma satisfação imensurável. Esse prazer também é proporcional quando se estuda e domina um tópico difícil que requer muita atenção. Para isso, é importante que os livros e textos sejam obras bem elaboradas e didáticas, com intenção de viabilizar a compreensão para aqueles que os leem. Este livro foi elaborado e organizado de acordo com as aulas que venho ministrando na disciplina de Estereoquímica do curso de pós-graduação em Ciências Farmacêuticas da Universidade Federal de Pernambuco (UFPE). Portanto, os capítulos foram elaborados de forma sequenciada, lógica e divididos em seções com textos concisos e explicativos e exercícios corrigidos.

O objetivo deste livro é fornecer um material com clareza, com muitas figuras e exemplos, para a compreensão dos princípios da estereoquímica que são aplicados na química, na bioquímica e nas disciplinas correlacionadas. Este livro será útil aos estudantes dos cursos de Farmácia, Química, Biomedicina, Ciências Biológicas, Bioquímica, pós-graduações (mestrado e doutorado) e profissionais de áreas afins.

Neste momento, agradeço ao professor Dr. José Gildo de Lima, que generosamente cedeu seu precioso tempo para ler meticulosamente este material e por ter feito comentários e sugestões úteis. Aos professores Dr. Sebastião José de Melo e Dr. Antonio José Alves, que deram valiosos conselhos. À bióloga Mariza S. de Lima Silva, por ter lido este livro e me ajudado com algumas correções gramaticais. E ao professor Dr. Mário Luiz Araújo de Almeida Vasconcellos, por ter aceitado fazer o prefácio.

Este livro é dedicado a todos os leitores que se interessarem pelo assunto. À minha esposa Helena Juliana Nagy, à minha filha Yazmin Nagy Góes e aos demais familiares, em especial, aos meus pais José Inácio de Melo Góes Neto e Jael Rejane da Silva Góes, pelo apoio nos momentos em que eu mais precisei.

Por fim, me sentirei realizado se este livro ajudar você a desenvolver um raciocínio lógico que poderá ser aplicado a outros propósitos pertinentes.

Alexandre J. S. Góes

PREFÁCIO

Caro leitor,

Quando fui convidado pelo autor para tecer algumas palavras sobre esta obra que está em suas mãos, senti uma grande honra e uma grande responsabilidade. Conheço o professor Alexandre Góes de longa data, desde nosso doutoramento na França. Entretanto, como professor e autor de livros didáticos, li integralmente este material e, se não percebesse que este livro traria uma enorme contribuição para os amantes do conhecimento em química, eu não faria esta apresentação. Logo no início da leitura, percebi que algo inovador está sendo publicado. O tema em pauta merecia uma publicação que o mostrasse de forma altamente didática e original e com muitos exemplos, como desenhos tridimensionais acurados e exercícios fartos e, principalmente, estimulantes ao aprendizado dessa ciência tão bela e difícil. Agora existe! Nós, professores, alunos, professores-alunos e alunos-professores temos um material completo sobre estereoquímica, que pode ser usado tanto na graduação em Química e nas diversas áreas afins como na pós-graduação, e também para professores mais experientes, que não perderam a sede de aprender. Este livro foi projetado para ser usado em um curso de noventa horas em uma disciplina específica de estereoquímica e análise conformacional na pós-graduação. Entretanto, os professores podem usar este material de forma adequada na graduação. Tenho o enorme prazer de indicar fortemente este livro, e logicamente serei um adepto dele nas minhas aulas. Os brasileiros devem se orgulhar de ter, na literatura, um novo livro (não somente um livro novo) feito por um brasileiro, que pode, sem dúvida, ser traduzido futuramente para outros idiomas e ganhar o mercado internacional. Parabéns ao professor Alexandre Góes pela dedicação de anos na escrita deste material, que será, sem dúvida, uma referência obrigatória para todos os que desejam aprender estereoquímica.

Dr. Mário Vasconcellos
Professor titular da Universidade Federal da Paraíba (UFPB)

Estar professor não é ser professor.

Ser professor é:

Ter domínio do conhecimento;

Ter habilidade e satisfação em transmitir o conhecimento;

Preocupar-se com a didática;

Preocupar-se com o aprendizado dos alunos;

Gostar de estudar;

Ter dom.

Alexandre J. S. Góes

CONTEÚDO

1. REPRESENTAÇÃO DE FÓRMULAS ESTRUTURAIS PLANAS 15

1.1 Fórmulas de Lewis 15

1.2 Fórmulas de traços.. 16

1.3 Fórmulas condensadas 17

1.4 Fórmulas de linha-ângulo (ziguezague) 17

1.5 Informação sobre nomenclatura 18

2. FORMAS GEOMÉTRICAS E REPRESENTAÇÕES DE MOLÉCULAS NO ESPAÇO 21

2.1 Ângulos de torção (ω) e ângulos de valência (θ) 21

2.2 Formas geométricas das moléculas orgânicas 22

2.3 Convenções (representações) de uma molécula 25

2.4 Passagem de uma representação para outra 39

3. ISOMERIA 45

3.1 Isomeria constitucional 45

4. ESTEREOISÔMEROS 51

4.1 Configuração e conformação 52

4.2 Estereoisômeros configuracionais 53

5. ENANTIOMERIA 55

5.1 Propriedades de enantiômeros 59

5.2 Rotação específica [α] 63

5.3 Excesso enantiomérico (ee) 64

5.4 Molécula quiral 66

5.5 Elementos de simetria 69

5.6 Descritores *R/S* 79

5.7 Superposição de uma molécula e sua imagem em projeção de Fischer 102

5.8 A importância do conhecimento da configuração absoluta 106

5.9 Descritores *r/s* (pseudorectus *r*/pseudosinister *s*) 116

6. PROQUIRALIDADE 123

6.1 Centro proquiral 123

6.2 Descritores pro-rectus (*pro-R*) e pro-sinister (*pro-S*) 123

6.3 Determinação das faces de um átomo trigonal sp^2 (faces *si* e *re*) 129

6.4 Aplicação completa de *pro-R, pro-S*, face *re*, face *si* e configuração *R/S* 132

7. CLASSIFICAÇÃO DE COMPOSTOS EM SÉRIES *D/L* 135

7.1 Descritores *D/L* (convenção de Fischer-Rosanoff) 135

7.2 Correspondência da configuração *D/L* com a configuração absoluta *R/S* 136

7.3 Aminoácidos: Série *D* e *L* 140

8. DIASTEREOISOMERIA 145

8.1 Diastereoisomeria *cis e trans* de alquenos 150

8.2 Diastereoisomeria *Z* e *E* 153

8.3 Diastereoisomeria *cis e trans* de compostos cíclicos 156

8.4 Diastereoisomeria *eritro* e *treo* 157

8.5 Diastereoisomeria de sistemas bicíclicos com pontes (descritores *endo, exo, sin* e *anti*) 161

8.6 Diastereoisomeria de dois ou mais ciclos colados 166

9. CARBOIDRATOS: REPRESENTAÇÕES E NOMENCLATURAS DO CARBONO ANOMÉRICO 171

9.1 Representações cíclicas de Fischer (forma linear) e nomenclatura α, β.... 171

9.2 Passagem da forma de Fischer (forma linear) para forma cíclica de Haworth de cinco átomos (furanoses) e seis átomos (piranoses) 175

9.3 Representação em perspectiva plana de Haworth 183

9.4 Representação de Haworth: Série *D* e Série *L*; Anômero β e Anômero α.... 184

9.5 Imagem no espelho de β-*D* e β-*L*-glicopiranose e α-*D* e α-*L*-glicopiranose 185

9.6 Avaliação da configuração relativa de carboidratos na projeção de Fischer... 187

9.7 Determinação da série *D* ou *L* em estruturas cíclicas 190

9.8 Classificação das nomenclaturas α-*D*, β-*D*, α-*L* e β-*L* na fórmula de Haworth 193

10. NOMENCLATURA DAS CONFORMAÇÕES DE KLYNE E PRELOG 197

10.1 Terminologia: sin-periplanar, anti-periplanar, sinclinal e anticlinal....... 197

11. RELAÇÃO ENTRE GRUPOS DE UMA MOLÉCULA 201

11.1 Topicidade 201

11.2 Grupos homotópicos (equivalentes) 201

11.3 Grupos enantiotópicos 205

11.4 Análise envolvendo hidrogênios homotópicos e enântiotópicos 208

11.5 Grupos diastereotópicos 211

11.6 Exemplos de hidrogênios geminais e metilas geminais homotópicos, enantiotópicos e diastereotópicos 214

12. FACES HOMOTÓPICAS, FACES ENANTIOTÓPICAS E FACES DIASTEREOTÓPICAS 217

12.1 Faces homotópicas 217

12.2 Faces enantiotópicas 218

12.3 Faces diastereotópicas 219

12.4 Faces diastereotópicas mostradas em Newman 220

12.5 Modelo de Cram (1952) ... 221

12.6 Modelo quelado de Cram (1959) ... 222

12.7 Modelo de Cornoforth (1959) ... 222

12.8 Modelo de Karabatsos (1967) ... 223

12.9 Modelo de Felkin (1968) ... 223

12.10 Modelo de Felkin e Anh (1977) ... 223

13. ESTEREOISOMERIA DE DIENOS ACUMULADOS, SISTEMAS ESPIRANOS, SISTEMAS ALQUILIDENO-CICLOALCANOS E SISTEMAS BIFENILAS ... 227

13.1 Dienos acumulados ... 228

13.2 Sistemas espiranos ... 229

13.3 Sistemas alquilideno-cicloalcanos ... 230

13.4 Sistemas bifenilas ... 231

14. PLANO DE QUIRALIDADE (CONFIGURAÇÃO ABSOLUTA *pR* E *pS*)... 233

14.1 Descritores *pR* e *pS* ... 233

15. SISTEMAS *SIN*, *ANTI*, *LIKE* E *UNLIKE* ... 237

15.1 Sistemas *sin* e *anti* de Masamune ... 237

15.2 Sistemas *like* e *unlike* ... 239

16. MÉTODO DE SEPARAÇÃO DE RACEMATOS POR FORMAÇÃO DE DIASTEREOISÔMEROS ... 241

16.1 Exemplos de resolução de racematos ... 243

RESPOSTAS DOS EXERCÍCIOS ... 245

REFERÊNCIAS ... 253

CAPÍTULO 1
REPRESENTAÇÃO DE FÓRMULAS ESTRUTURAIS PLANAS

É importante, antes de começar os capítulos de isomeria, revisar as principais fórmulas estruturais planas que são utilizadas na química orgânica. São elas:

Fórmulas de Lewis (pontos que representam elétrons de valência).
Fórmulas de traços (os traços representam os elétrons de valência formando as ligações).
Fórmulas condensadas (mostram todos os carbonos e hidrogênios e omitem as ligações covalentes).
Fórmulas de linha-ângulo (ziguezague) (os átomos de carbono e hidrogênio não são mostrados. A linha indica a ligação entre carbonos).

A seguir, as principais fórmulas estruturais planas:

1.1 FÓRMULAS DE LEWIS

Na estrutura de Lewis, cada elétron de valência é representado por um ponto. As ligações químicas covalentes são representadas por pares de elétrons. Então, por exemplo, entre dois átomos de carbono, uma ligação simples corresponde a um par de elétrons compartilhado (C:C); uma ligação dupla corresponde a dois pares de elétrons (C::C) e uma ligação tripla corresponde a três pares de elétrons compartilhados (C:::C).

Exemplos de alguns hidrocarbonetos

```
  H H H                H                                  H
H:C:C:C:H          H H:C:H H            H           H   H:C:H
  H H H          H : C : C : C:H    H H H:C:H H   H H:C:H H H
                     H   H   H    H:C : C : C : C : C : C : C:C:H
                                    H   H   H   H   H   H   H H
  Propano          2-Metilpropano            3-Etil-6-Metiloctano
```

```
     H        H                H
  H H:C:H  H H:C:H H        H H:C:H H    H         H H H
H:C : C : C : C : C:H     H:C : C : C::C : C:H   H:C:C:C:C:::C:H
  H H:C:H H   H   H         H   H     H   H        H H H
      H
 2,2,4-Trimetilpentano     4-Metil-2-Penteno        1-Pentino
```

1.2 FÓRMULAS DE TRAÇOS

Nas fórmulas de traços, um par de elétrons compartilhado (C:C) na estrutura de Lewis é representado por um traço (C-C), uma ligação dupla (C::C) de Lewis é representada por dois traços (C=C) e uma ligação tripla (C:::C) é representada por três traços (C≡C).

Exemplos

```
                                                        H
                                                        |
                            H                  H      H-C-H
                            |                  |        |
  H H H                   H-C-H              H-C-H    H-C-H
  | | |                 H   |   H          H H |  H H |  H H
H-C-C-C-H             H-C---C---C-H      H-C-C-C--C-C-C--C-C-H
  | | |                 |   |   |          | | |  | | |  | |
  H H H                 H   H   H          H H H  H H H  H H

 Propano               2-Metilpropano        3-Etil-6-Metiloctano
```

```
    H     H
    |     |
  H-C-H H-C-H             H
  H |   H |  H            |
  | |   | |  |          H-C-H
H-C-C---C-C--C-H        H |  H    H
  | |   | |  |          | |  |    |           H H H
  H |   H H  H        H-C-C--C=C--C-H       H-C-C-C-C≡C-H
  H-C-H                 | |    |  |           | | |
    |                   H H    H  H           H H H
    H

2,2,4-Trimetilpentano   4-Metil-2-Penteno      1-Pentino
```

1.3 FÓRMULAS CONDENSADAS

Correspondem a uma simplificação estrutural. Mostram todos os carbonos, hidrogênios e outros átomos e omitem as ligações covalentes de traços ou de pontos.

Exemplos

$CH_3CH_2CH_3$
Propano

$CH_3CH(CH_3)CH_3$
2-Metilpropano

$CH_3CH_2CH(CH_3)(CH_2)_2CH(CH_2CH_3)CH_2CH_3$
3-Etil-6-Metiloctano

$CH_3C(CH_3)_2CH_2CH(CH_3)CH_3$
2,2,4-Trimetilpentano

$CH_3CH(CH_3)CHCHCH_3$
4-Metil-2-Penteno

$CH_3CH_2CH_2CCH$
1-Pentino

1.4 FÓRMULAS DE LINHA-ÂNGULO (ZIGUEZAGUE)

As fórmulas de linha-ângulo são representações mais fáceis e rápidas de serem desenhadas, em comparação com outras fórmulas. Esse tipo de fórmula não mostra os carbonos nem os hidrogênios, apenas as ligações covalentes na forma de linha ou traço entre os carbonos, que são representados pelos vértices. Sabendo que o carbono forma quatro ligações covalentes, fica fácil a dedução, contando com as linhas já existentes na fórmula, da quantidade de hidrogênios que fazem parte, mas são omitidos na estrutura. Observe no exemplo a seguir que, nas extremidades envolvidas pelo ciclo de número 1, é mostrado apenas um traço (uma ligação), subentendendo-se que nesses carbonos há três hidrogênios. Os vértices envolvidos pelo ciclo de número 2 apresentam dois traços (duas ligações). Dessa forma, fica subentendido que naqueles carbonos há dois hidrogênios e, nos vértices envolvidos pelo ciclo de número 3, há três traços (três ligações), portanto, apenas um hidrogênio.

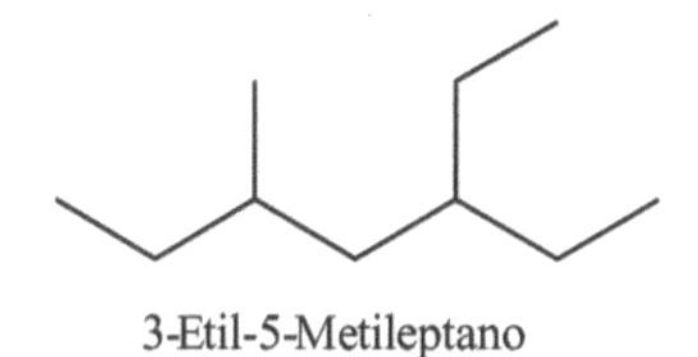

3-Etil-5-Metileptano

Linha ou traço correspondendo a uma ligação química

Os vértices envolvidos pelos ciclos de número 2 representam o grupo CH_2

Os ciclos de número 3 representam o grupo CH

1 1 2 1 1 3 3 1 2 2 2

As extremidades envolvidas pelos ciclos de número 1 representam o grupo CH_3

Exemplos da substituição dos ciclos por CH_3, CH_2 e CH

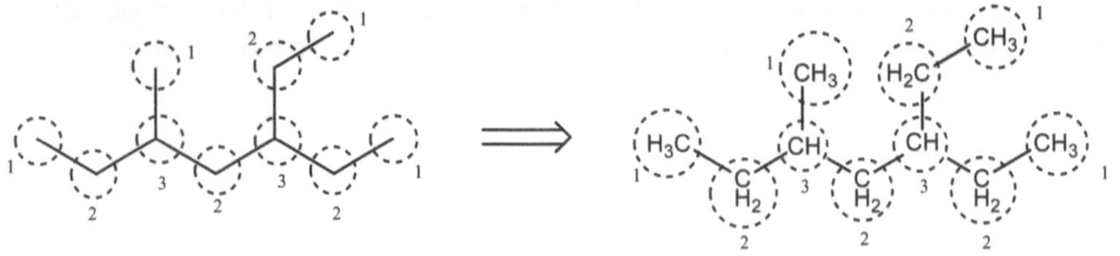

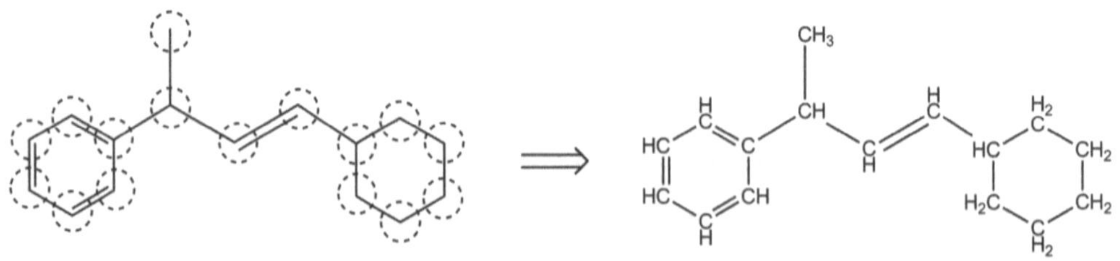

1.5 INFORMAÇÃO SOBRE NOMENCLATURA

Existe um conjunto de regras estabelecidas pela IUPAC (do inglês, International Union of Pure and Applied Chemistry e, em português, União Internacional de Química Pura e Aplicada) que são as mais utilizadas. Outra fonte para nomear uma substância é a CA (Chemical Abstracts). Sua formação obedece a regras particulares que são frequentemente parecidas com as da IUPAC. Encontra-se ainda outra denominação, a INN (International Nonproprietary Name), geralmente utilizada para medicamentos, inserida para designar de forma simples e sem ambiguidade as substâncias farmacêuticas. Em caso de dúvida ou para se aprofundar mais sobre os nomes sistemáticos de compostos químicos, o estudante pode consultar as regras editadas pela IUPAC.

CAPÍTULO 2
FORMAS GEOMÉTRICAS E REPRESENTAÇÕES DE MOLÉCULAS NO ESPAÇO

Ao desenhar uma molécula em três dimensões (3D), é necessário que se entenda um pouco das formas geométricas das moléculas orgânicas, como ângulos de torção, definidos como ângulo diedro (ω), ângulos de valência (θ) e o emprego de algumas convenções, como a representação tridimensional de Cram e as representações ou projeções de Newman e de Fischer, assim como desenhos em perspectivas. O conhecimento dessas diferentes formas estenográficas proporcionará uma melhor compreensão dos demais conteúdos.

2.1 ÂNGULOS DE TORÇÃO (ω) E ÂNGULOS DE VALÊNCIA (θ)

Ângulos de torção (ângulo diedro) (ω) é o ângulo formado entre duas ligações B e B_1 vindas de átomos diferentes. Já os ângulos de valência (θ) são formados entre duas ligações que estão no mesmo átomo.

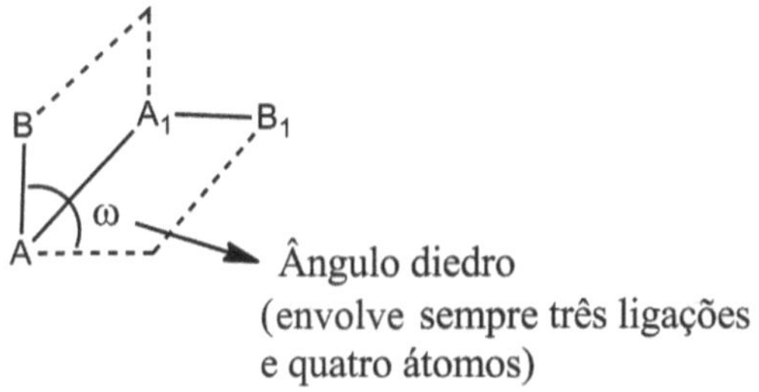

B A_1 B_1 A ω → Ângulo diedro (envolve sempre três ligações e quatro átomos)

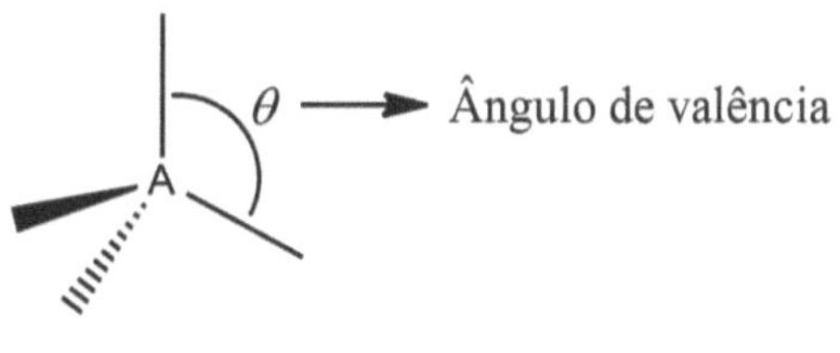

A θ → Ângulo de valência

Observação do ângulo diedro na projeção de Newman

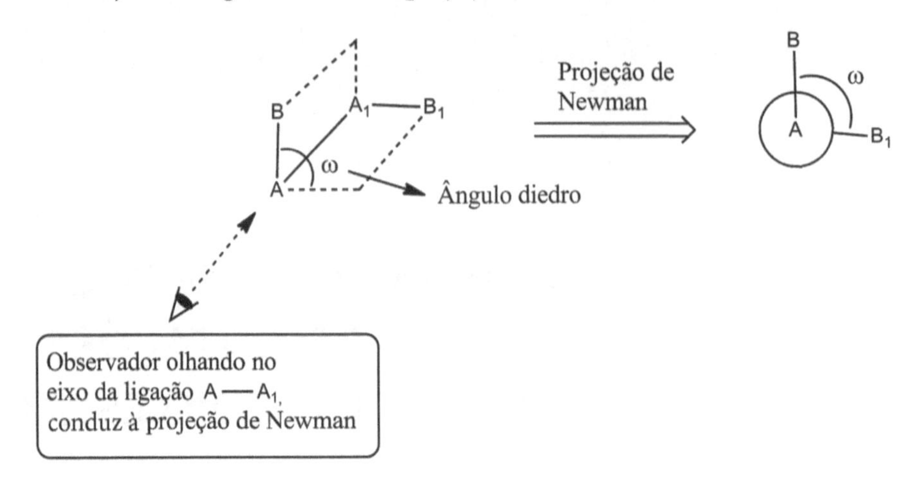

2.2 FORMAS GEOMÉTRICAS DAS MOLÉCULAS ORGÂNICAS

As formas geométricas podem ser do tipo AB_2, AB_3, AB_4, AB_5, AB_6, AB_3N, AB_4N, AB_5N, AB_3N_2, AB_4N_2, AB_2N_2, AB_2N_3, entre outras, em que A é o átomo central, B o ligante e N o par de elétrons não ligantes.

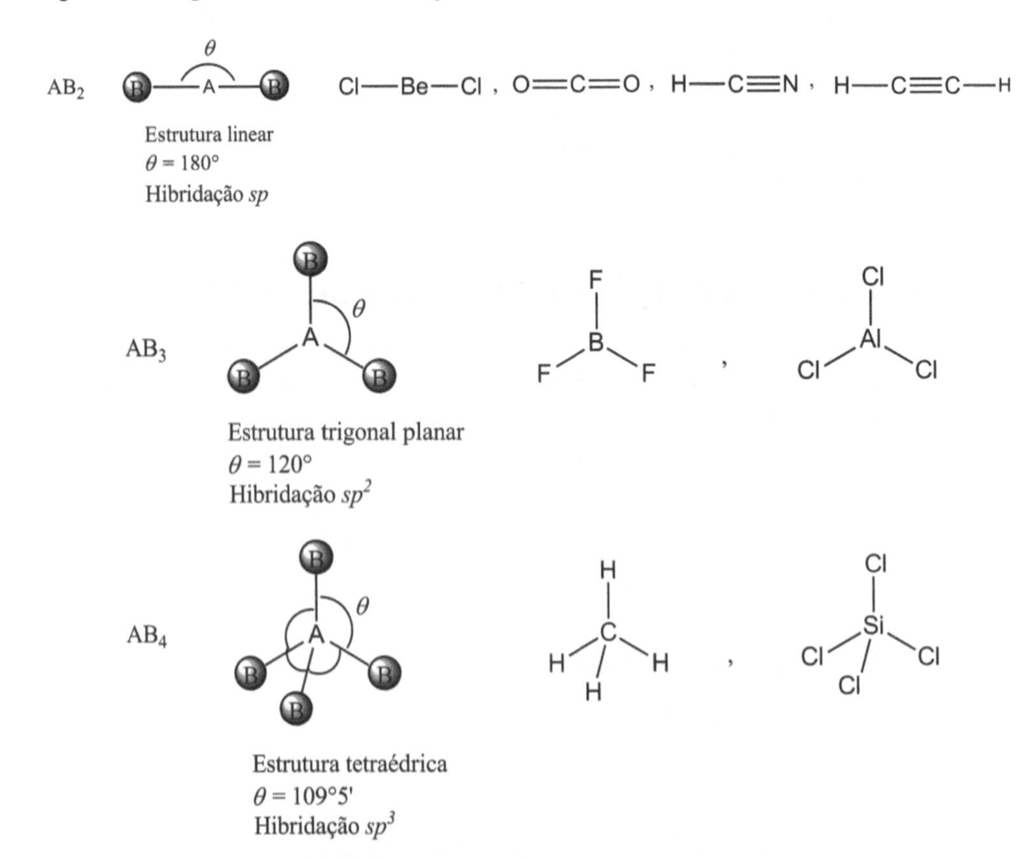

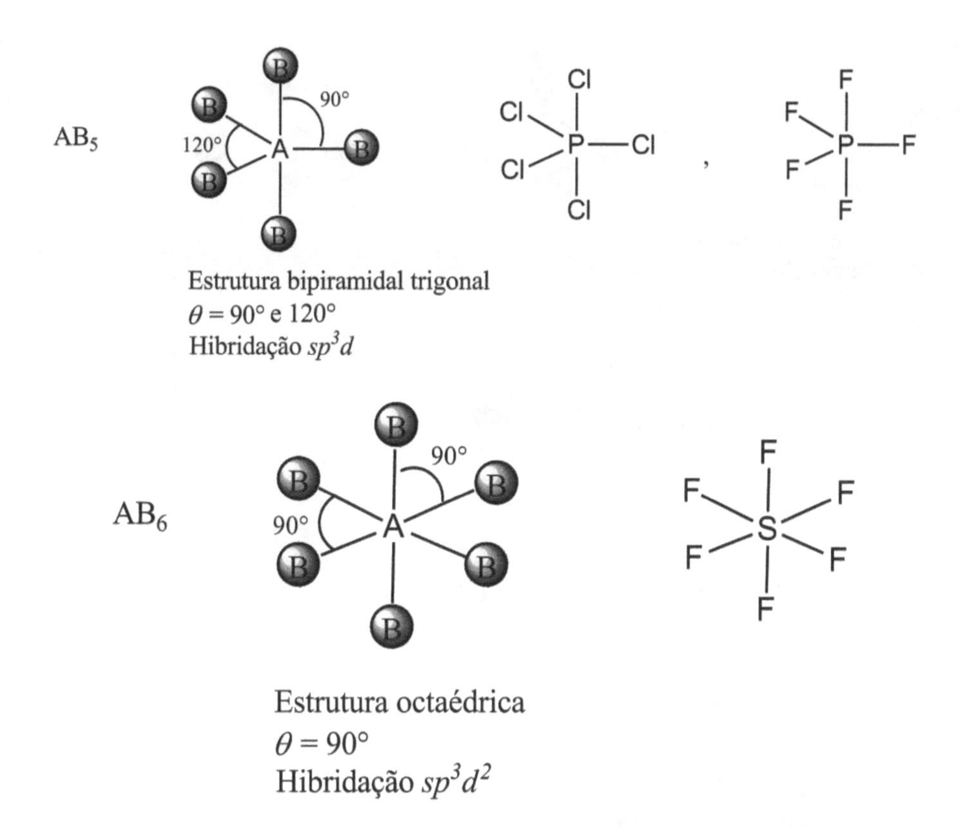

Estrutura bipiramidal trigonal
$\theta = 90°$ e $120°$
Hibridação sp^3d

Estrutura octaédrica
$\theta = 90°$
Hibridação sp^3d^2

Nos sistemas do tipo ABN, os pares de elétrons não ligantes ou não ligados convencionalmente podem ser representados de várias formas:

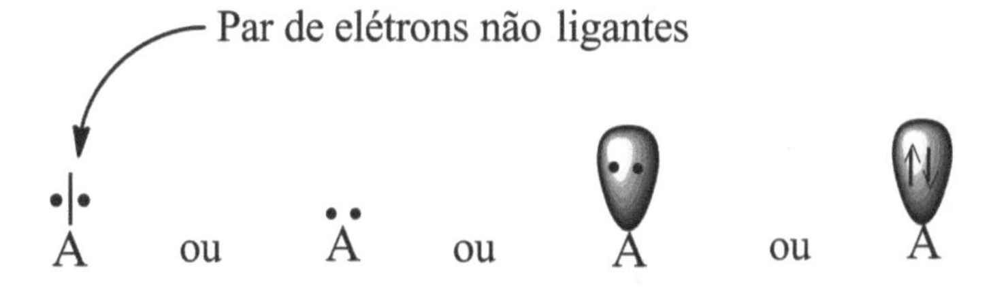

Os ângulos de valência podem ter valores alterados. Por exemplo, a molécula de amônia (NH_3) tem quatro pares de elétrons que estão dispostos de forma tetraédrica e deveria ter um ângulo de valência de 109°5′, igual ao metano (CH_4). Porém, como um desses pares é um par de elétrons sem formar ligação (não ligados), a molécula é classificada como piramidal trigonal, tendo um ângulo de 107°. Da mesma forma, a molécula de água (H_2O) apresenta um arranjo tetraédrico de seus quatro pares de elétrons, porém, como dois são livres (não ligados), a molécula é considerada angular e apresenta um ângulo em torno de 105°. Esses ângulos são alterados devido ao efeito de repulsão eletrônica. O efeito de repulsão de um par de elétrons não ligados é explicado supondo que esse par está mais próximo do núcleo do átomo do que de um par ligado e, assim, repele mais fortemente outros pares de elétrons.

AB_3N ou ou 107°

Estrutura piramidal trigonal
Hibridação sp^3

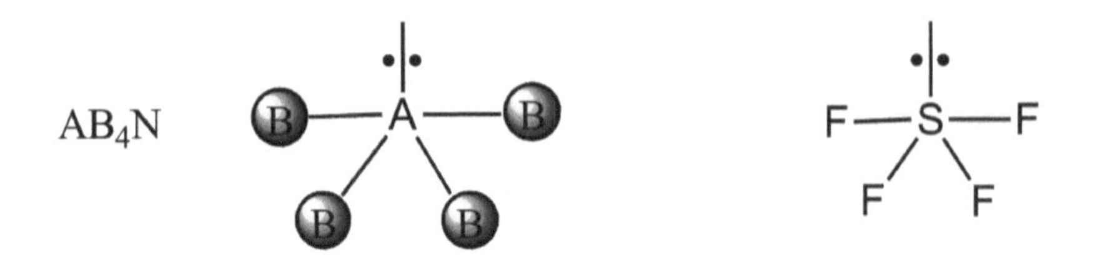

Estrutura tetraédrica distorcida

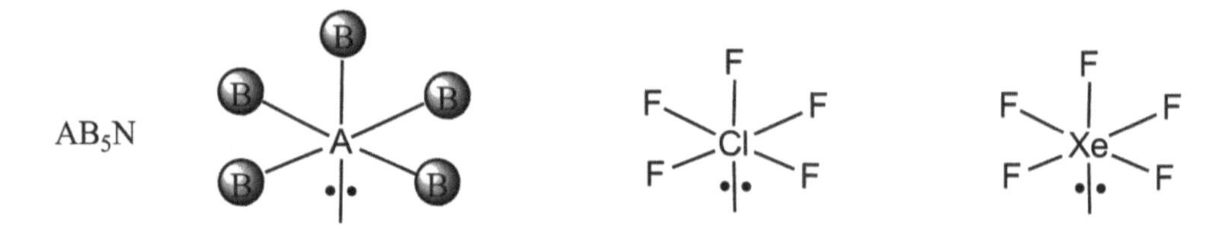

Estrutura piramidal de base quadrada

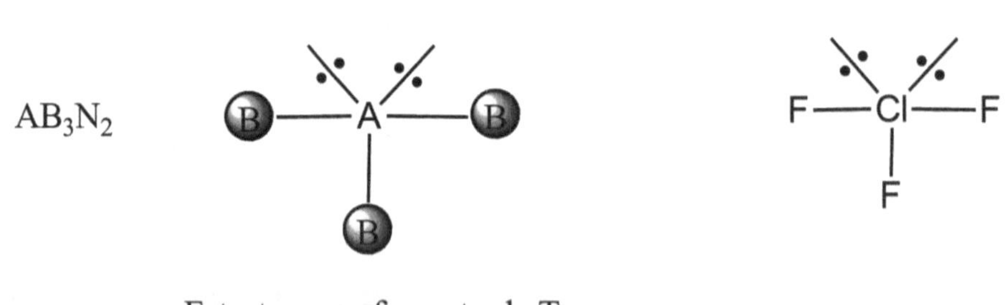

Estrutura em formato de T

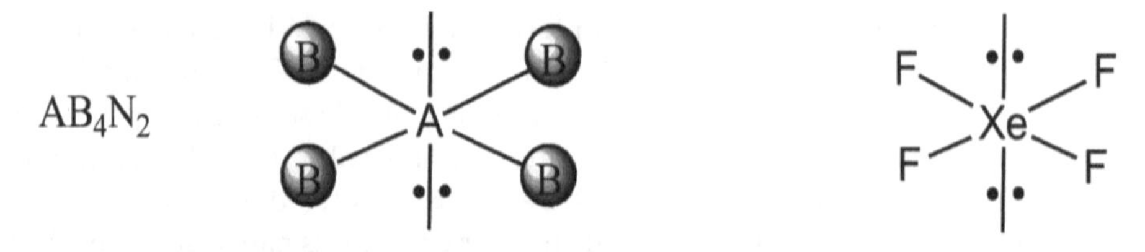

Estrutura quadrada plana

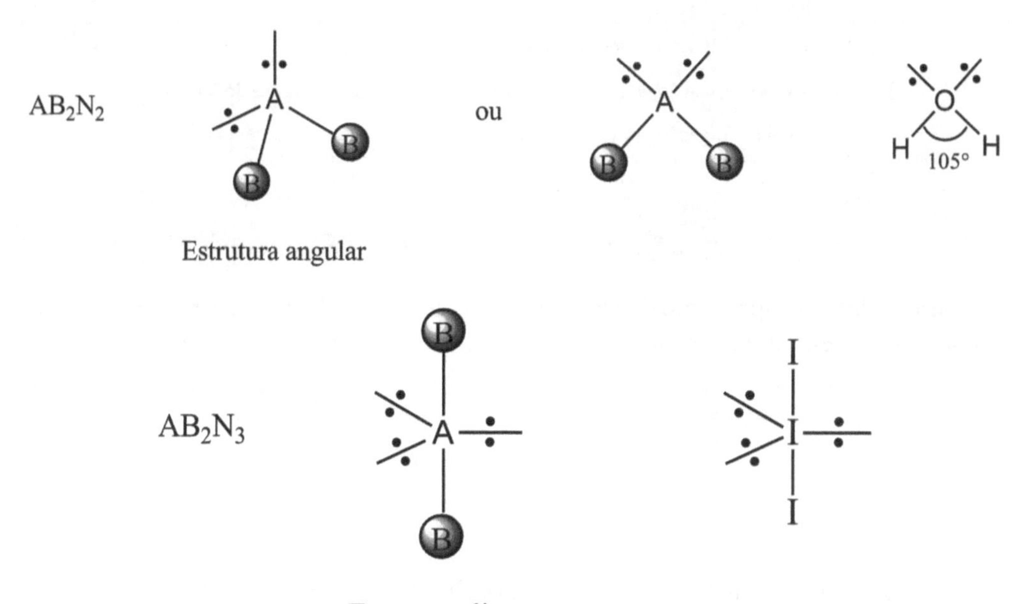

2.3 CONVENÇÕES (REPRESENTAÇÕES) DE UMA MOLÉCULA

São formas de representações de átomos de carbono ou de um centro estereogênico e de seus substituintes. As representações mais conhecidas e que abordaremos ao longo do texto são as de Cram, Newman, Fischer e perspectiva.

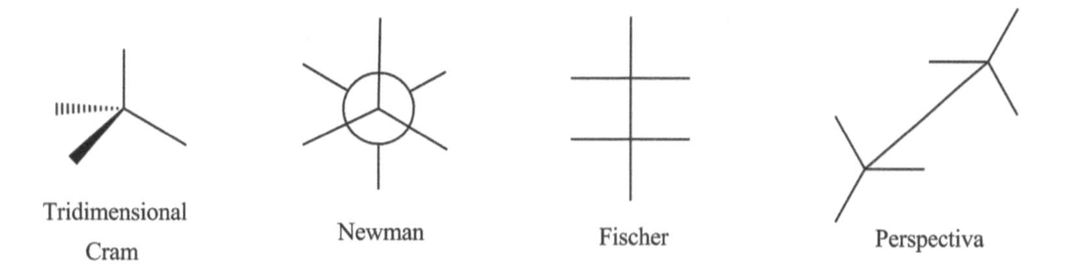

2.3.1 ESTRUTURA TRIDIMENSIONAL (REPRESENTAÇÃO DE CRAM)

Na estrutura tridimensional, as ligações são apresentadas como linhas normais (contínuas), linhas cheias (forma de cunha) e linhas tracejadas. As ligações em linhas normais são as que estão no mesmo plano da folha; as ligações em linhas cheias são as que estão na frente do plano da folha; e as tracejadas são aquelas que estão por trás do plano da folha.

(a) —— Ligação no mesmo plano da folha

(b) ◀━ Ligação na frente do plano da folha (aproximando-se do leitor)

(c) ·········||| Ligação por trás do plano da folha (afastando-se do leitor)

Para melhor compreensão do aluno, utilizou-se um modelo planar retangular[1] com uma cavidade em que é inserido um modelo molecular qualquer (Figura 1).

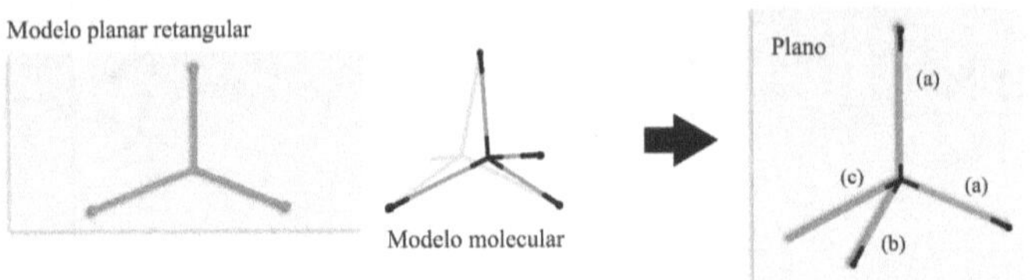

Figura 1

Modelo planar retangular de madeira e modelo molecular para mostrar as ligações no plano e fora do plano. Estão no plano as ligações (a) e fora do plano as ligações (b) e (c).

A sequência das figuras a seguir mostra que as ligações (a) estão no plano e as ligações (b) e (c) fora do plano.

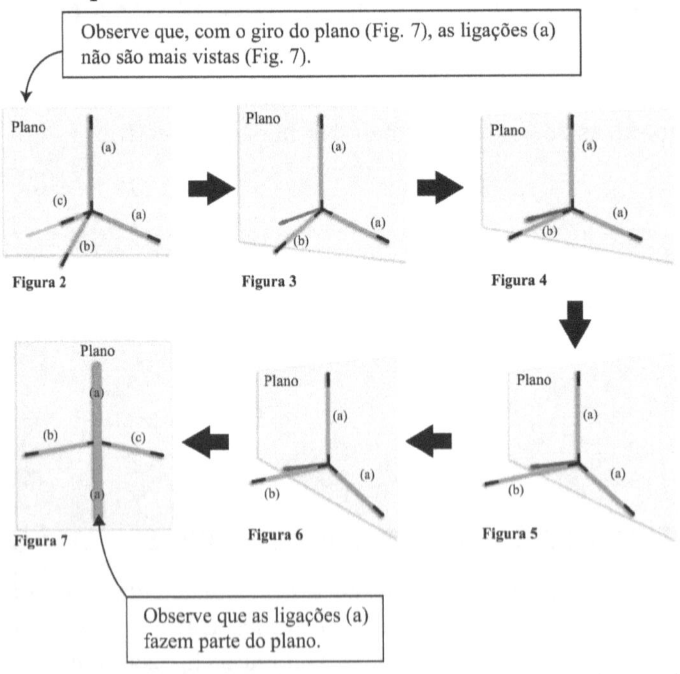

Representações de giros do modelo mostrando as ligações no plano e fora do plano.

1 Em função das experiências adquiridas em sala de aula no curso de Estereoquímica, o autor criou um recurso didático para explicar uma estrutura tridimensional, confeccionando um modelo planar retangular de madeira para facilitar a compreensão por parte dos alunos sobre ligações no plano e fora do plano.

Exemplos de várias formas tridimensionais

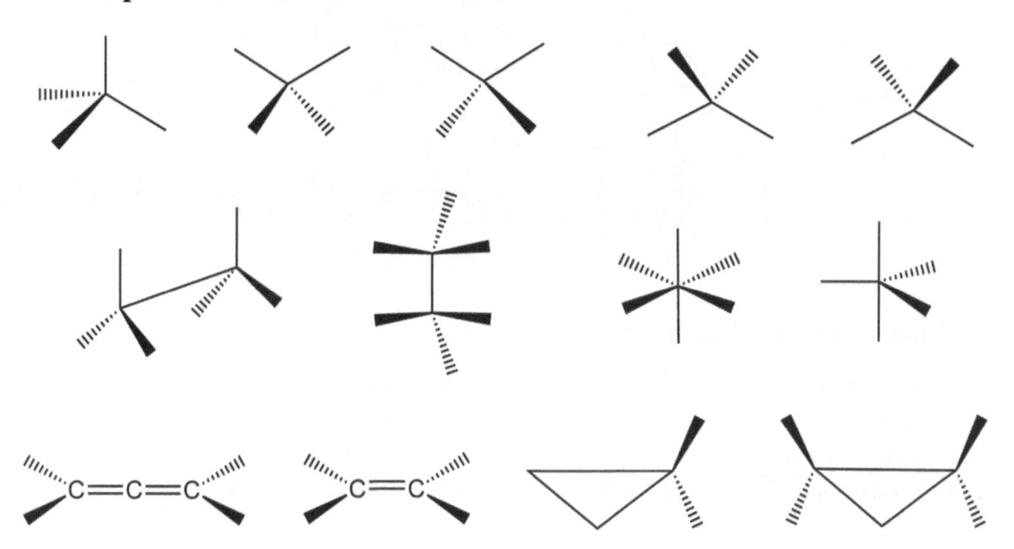

2.3.2 REPRESENTAÇÃO EM PERSPECTIVA

A representação em perspectiva pode ser aplicada para moléculas acíclicas e cíclicas. Esse tipo de representação é muito prático quando se estuda moléculas cíclicas e também suas conformações.

Exemplos

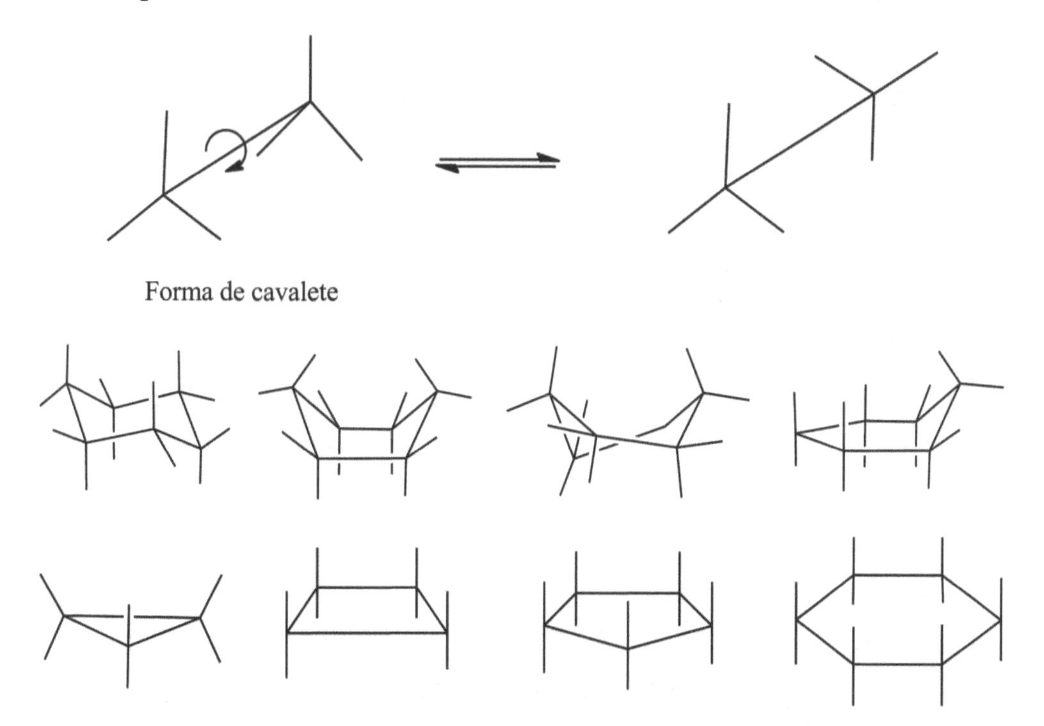

Forma de cavalete

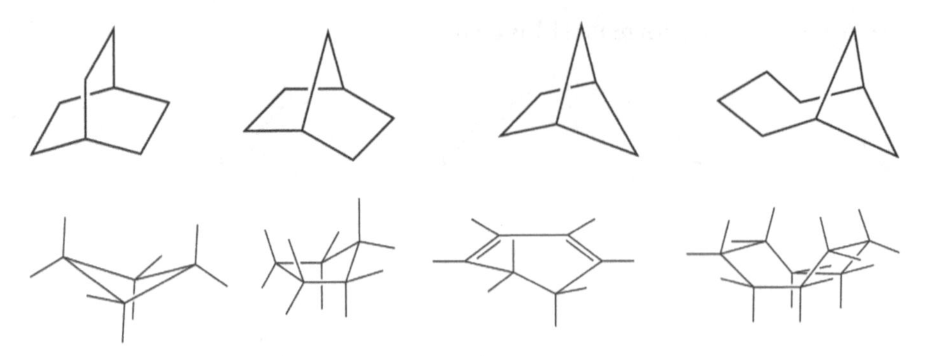

Observação: ciclo-hexano

O ciclo-hexano não é plano. Tem sua conformação plana desfavorável devido a uma forte tensão angular. Essa tensão desaparece com a existência de várias conformações respeitando o ângulo de valência (θ) do carbono sp^3. Essas formas são de cadeira (forma rígida), de barco (forma flexível) e cruzada (forma flexível).

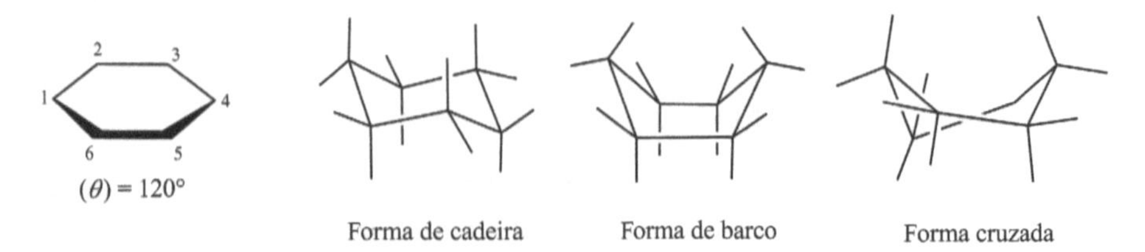

Forma de cadeira Forma de barco Forma cruzada

A conformação barco, por ser flexível, pode se transformar na conformação cruzada, que também é flexível.

Forma cruzada (a) Forma de barco Forma cruzada (b)

A conformação de barco tem uma estabilidade menor que a conformação de cadeira devido a uma interação (repulsão de Van der Waals) dos hidrogênios que se encontram na parte interna da estrutura molecular. A conformação de cadeira é a mais estável dentre elas. Encontram-se em equilíbrio duas formas de cadeira por meio de uma inversão rápida do ciclo, passando pela forma de barco a temperatura ambiente.

H H

Forma de cadeira Forma de barco Forma de cadeira

Na forma de cadeira, seis posições são ligações axiais (ax) e seis são ligações equatoriais (eq). Na interconversão do ciclo, as posições axiais tornam-se equatoriais e vice-versa.

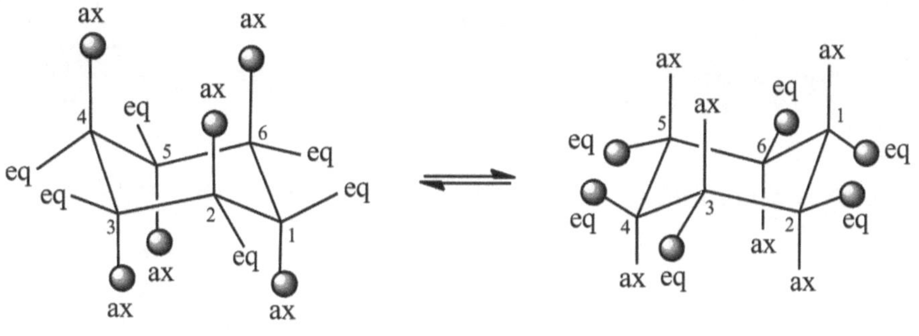

Forma $^{4}C_{1}$ Forma $^{1}C_{4}$

Dependendo dos tipos de substituintes, uma das formas é privilegiada e, em alguns casos, não há inversão da forma cíclica. É o que ocorre com alguns grupos volumosos, como o *terc*-butil, que, devido ao impedimento estérico entre os H de C3 e C5 com o H do metil, não há possibilidade de inversão.

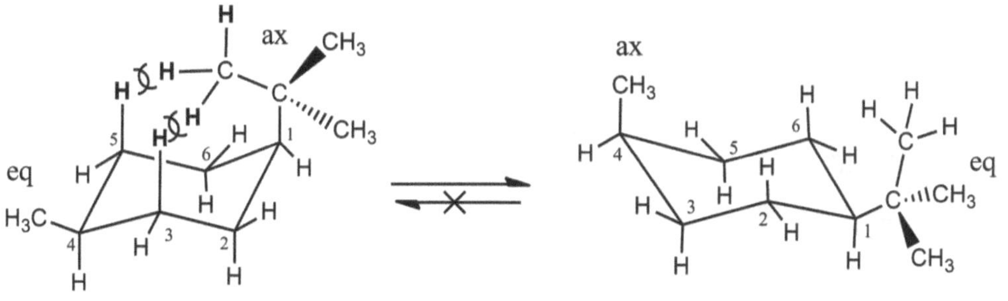

Conformação improvável Conformação mais estável

Em geral, substituintes mais volumosos, devido as suas interações diaxiais, tendem a ocupar, no equilíbrio, a posição equatorial.

Exemplos

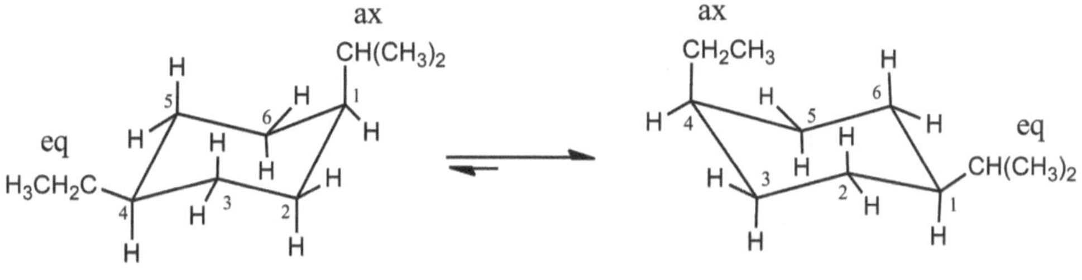

Conformação menos estável Conformação mais estável

Conformação menos estável

Conformação mais estável

Conformação menos estável

Conformação mais estável

Conformação menos estável

Conformação mais estável

Conformação menos estável

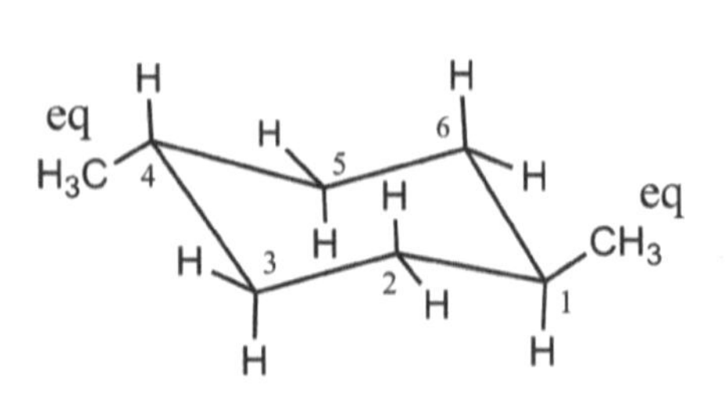

Conformação mais estável

Designações de formas de cadeira: ${}^4C_1$ e ${}^1C_4$.

Essas designações, ${}^4C_1$ e ${}^1C_4$, são muito usadas na série de açúcares.

${}^4C_1$: indica que o vértice 4 do ciclo está acima do plano médio e o vértice 1 abaixo do plano médio.

${}^1C_4$: indica que o vértice 4 do ciclo está abaixo do plano médio e o vértice 1 acima do plano médio.

Exemplo

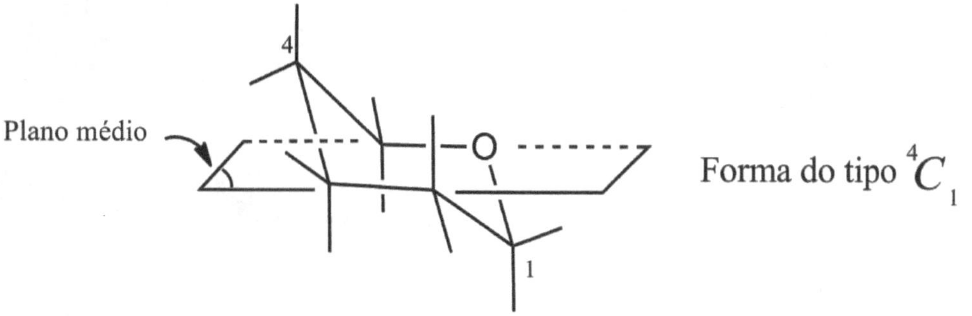

Plano médio

Forma do tipo ${}^4C_1$

A estrutura cíclica de seis átomos é encontrada na série de heterocíclicos saturados, principalmente na série dos açúcares.

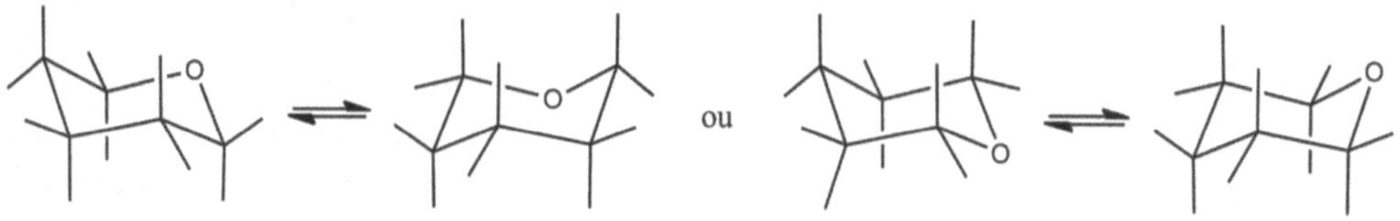

ou

Designações de formas de barco: ${}^{1,4}B$ e $B_{1,4}$.

${}^{1,4}B$: indica que os vértices 1 e 4 estão acima do plano médio.

$B_{1,4}$: indica que os vértices 1 e 4 estão abaixo do plano médio.

Forma ${}^{1,4}B$

Forma $B_{1,4}$

Outras formas $B_{2,5}$, $B_{O,3}$ ${}^{2,5}B$, ${}^{O,3}B$

2.3.3 REPRESENTAÇÃO DE HAWORTH

É uma representação cíclica plana muito utilizada para os açúcares. Por convenção, os vértices estão no mesmo plano horizontal. O átomo de oxigênio localiza-se acima e ao lado direito do ciclo.

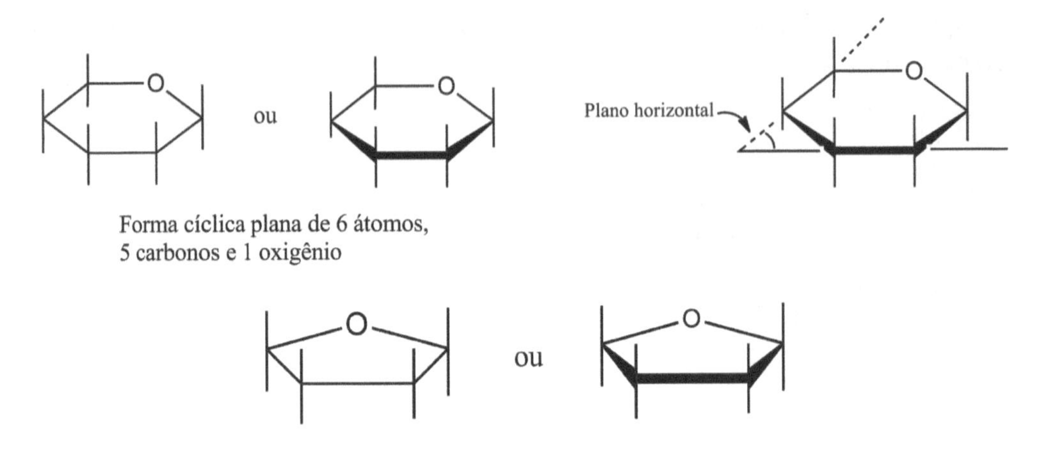

Forma cíclica plana de 5 átomos,
4 carbonos e 1 oxigênio

2.3.4 REPRESENTAÇÃO OU PROJEÇÃO DE NEWMAN

A molécula é vista sobre o eixo de uma ligação de escolha. Nesse caso, o eixo C1-C2 do modelo a seguir é projetado sobre uma superfície plana, em que os átomos de trás estão eclipsados pelos átomos da frente. Essa representação pode ser aplicada desde as moléculas simples até as mais complexas.

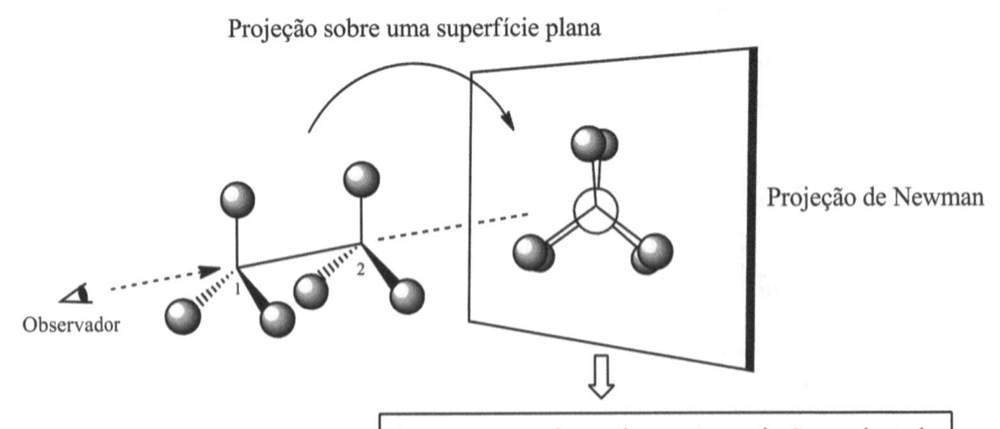

Imagem gerada pela sua projeção orientada pelo eixo da ligação C1-C2. Os átomos ou grupos da frente estão na frente dos átomos ou grupos de trás. Conformação eclipsada.

No exemplo geral a seguir, tomando como referência os grupos **a** e **d**, por livre rotação da ligação C1-C2, podem chegar a uma conformação chamada gauche quando **a** e **d** são vizinhos e a uma conformação chamada anti quando **a** e **d** são opostos.

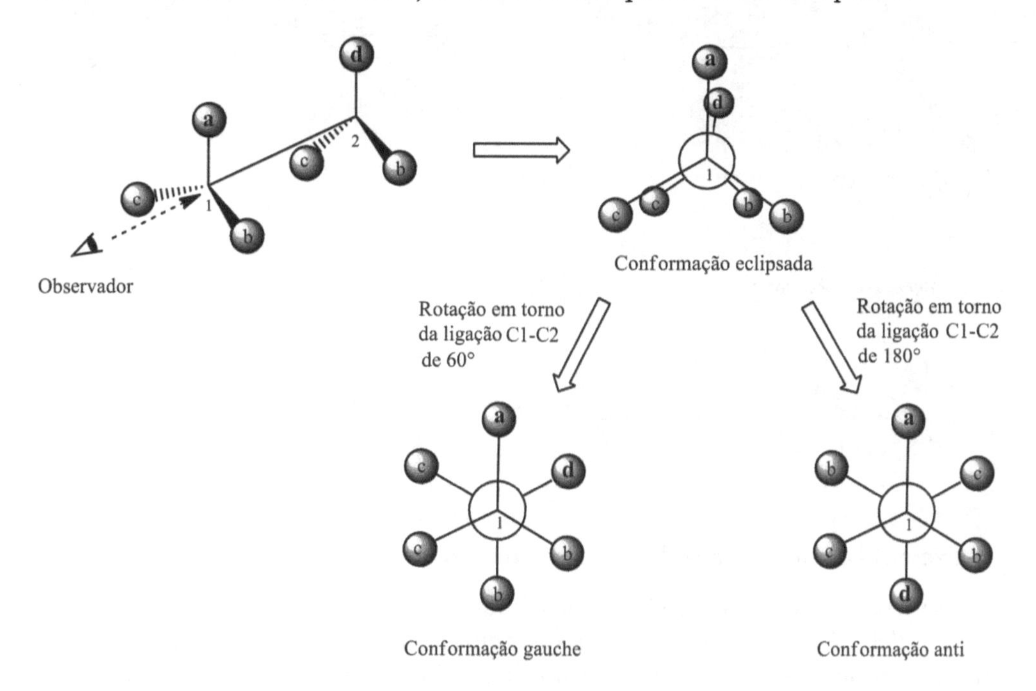

A representação de Newman é muito usada para estudar e analisar mais claramente os ângulos diedros (ω) de determinados confôrmeros como as distâncias entre os átomos. Nos exemplos a seguir, tomaremos o grupo **a** como piloto (referência 1) e o grupo **d** como referência 2.

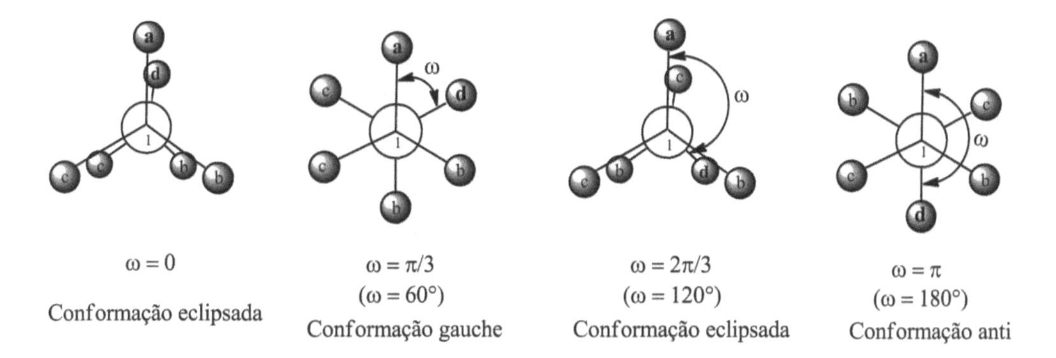

$\omega = 0$
Conformação eclipsada

$\omega = \pi/3$
($\omega = 60°$)
Conformação gauche

$\omega = 2\pi/3$
($\omega = 120°$)
Conformação eclipsada

$\omega = \pi$
($\omega = 180°$)
Conformação anti

As modificações da geometria de uma molécula, resultantes da variação desses ângulos sem quebra das ligações, altera a conformação da molécula.

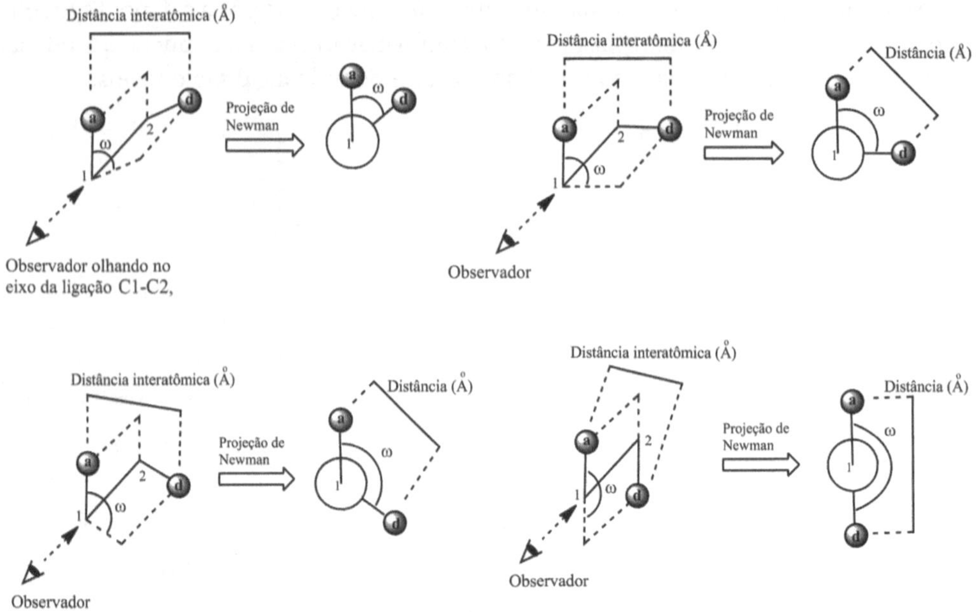

Exemplo da praticidade da aplicação da projeção de Newman

As variações das conformações podem levar uma molécula a interagir de forma seletiva por determinados receptores. Um exemplo clássico é o da acetilcolina, um neurotransmissor do sistema nervoso parassimpático (SNP). Dependendo da conformação, a acetilcolina pode interagir de forma seletiva nos receptores muscarínicos ou nicotínicos. Uma distância entre os grupos acetato (OAc) e amônio quaternário ($N^+(CH_3)_3$) em torno de 3,85Å (**a**) faz com que essa conformação apresente maior afinidade para os receptores muscarínicos e uma distância entre esses grupos em torno de 3,29Å (**b**) faz com que a conformação apresente maior afinidade para os receptores nicotínicos.

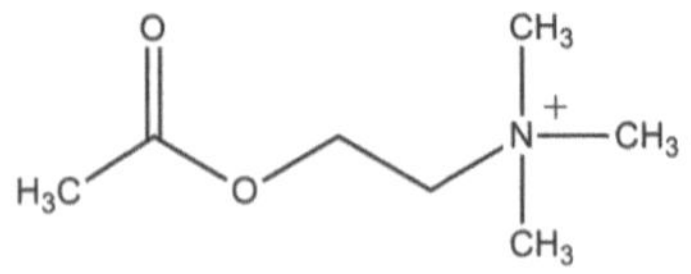

Acetilcolina

Estrutura tridimensional

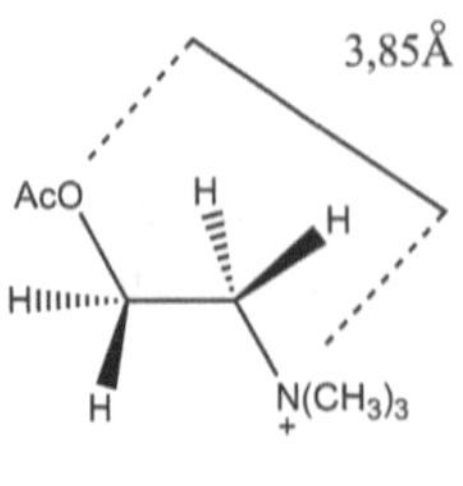

(a)

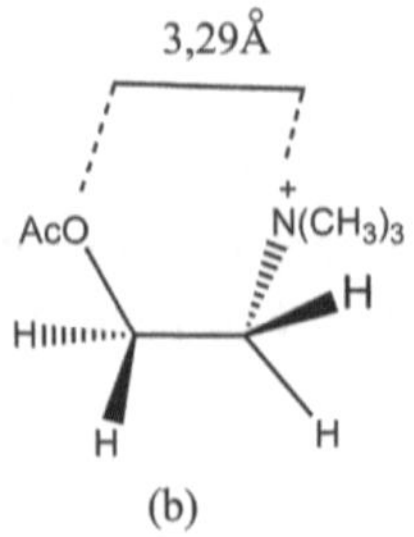

(b)

Projeção de Newman

Observe que os ângulos diedros (ω) se tornam mais fáceis de serem observados na projeção de Newman.

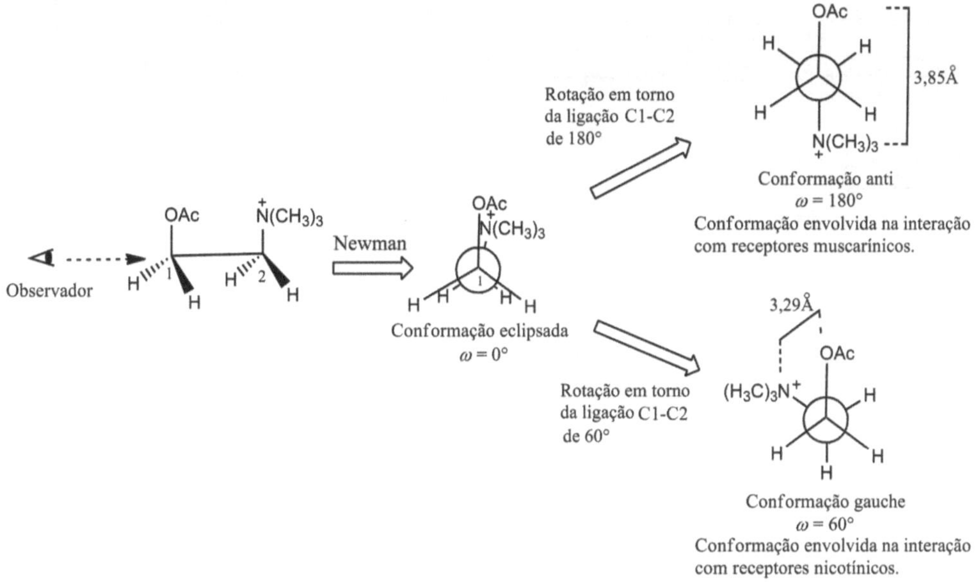
Observador
OAc
N(CH3)3
Newman
Conformação eclipsada
ω = 0°
Rotação em torno da ligação C1-C2 de 180°
3,85Å
Conformação anti
ω = 180°
Conformação envolvida na interação com receptores muscarínicos.
Rotação em torno da ligação C1-C2 de 60°
3,29Å
(H3C)3N+
Conformação gauche
ω = 60°
Conformação envolvida na interação com receptores nicotínicos.

2.3.5 REPRESENTAÇÃO OU PROJEÇÃO DE FISCHER

A projeção de Fischer consiste em colocar a cadeia carbônica mais longa na posição vertical e o grupo de maior oxidação na parte superior. As linhas horizontais indicam as ligações na frente do plano da folha e as verticais indicam as ligações por trás do plano ou no plano da folha.

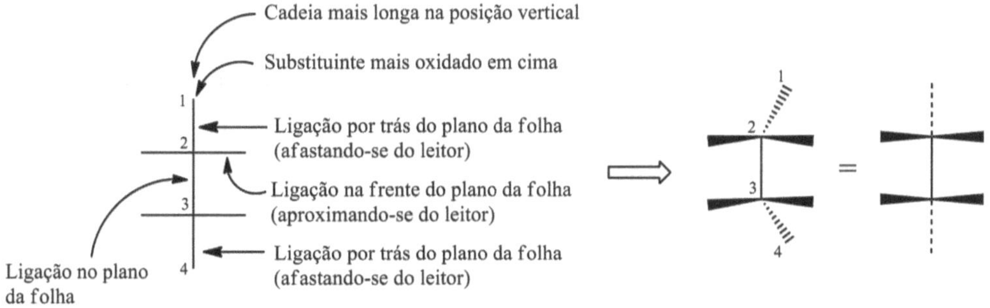
Cadeia mais longa na posição vertical
Substituinte mais oxidado em cima
Ligação por trás do plano da folha (afastando-se do leitor)
Ligação na frente do plano da folha (aproximando-se do leitor)
Ligação por trás do plano da folha (afastando-se do leitor)
Ligação no plano da folha

Projeção de Fischer

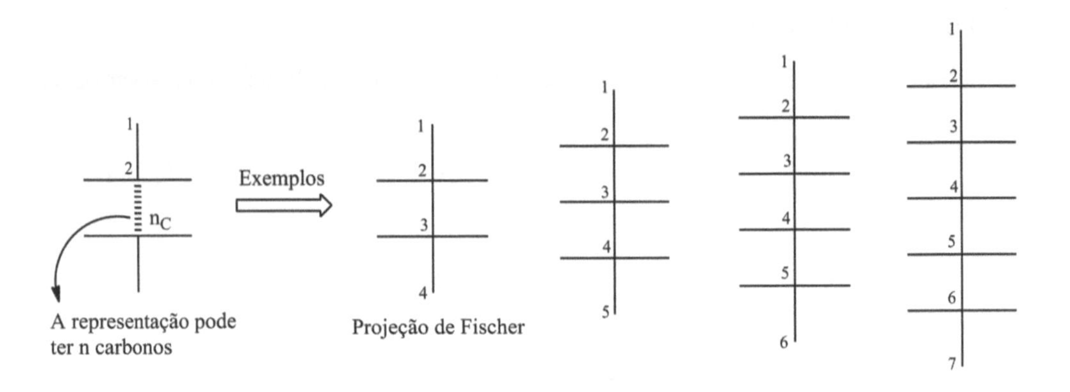

Projeção de Fischer

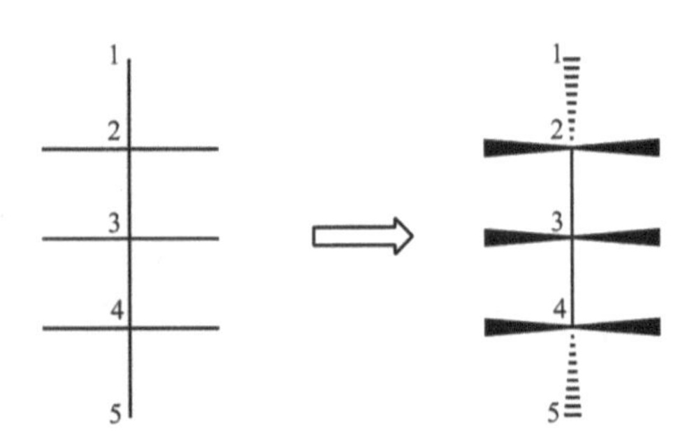

Projeção de Fischer

A figura a seguir mostra o estado de oxidação de alguns grupos e a ordem de acordo com o grau: 3, 2, 1.

Ordem dos grupos de maior estado de oxidação

$$-C(=O)-OH > -C(=O)-H > -CH_2-OH$$

$$-C(=O)-OH > R-C(=O)-R_1 > R-CH(R_1)-OH$$

Algumas funções classificadas de acordo com o grau de oxidação: 3, 2, 1.

3	2	1
$R-C(=O)-OH$	$R-C(=O)-H$	$R-CH_2-OH$
$R-C(=O)-NH_2$	$R-C(=O)-R$	$R-CH_2-X$ (halogênios)
$R-C(=O)-Cl$	$R-C(=NH)-R$	$R-SH$ $R-NH_2$
$R-C\equiv N$	$R-C\equiv C-R$	$R-C(R)=C(R)-R$
$R-C(=O)-OR$		

A projeção de Fischer é muito utilizada nos aminoácidos e nos carboidratos (oses), principalmente nos monossacarídeos.

Exemplos α-aminoácidos

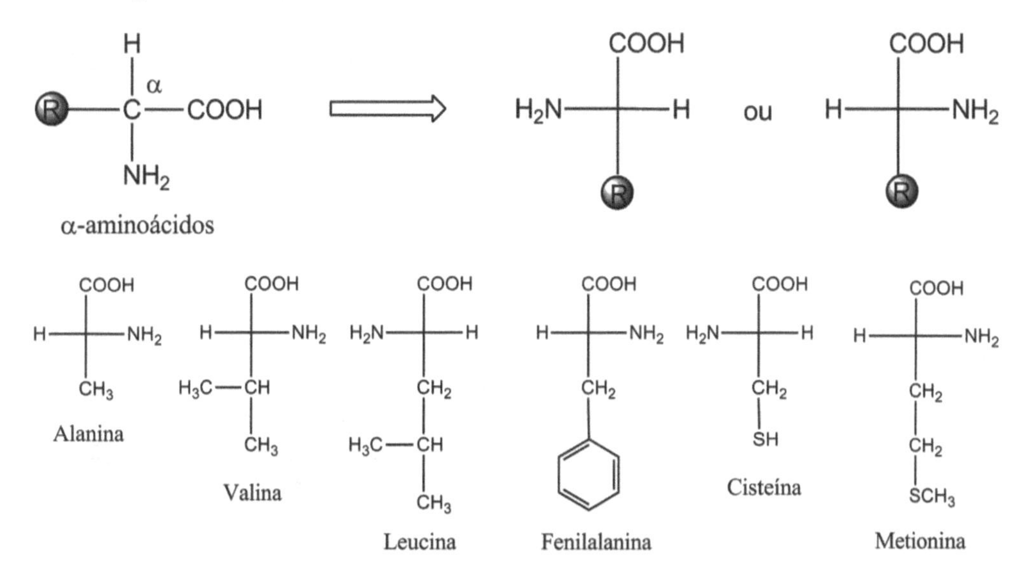

Carboidratos do tipo aldoses

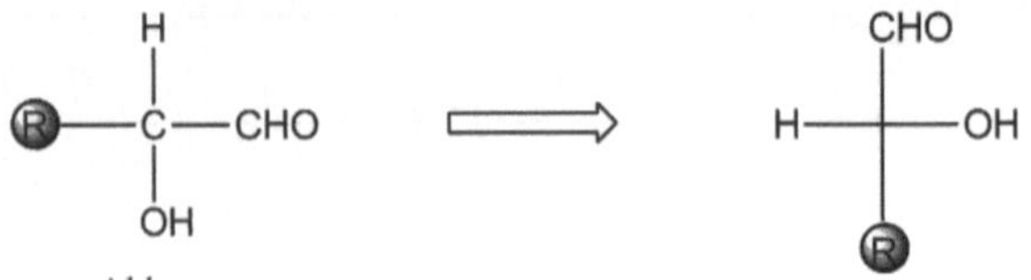

H
R—C—CHO
OH
Aldoses

CHO
H—OH
R
Fischer

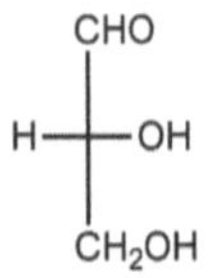

CHO
H—OH
CH_2OH
Gliceraldeído

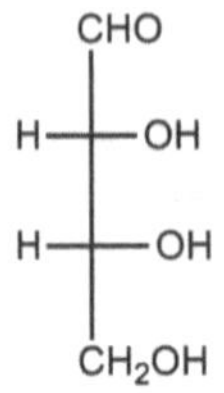

CHO
H—OH
H—OH
CH_2OH
Eritrose

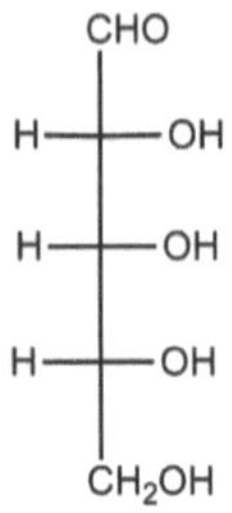

CHO
H—OH
H—OH
H—OH
CH_2OH
Ribose

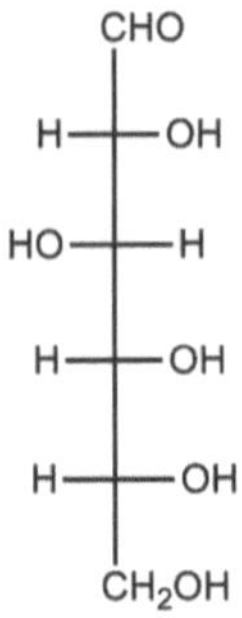

CHO
H—OH
HO—H
H—OH
H—OH
CH_2OH
Glicose

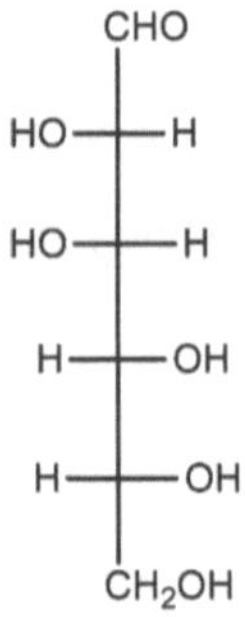

CHO
HO—H
HO—H
H—OH
H—OH
CH_2OH
Manose

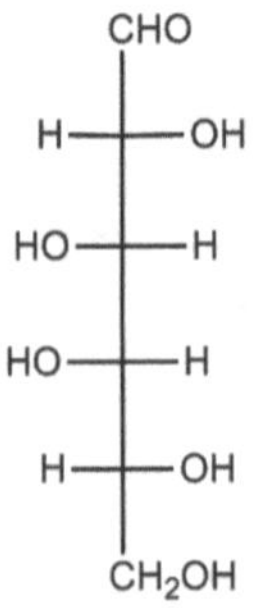

CHO
H—OH
HO—H
HO—H
H—OH
CH_2OH
Galactose

Algumas vezes, os hidrogênios dos carbonos 2, 3, 4 e 5 na projeção de Fischer não são mostrados. Por exemplo:

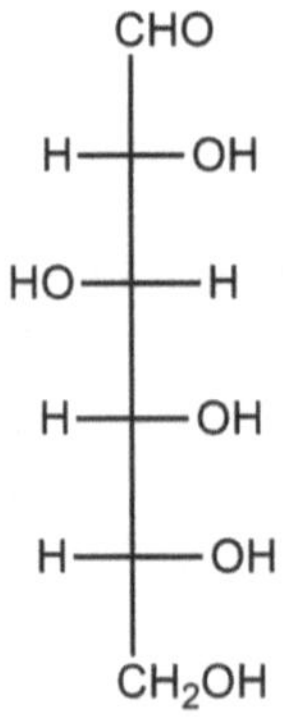

CHO
H—OH
HO—H
H—OH
H—OH
CH_2OH
Glicose

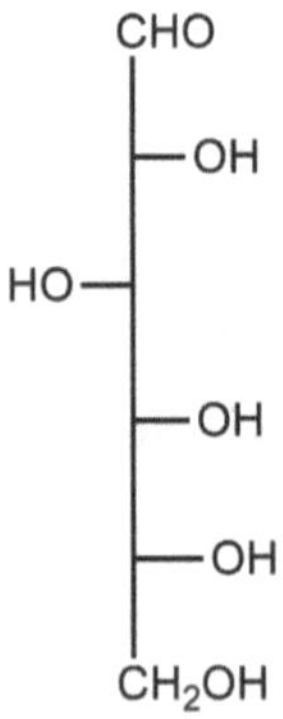

≡

CHO
—OH
HO—
—OH
—OH
CH_2OH
Glicose

Carboidratos do tipo cetoses

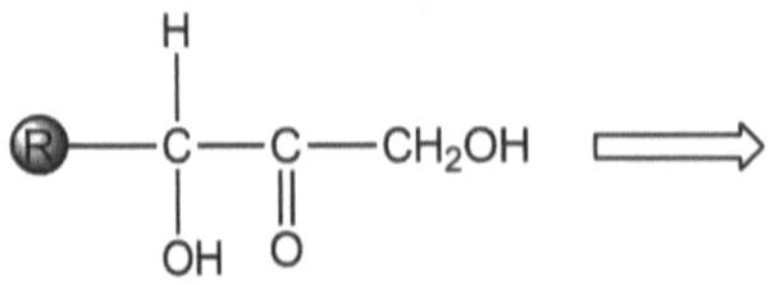

H
R—C—C—CH_2OH
OH O
Cetoses

CH_2OH
C=O
H—C—OH
R

ou

CH_2OH
=O
H—OH
R

ou

CH_2OH
=O
—OH
R

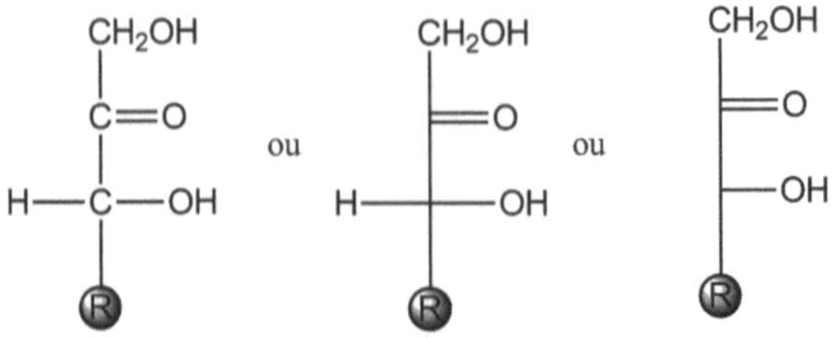

Fischer

Glicero-tetrulose

Eritro-pentulose

Treo-pentulose

Frutose

Sorbose

Psicose

2.4 PASSAGEM DE UMA REPRESENTAÇÃO PARA OUTRA

A passagem de uma representação para outra, como a passagem de Cram para Fischer, Cram para Newman ou Newman para Fischer, entre outras, é muito importante como treinamento. O esquema geral a seguir ilustra essas passagens.

Exemplos

a um grupo de maior grau de oxidação.

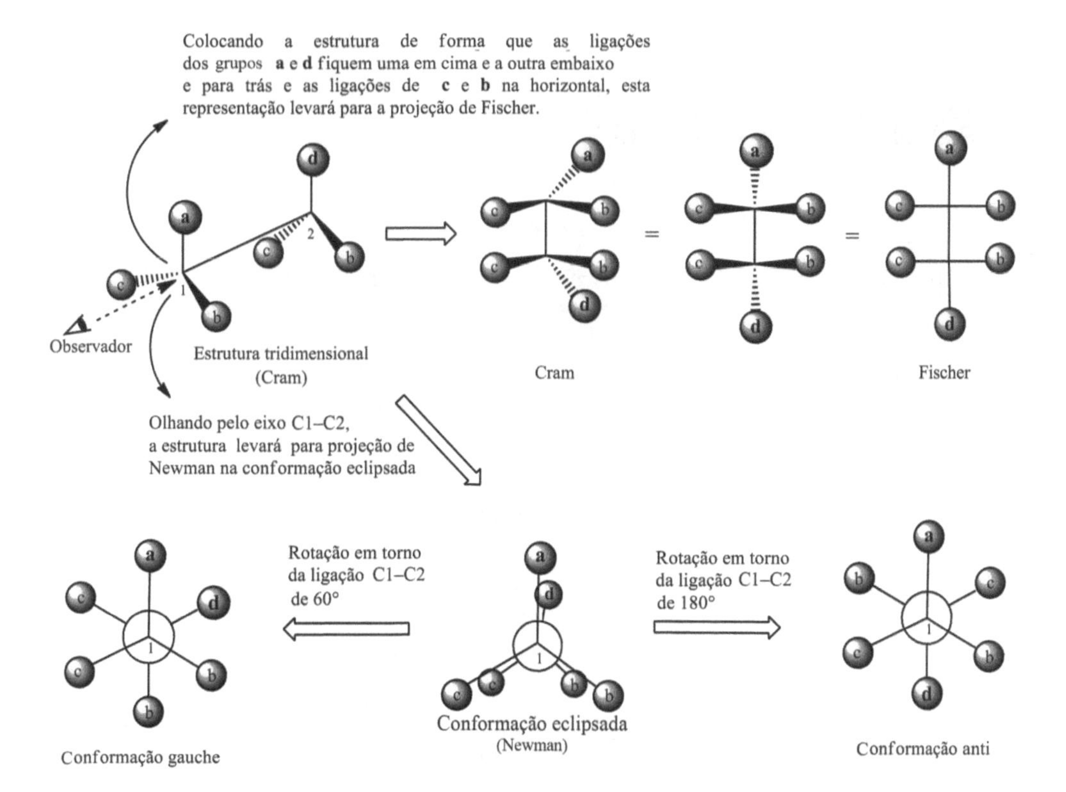

(*R*,*R*)-Cloranfenicol (antimicrobiano)

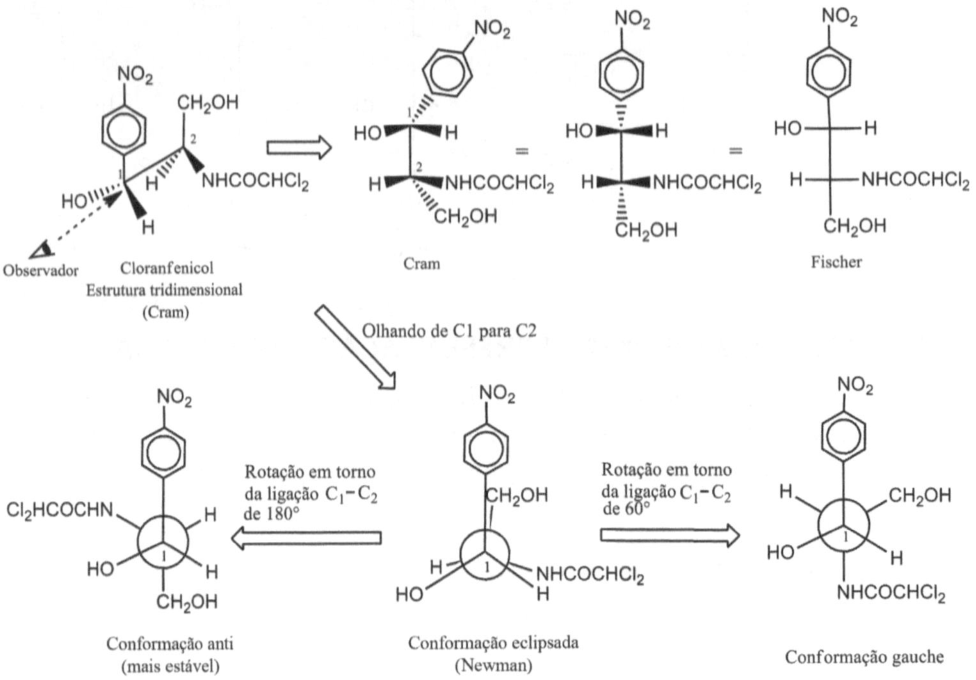

Observador

Cloranfenicol
Estrutura tridimensional
(Cram)

Cram

Fischer

Olhando de C1 para C2

Rotação em torno da ligação C_1-C_2 de 180°

Rotação em torno da ligação C_1-C_2 de 60°

Conformação anti
(mais estável)

Conformação eclipsada
(Newman)

Conformação gauche

R(-)-adrenalina (vasoconstritor)

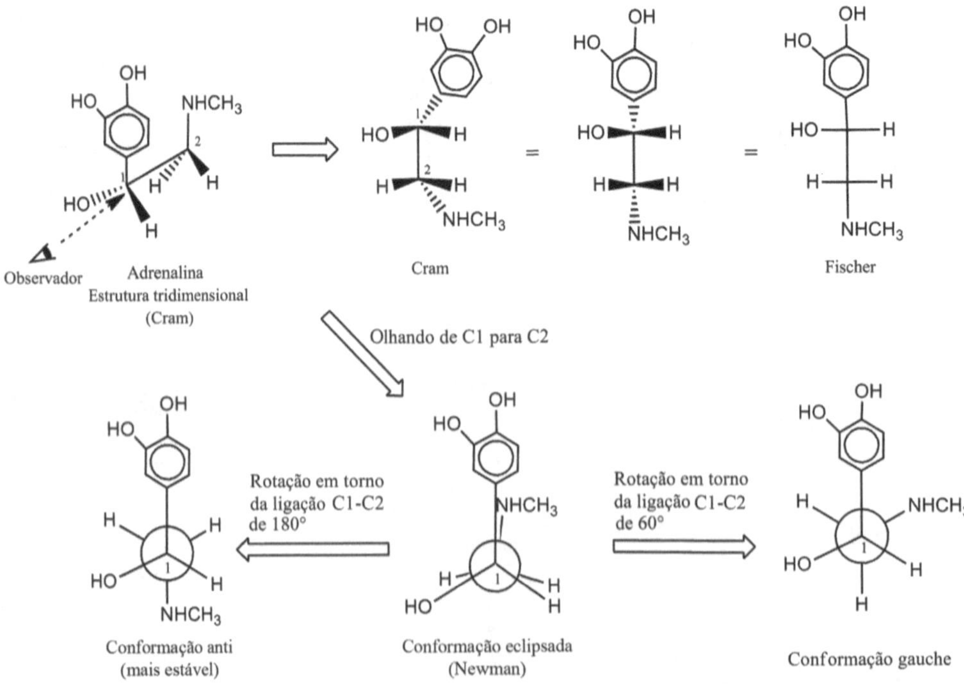

Observador

Adrenalina
Estrutura tridimensional
(Cram)

Cram

Fischer

Olhando de C1 para C2

Rotação em torno da ligação C1-C2 de 180°

Rotação em torno da ligação C1-C2 de 60°

Conformação anti
(mais estável)

Conformação eclipsada
(Newman)

Conformação gauche

Como a molécula da adrenalina apresenta apenas um centro estereogênico em C1, pode-se desenhar a estrutura de Fischer apenas para esse centro, deixando o restante da estrutura na forma condensada. Pode-se desenhar também tridimensionalmente em Cram de várias formas possíveis com a mesma configuração.

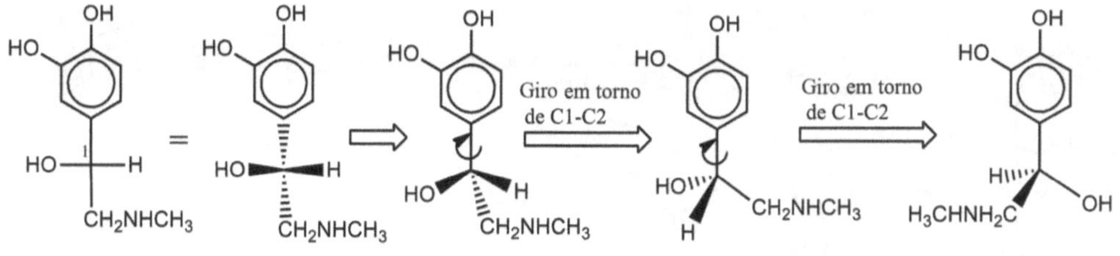

Giro em torno de C1-C2

Giro em torno de C1-C2

Fischer

Estruturas tridimensionais

***R*(-)-isoprenalina (broncodilatador)**

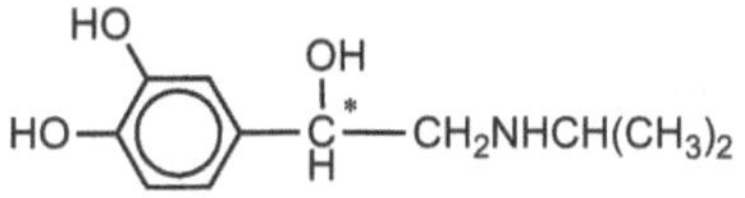

Isoprenalina *R* (-)

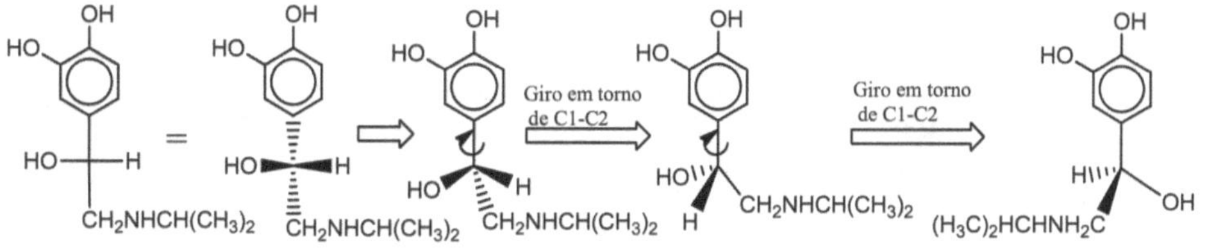

Giro em torno de C1-C2

Giro em torno de C1-C2

Fischer

Estruturas tridimensionais (Cram)

Noradrenalina

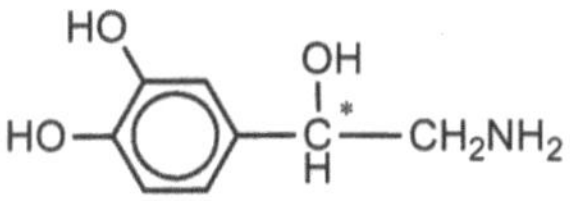

Noradrenalina

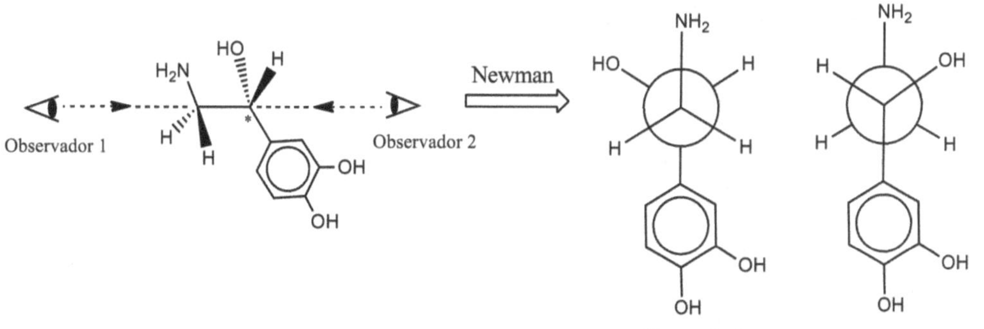

Observador 1

Observador 2

Newman

Observador 1
Estrutura (a)

Observador 2
Estrutura (b)

A passagem da projeção de Newman das estruturas (a) e (b) para Fischer pode ser feita da seguinte forma:

Estrutura de Newman (a)

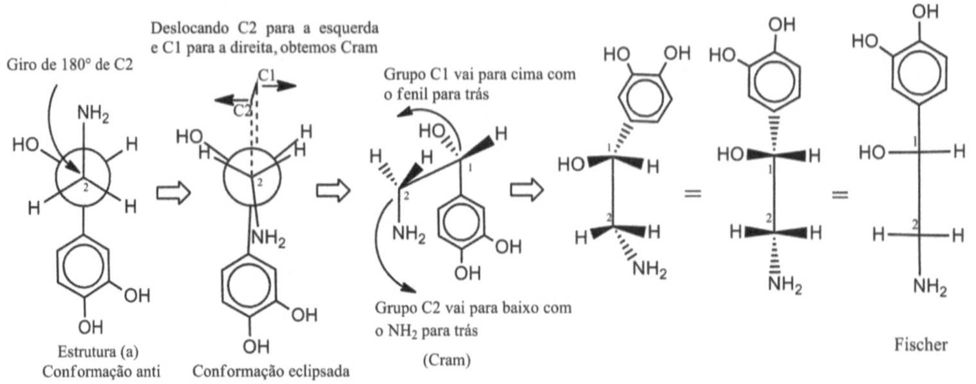

Giro de 180° de C2

Deslocando C2 para a esquerda e C1 para a direita, obtemos Cram

Grupo C1 vai para cima com o fenil para trás

Grupo C2 vai para baixo com o NH_2 para trás

Estrutura (a)
Conformação anti

Conformação eclipsada

(Cram)

Fischer

Estrutura de Newman (b)

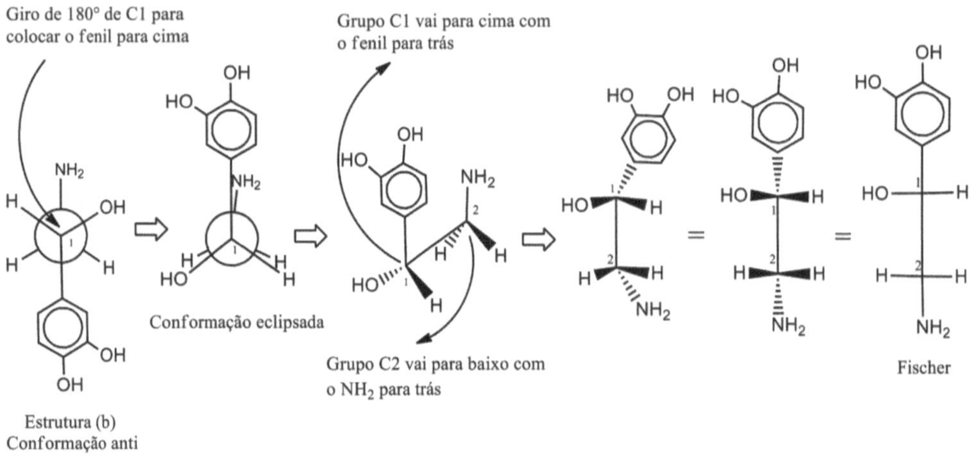

Giro de 180° de C1 para colocar o fenil para cima

Grupo C1 vai para cima com o fenil para trás

Grupo C2 vai para baixo com o NH_2 para trás

Conformação eclipsada

Estrutura (b)
Conformação anti

Fischer

Exemplos

S (-)-Levodopa (antiparkinson)

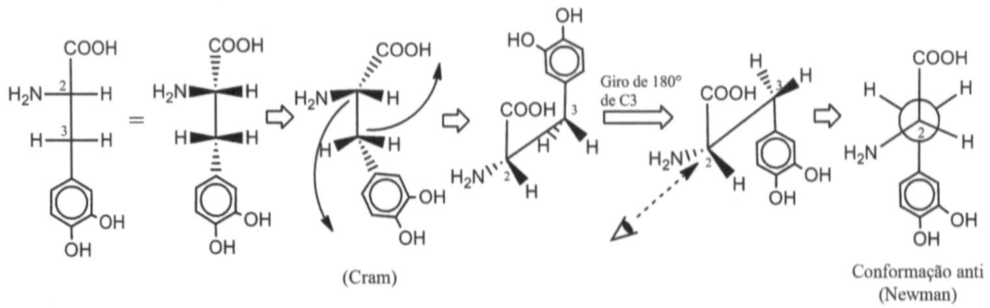

Giro de 180° de C3

(Cram)

Conformação anti
(Newman)

CH_2CH_3
$OCOCH_2CH_3$
CH_3
≡
H
CH_3
EtOCO
H H H H H H H H
CH_2CH_3
Observador
≡
CH_3
H H H
OCOEt
H H H H H H H
≡
H
H_3CH_2C
OCOEt
H H H H H H H
CH_3
Observador
≡
H H OCOEt
H H H
CH_3
H H H H H

H
H_3C
H
HO
5
O
R
H
H_3C
3
O
H
Observador
≡
H
CH_3
ax
H
O
R
O
H
H_3C
OH
H

$$R = -CH_2-\underset{H}{\overset{OH}{C}}-CH_3$$

H H H
H H
CH_3
H H
H H CH_3
1
≡
Observador 4
Observador 1
H H H H H H H H H
CH_3
CH_3
Observador 3
4
≡
H H H
H H
H_3C
H H
CH_3 H H
2
≡
Observador 2
3
≡
H H H
H H
H H
H CH_3
H H CH_3
H H H
H H
H_3C H
H H
CH_3 H H

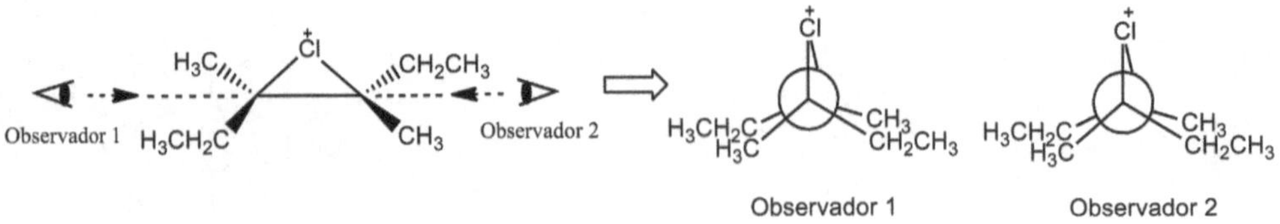
Observador 1
Observador 2
Observador 1
Observador 2

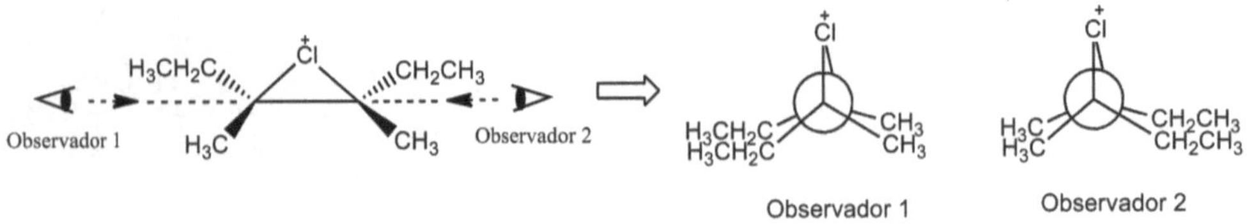
Observador 1
Observador 2
Observador 1
Observador 2

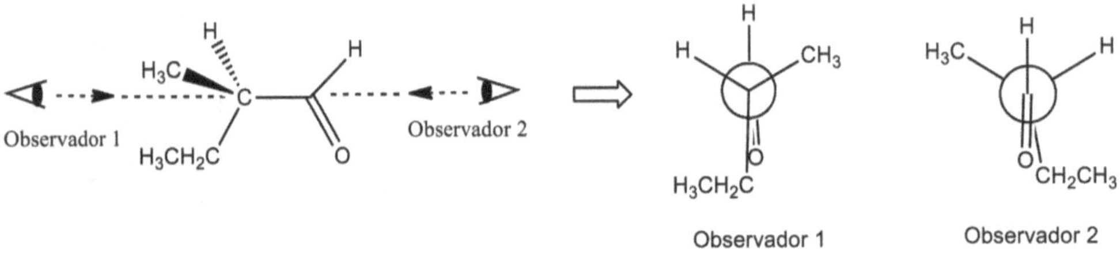
Observador 1
Observador 2
Observador 1
Observador 2

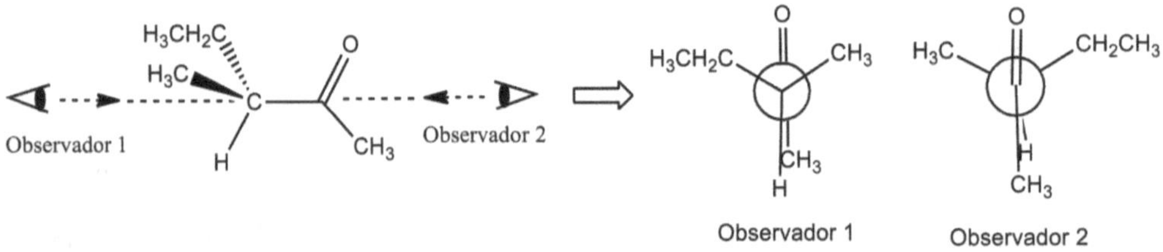
Observador 1
Observador 2
Observador 1
Observador 2

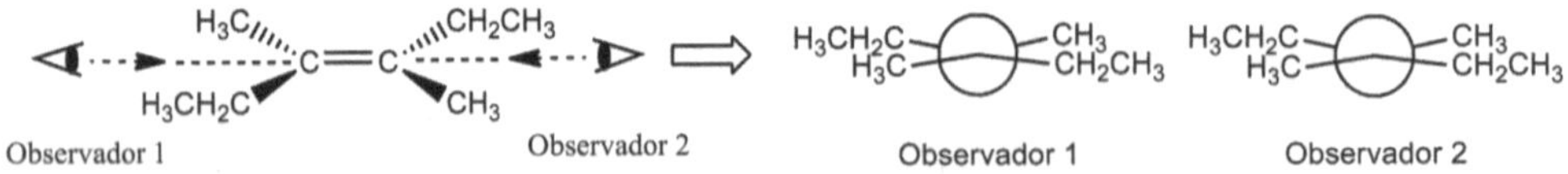
Observador 1
Observador 2
Observador 1
Observador 2

CAPÍTULO 3
ISOMERIA

Isômeros são compostos que possuem a mesma fórmula molecular, porém estruturas diferentes. A isomeria é classificada em constitucional ou plana e espacial ou estereoisomeria. Os isômeros constitucionais são diferentes entre si porque seus átomos são conectados de forma diferente, podendo ser subdivididos em isômeros de posição, de compensação, de cadeia e de função. A tautomeria faz parte da isomeria de função, pois se trata de uma interconversão em equilíbrio dinâmico que existe entre dois isômeros de função. Nos estereoisômeros (isômeros espaciais), a ordem das combinações dos átomos é a mesma. A diferença entre eles é a disposição dos seus átomos no espaço. Os estereoisômeros podem ser subdivididos em enantiômeros e diastereoisômeros.

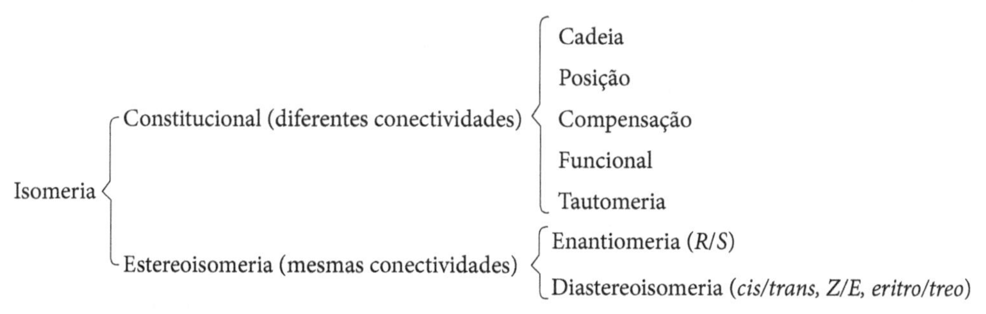

Neste capítulo, trataremos dos tipos de isomeria constitucional, enquanto no Capítulo 4 analisaremos os tipos de estereoisomeria.

3.1 ISOMERIA CONSTITUCIONAL

3.1.1 ISOMERIA DE CADEIA

É definida quando os "esqueletos" da cadeia carbônica são diferentes. As propriedades químicas são as mesmas, mas as propriedades físicas podem variar.

Exemplos

C_6H_{14}: $CH_3—CH_2—CH_2—CH_2—CH_2—CH_3$

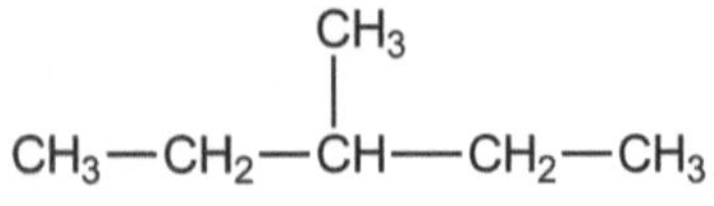

Hexano

pf (°C) = -95

pe (°C, 1 atm) = 68,7

$CH_3—CH_2—CH(CH_3)—CH_2—CH_3$

3-Metil-propano

pf (°C) = -118

pe (°C, 1 atm) = 63,3

$C_4H_{10}O$: $CH_3—CH(CH_3)—CH_2—OH$

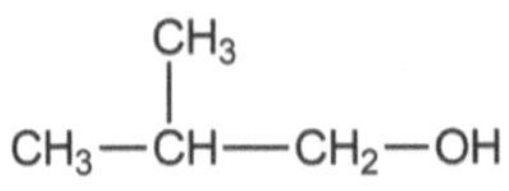

Álcool isobutílico

$CH_3—C(CH_3)(CH_3)—OH$

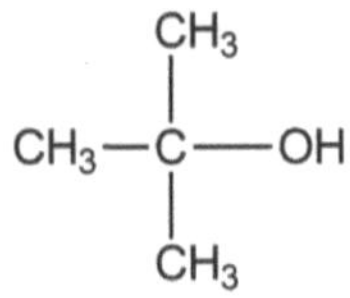

Álcool *terc*-butílico

3.1.2 ISOMERIA DE POSIÇÃO

Quando os compostos diferem na posição de um grupo funcional ou de um radical. As propriedades químicas são as mesmas, porém as propriedades físicas variam.

Exemplos

$C_4H_{10}O$: $CH_3—CH_2—CH_2—CH_2—OH$

1-Butanol

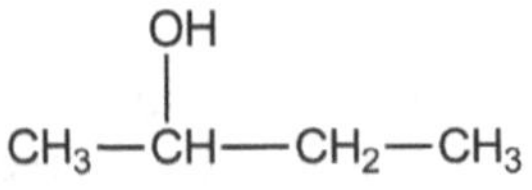

$CH_3—CH(OH)—CH_2—CH_3$

2-Butanol

C_6H_5OCl:

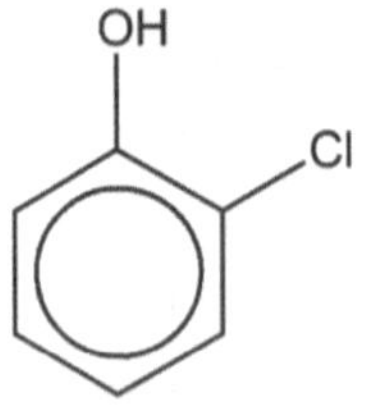

o-Cloro-fenol

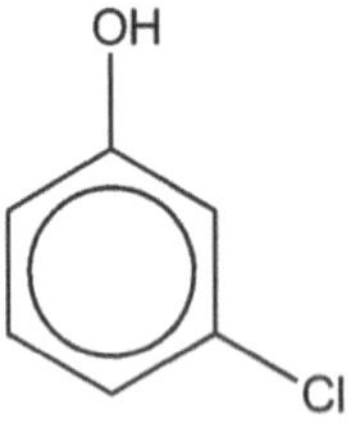

m-Clorofenol

p-Clorofenol

3.1.3 ISOMERIA DE COMPENSAÇÃO (METAMERIA)

É definida quando os compostos que apresentam um heteroátomo X diferem sua posição na cadeia carbônica (C-X-C). Então, as propriedades químicas são as mesmas, mas as propriedades físicas variam.

$C_4H_{10}O$: $CH_3—O—CH_2—CH_2—CH_3$ Metoxi-propano; $CH_3—CH_2—O—CH_2—CH_3$ Etoxi-etano

$C_4H_{11}N$: $CH_3—NH—CH_2—CH_2—CH_3$ Metil-propil-amina; $CH_3—CH_2—NH—CH_2—CH_3$ Dietil-amina

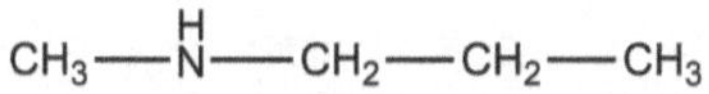

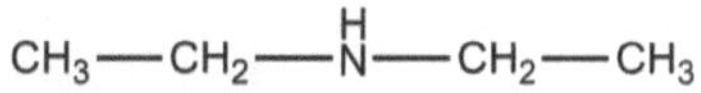

3.1.4 ISOMERIA FUNCIONAL

Os compostos apresentam funções diferentes. Ao contrário dos três casos anteriores, tanto as propriedades químicas quanto as físicas variam.

Exemplos

C_3H_8O : $CH_3—CH_2—CH_2—OH$, $CH_3—O—CH_2—CH_3$

1-Propanol Metoxietano

C_4H_8O : $CH_3—CH_2—CH_2—CHO$, $CH_3—C(=O)—CH_2—CH_3$

Butanal 2-Butanona

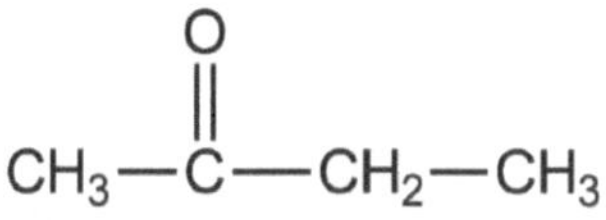

$CH_3—CH—CH—CH_3$ (com O ligado aos dois CH, anel) , $H_2C—CH_2$ / H_2C CH_2 / O (anel)

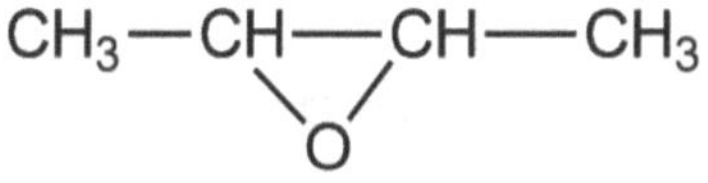

Epóxido 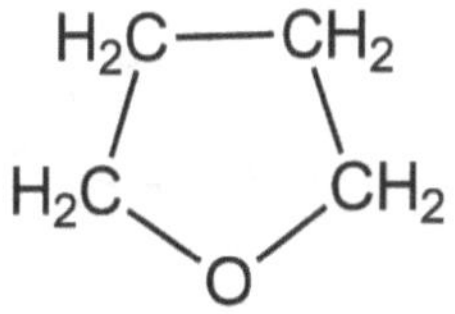 Tetrahidrofurano

3.1.5 TAUTOMERIA

É uma interconversão que existe entre dois isômeros de função em equilíbrio dinâmico. Essa transformação geralmente se faz por migração de um H em posição α. Os tautômeros têm comportamentos químicos diferentes. Em temperatura ambiente, geralmente as formas tautoméricas se interconvertem rapidamente, o que impede as suas separações. A seguir, alguns exemplos de tautômeros, como aldeído-enol, cetona-enol, amida-ácido imídico, imina-enamina, lactâma-lactíma, ácido hidroxâmico-ácido hidroxímico.

Cetona-enol

H—C(H)(H)—C(=O)—CH_3 ⇌ H—C(H)=C(OH)—CH_3

Propanona Isopropenol

Cicloexanona ⇌ Cicloexenol

Aldeído-enol

H_3CH_2C—C(H)(H)—C(=O)—H ⇌ H_3CH_2C—C(H)=C(OH)—H

Butanal Butenol

Amida-ácido imídico

$H_3CH_2CH_2C$—C(=O)—NH(H) ⇌ $H_3CH_2CH_2C$—C(OH)=NH

Butanamida Ácido butanimídico

Imina-enamina

H_3CHC(H)—C(H)=NH ⇌ H_3CHC=C(H)—NH_2

Propanimina Propenamina

Ciclohexanimina ⇌ Ciclohex-1-enamina

Lactâma-lactíma

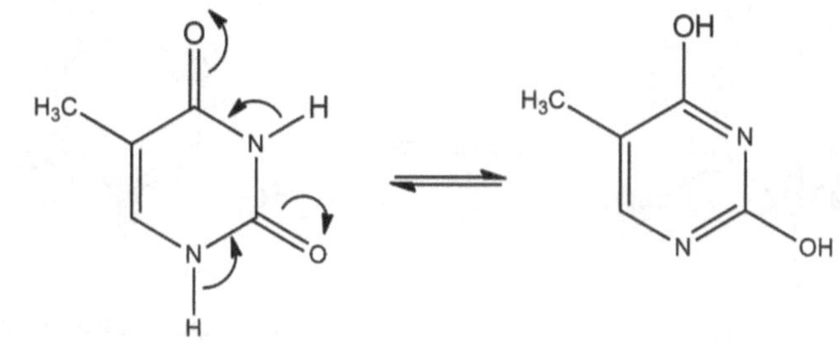

Timina
Forma lactâmica

Timina
Forma lactímica

Ácido hidroxâmico-ácido hidroxímico

Ácido acetohidroxâmico
(N-hidroxiacetamida)

Ácido acetohidroxímico

Quando outro grupo carbonila está presente em posição β nas cetonas e ésteres, conhecidas como β-dicetonas e β-cetoésteres, a forma enólica é estável. Essa estabilização ocorre devido à formação de ligação de hidrogênio intramolecular que acontece logo após a migração de um Hα. Alguns tautômeros podem ser separados em baixa temperatura. Existem tautômeros, como o acetoacetato de etila (CH_3COCH_2 $CO_2CH_2CH_3$), que são suficientemente estáveis para serem separados por destilação.

β-dicetonas

β-dicetonas

Forma estabilizada por
ligação de hidrogênio

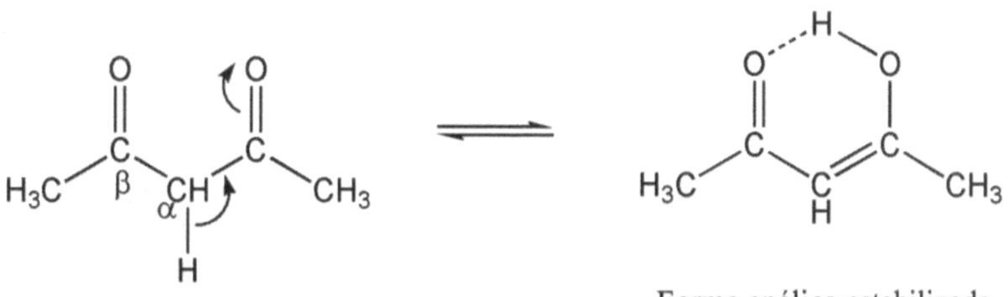

Pentano-2,4-diona

Forma enólica estabilizada
por ligação de hidrogênio

β-cetoésteres

β-cetoésteres

Forma enólica estabilizada por ligação de hidrogênio

Acetoacetato de etila

Forma enólica estabilizada por ligação de hidrogênio

Nos equilíbrios a seguir, as predominâncias das formas tautoméricas estão nas formas cetônicas, β-dicetonas e β-cetoésteres. Devido à estabilização por formação de ligação de hidrogênio intramolecular, as formas enólicas das β-dicetonas e β-cetoésteres apresentam porcentagem maior que as formas enólicas das cetonas.

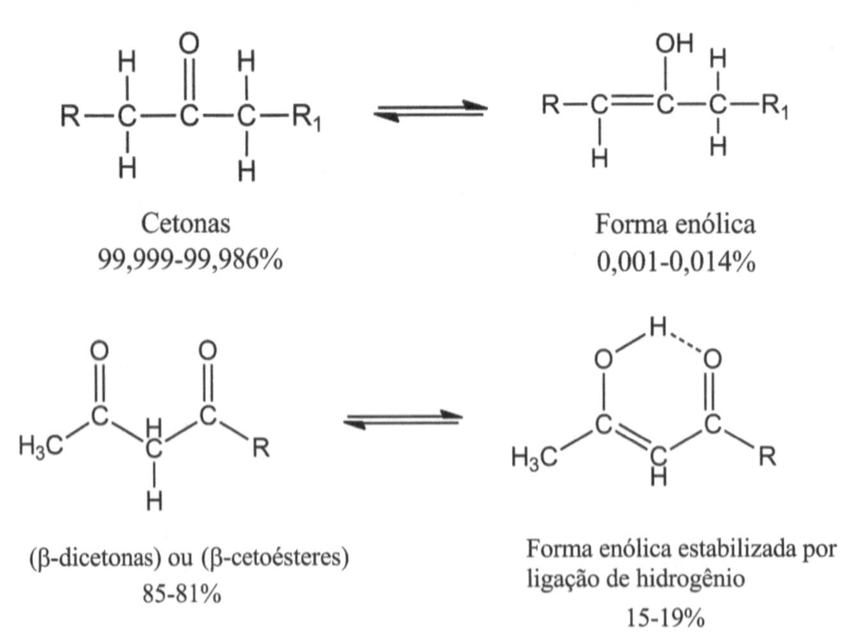

Cetonas
99,999-99,986%

Forma enólica
0,001-0,014%

(β-dicetonas) ou (β-cetoésteres)
85-81%

Forma enólica estabilizada por ligação de hidrogênio
15-19%

CAPÍTULO 4
ESTEREOISÔMEROS

Estereoisômeros são dois isômeros que apresentam as mesmas conectividades e que diferem apenas na disposição dos seus átomos no espaço. Os estereoisômeros podem ser subdivididos em configuracionais, conformacionais e de torção.

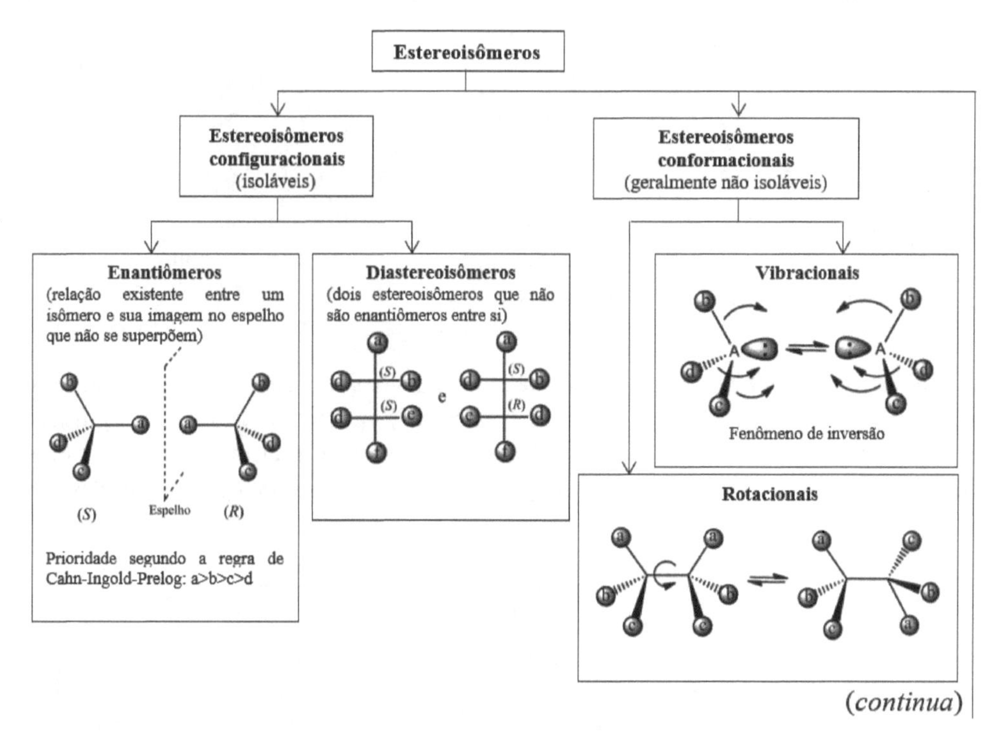

(*continua*)

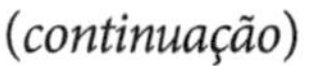
(*continuação*)

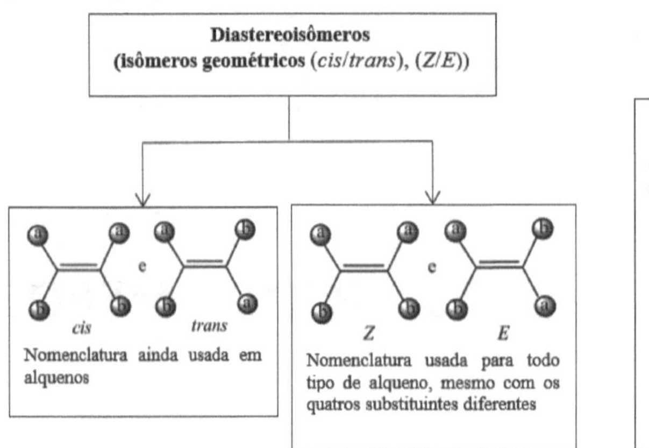

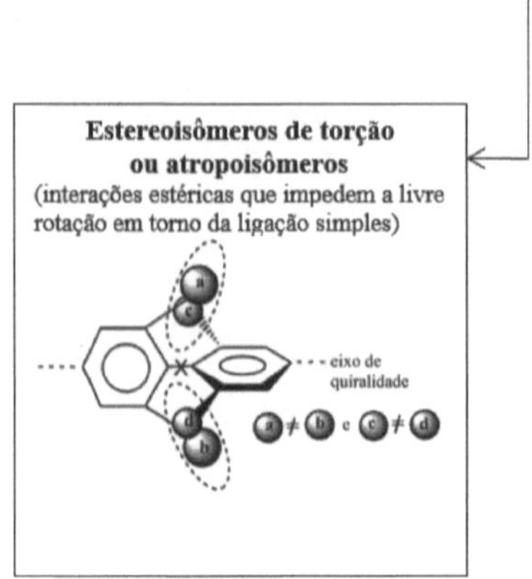

4.1 CONFIGURAÇÃO E CONFORMAÇÃO

Configuração é uma determinada posição tridimensional dos átomos ou grupos em um arranjo. No exemplo a seguir, as duas estruturas do 2-Bromo-2-Cloroacetaldeído (a) e (b) são duas configurações que diferem exclusivamente pela disposição espacial dos átomos e não são superponíveis. Para converter uma estrutura na outra, é necessário a quebra e a formação de novas ligações (permutação ou troca de dois substituintes).

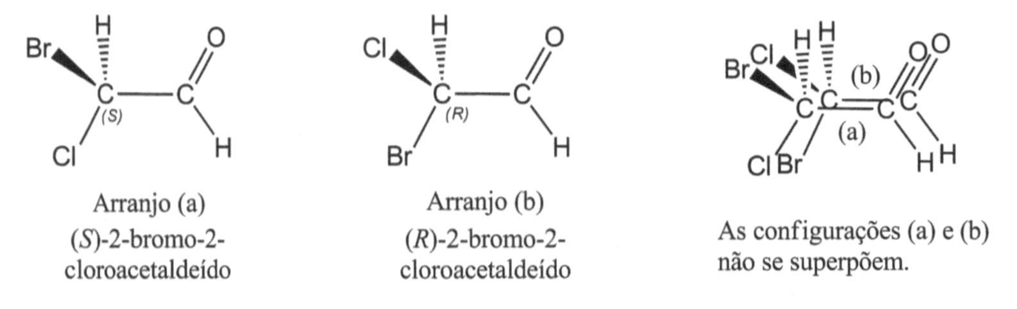

Arranjo (a) (*S*)-2-bromo-2-cloroacetaldeído

Arranjo (b) (*R*)-2-bromo-2-cloroacetaldeído

As configurações (a) e (b) não se superpõem.

Realizando a quebra e a formação de duas ligações, ou seja, uma troca de dois substituintes na estrutura (a), (a) é convertida em (a'), que tem a mesma configuração que (b). (a') e (b) se superpõem, logo, elas têm a mesma configuração. *Não é possível converter uma configuração na outra simplesmente por rotações de ligações simples.*

Uma troca de Br e Cl

(a)

Troca de Br e Cl

(a')

(a') = (b)

(a') e (b) se superpõem.

Já a **conformação** é um arranjo que, geralmente, pode ser interconvertido por rotações em torno de ligações simples à temperatura ambiente. Tomando como exemplo o (*S*)-2-bromo-2-cloroacetaldeído (a), observa-se a conversão de (a) para os arranjos (c) e (d) simplesmente provocando rotações da ligação C(*S*)-C. Então, a configuração (*S*) gerou duas conformações, (c) e (d).

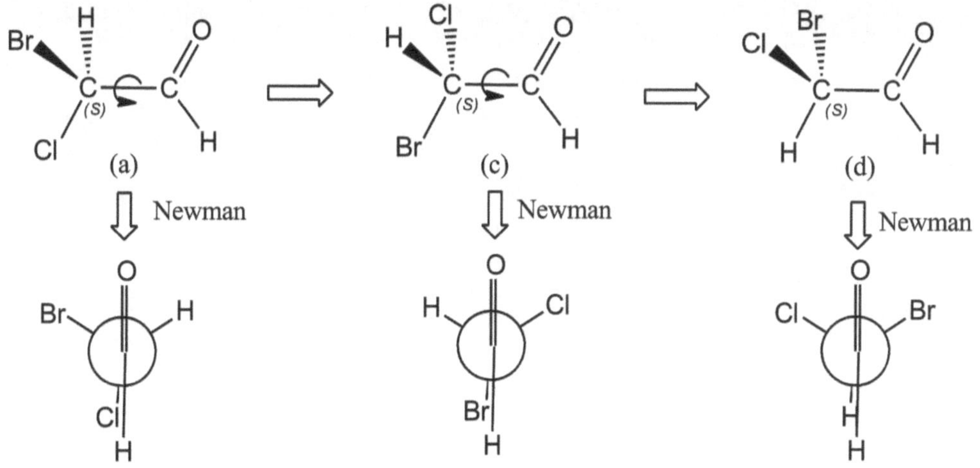

(a) Newman

(c) Newman

(d) Newman

Uma dada conformação específica é denominada confôrmero. É importante saber que uma configuração pode gerar várias conformações, porém a recíproca não é verdadeira.

4.2 ESTEREOISÔMEROS CONFIGURACIONAIS

Os estereoisômeros configuracionais podem ser subdivididos em duas categorias: enantiômeros e diastereoisômeros.

CAPÍTULO 5
ENANTIOMERIA

Enantiômeros (*enantios*, do grego, oposto) são isômeros cujas estruturas moleculares são imagens especulares uma da outra, não superponíveis.

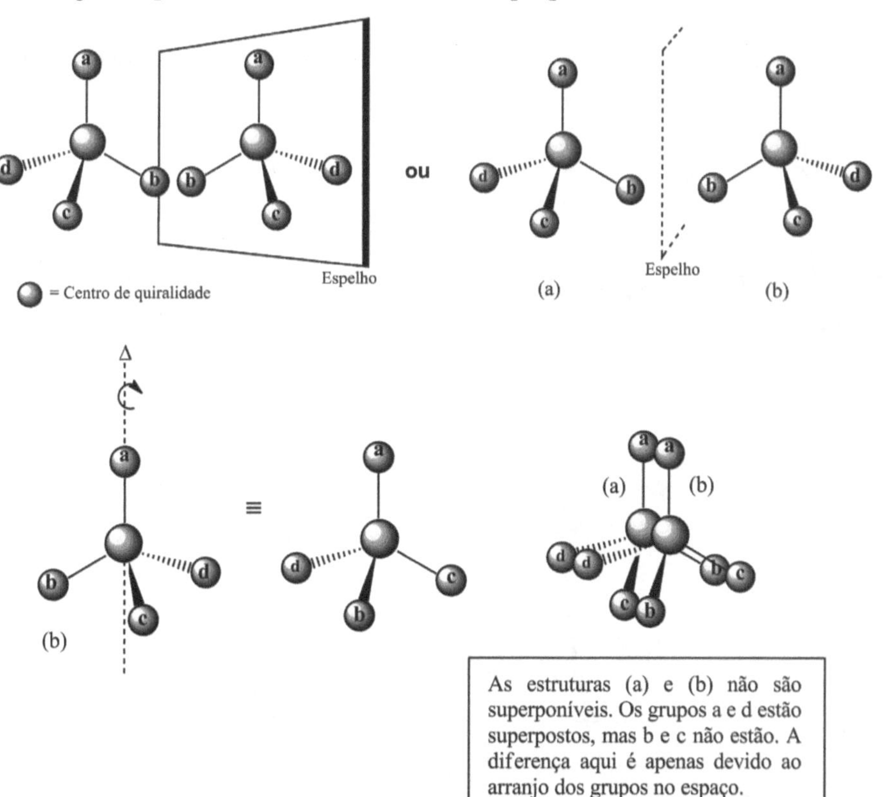

ou
= Centro de quiralidade
Espelho
Espelho
(a)
(b)
(b)
(a)
(b)
As estruturas (a) e (b) não são superponíveis. Os grupos a e d estão superpostos, mas b e c não estão. A diferença aqui é apenas devido ao arranjo dos grupos no espaço.

Exemplos de moléculas tridimensionais quirais e suas imagens no espelho:

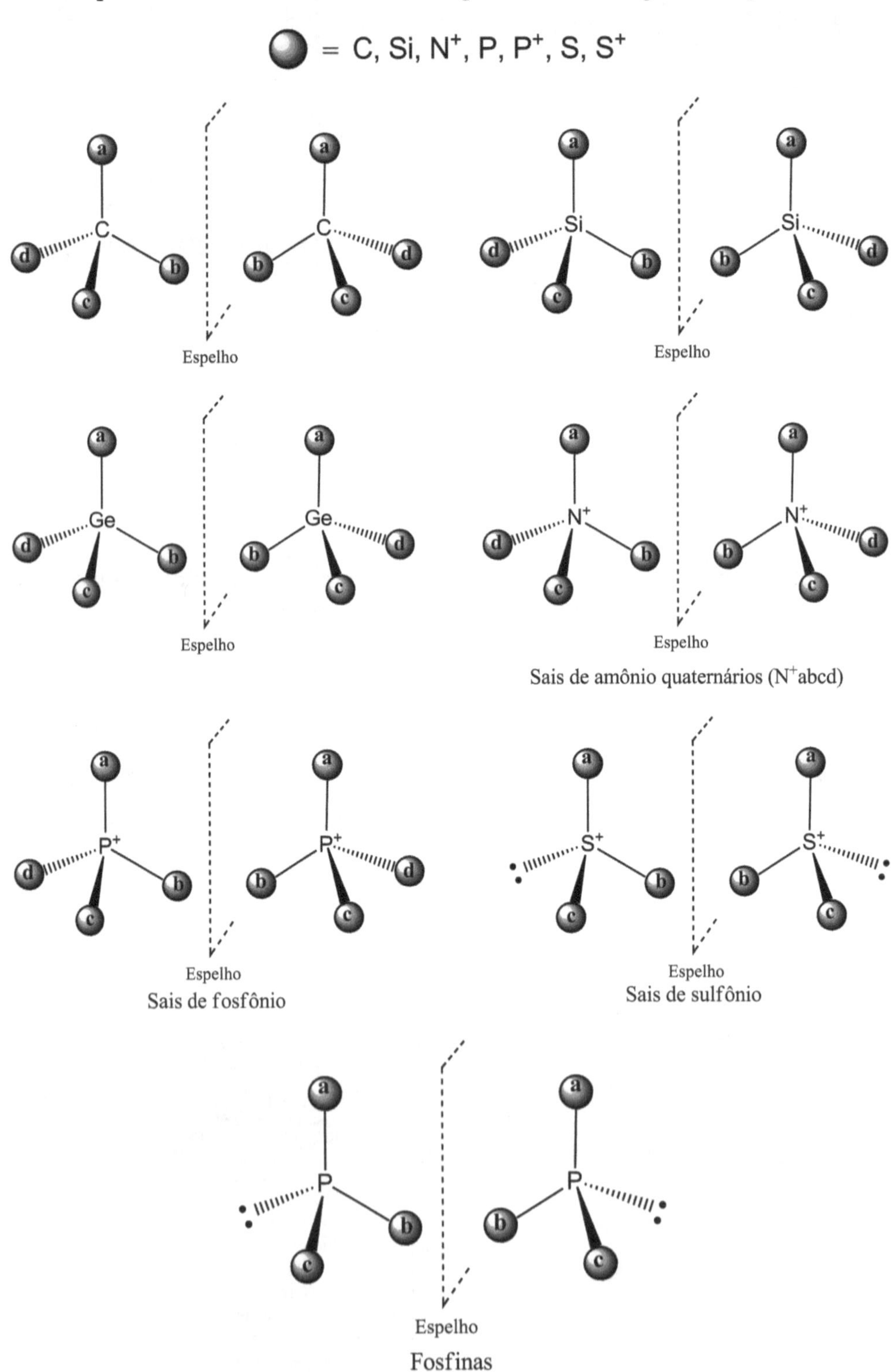

Observação: se o nitrogênio de uma amina simples apresentar três átomos ou grupos diferentes, o nitrogênio será assimétrico. Porém, esse tipo de molécula quiral não pode ser separado em enantiômeros por causa de um fenômeno denominado inversão vibracional. Essa inversão (semelhante a uma inversão do tipo "guarda-chuva") é muito rápida e faz a racemização do nitrogênio devido à barreira energética ser muito baixa, aproximadamente 21 kJ/mol.

Exemplo

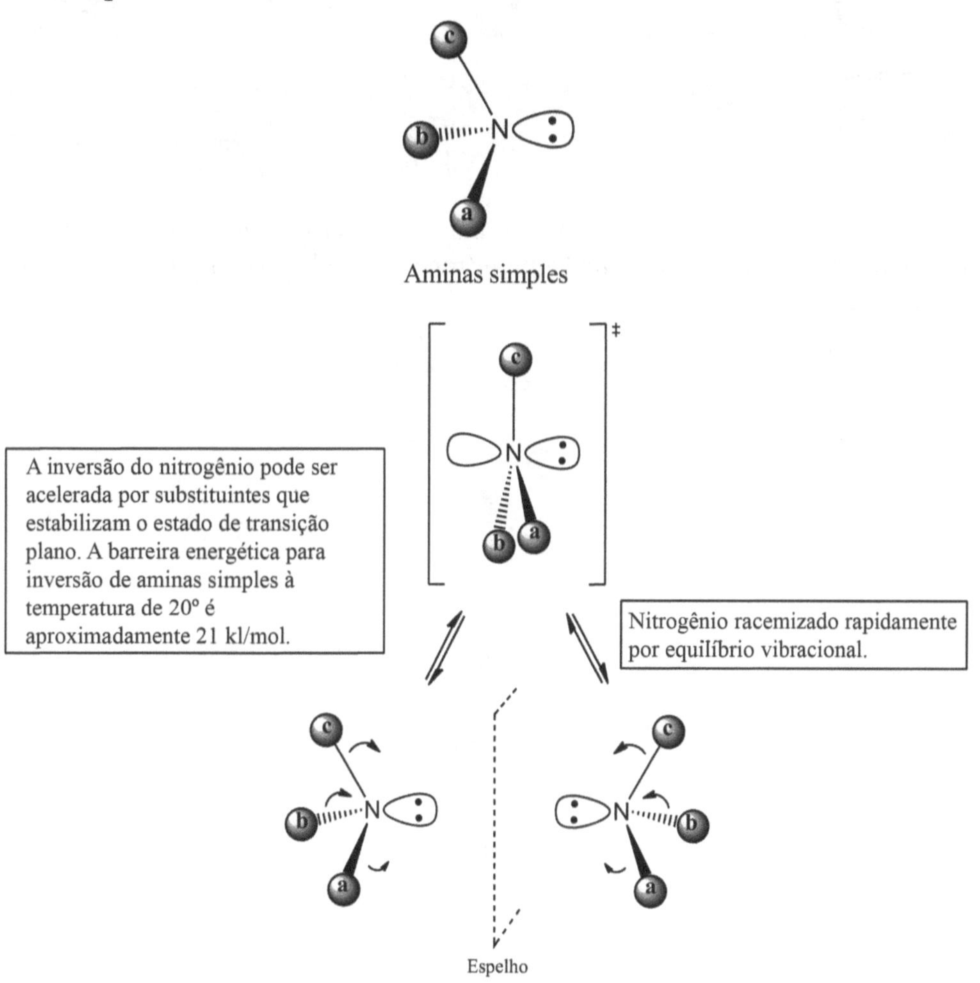

Aminas simples
A inversão do nitrogênio pode ser acelerada por substituintes que estabilizam o estado de transição plano. A barreira energética para inversão de aminas simples à temperatura de 20° é aproximadamente 21 kl/mol.
Nitrogênio racemizado rapidamente por equilíbrio vibracional.
Espelho

Inversão vibracional do nitrogênio muito rápida

Exemplos

A resolução é impossível para *N*-metiletanamina, porque os enantiômeros invertem-se rapidamente. No caso da 1,2-Dimetilaziridina, a inversão é muito lenta à temperatura ambiente, existindo duas formas enantioméricas que poderão ser resolvidas, ou seja, separadas. A inversão muito mais lenta pode ser justificada pela desestabilização do estado de transição devido ao ângulo do pequeno ciclo. O estado de transição plano necessita de um ângulo de 120°.

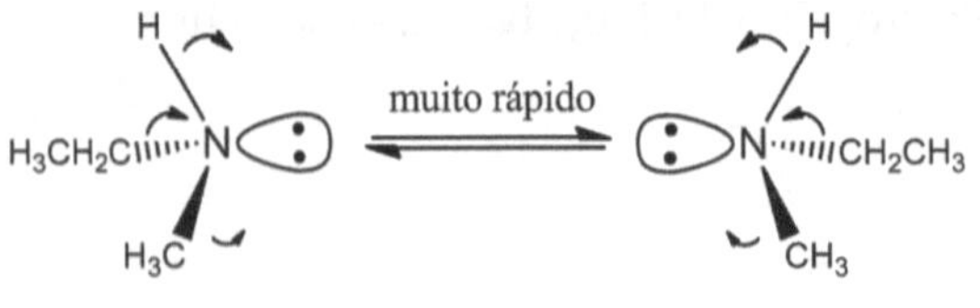

muito rápido

N-metiletanamina

Espelho

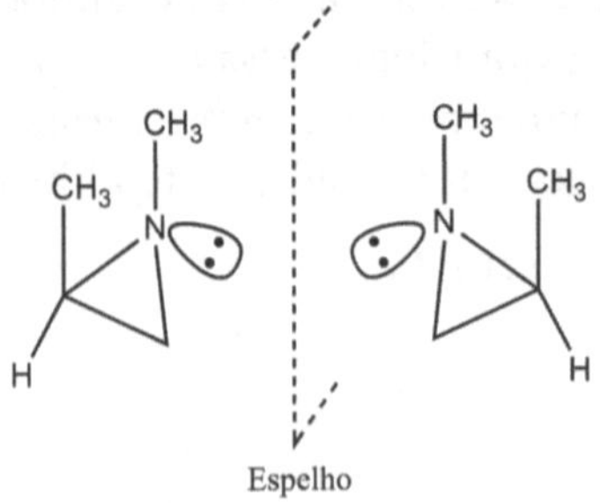

1,2-Dimetilaziridina
(par de enantiômero)

Os íons do tipo carbânio com três átomos ou grupos diferentes apresentam também uma inversão rápida igual à do nitrogênio, sendo racemizados rapidamente por equilíbrio vibracional.

Exemplo

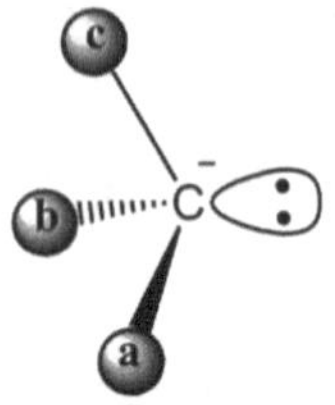

Carbânios

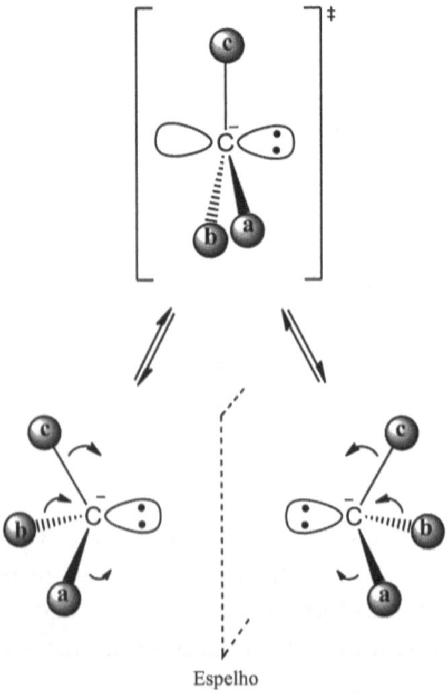

Espelho

Inversão vibracional do carbono

No caso das fosfinas e sais de fosfônio, a inversão é muito lenta à temperatura ambiente e existirão duas formas enantioméricas que poderão ser resolvidas.

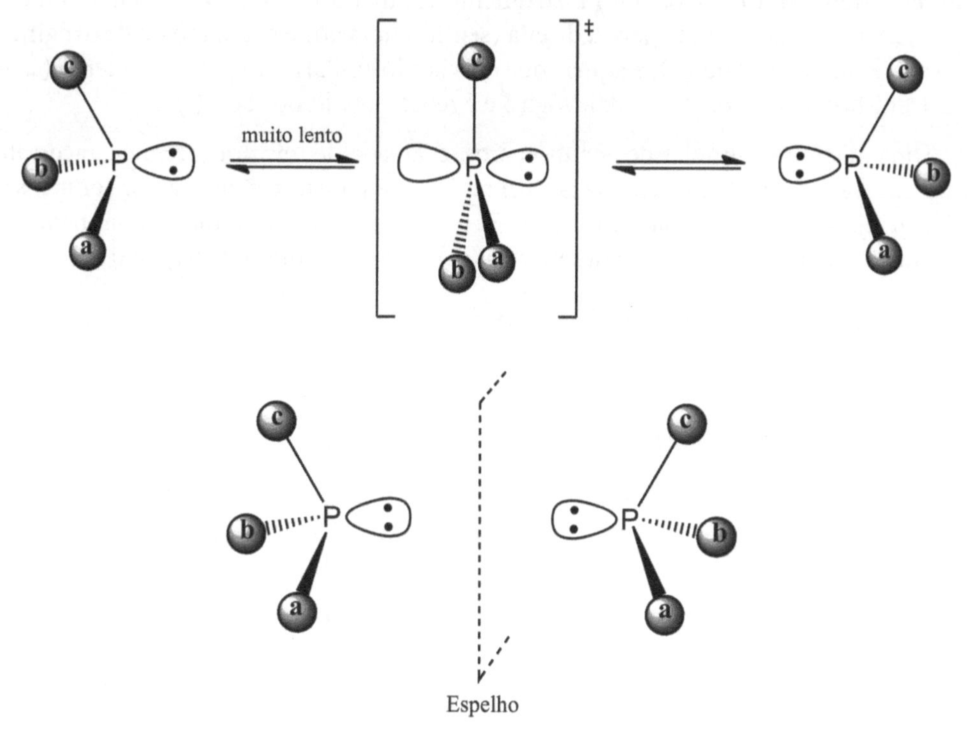

(par de enantiômeros que poderão ser resolvidos)

Exemplo

Etil-metil-fenil-fosfina
(par de enantiômeros que poderão ser resolvidos)

5.1 PROPRIEDADES DE ENANTIÔMEROS

Os pares de enantiômeros têm as mesmas propriedades físicas (ex.: ponto de fusão, ponto de ebulição, índice de refração, densidade, solubilidade etc.). Em meio aquiral, dois enantiômeros só diferem pelo sinal do poder rotatório [α].

Então, uma forma de se observar a diferença entre os enantiômeros é o seu comportamento em relação à luz polarizada no plano. Esse comportamento é o que diferencia um enantiômero do outro. Num instrumento chamado **polarímetro**, o enantiômero que desvia a luz polarizada para a direita (sentido horário) é chamado de dextrógiro e é representado por **d** ou (+), e aquele que desvia a luz polarizada para a esquerda (sentido anti-horário) é chamado de levógiro e é representado por **l** ou (-).

Uma mistura equimolar de enantiômeros, chamada de mistura racêmica, racemato ou forma racêmica, é representada por **d/l** ou (±). Essa mistura é inativa por compensação, ou seja, é oticamente inativa $[\alpha]_D = 0$. Se um dos enantiômeros for predominante na mistura, ela tem um excesso enantiomérico (ee) e é oticamente ativa $[\alpha]_D \neq 0$.

Mistura equimolar de enântiômeros (mistura racêmica)

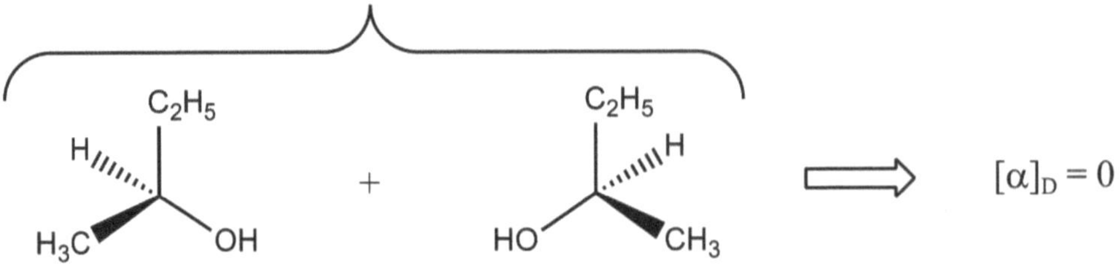

C_2H_5, H, H_3C, OH + C_2H_5, H, HO, CH_3 ⟹ $[\alpha]_D = 0$

S-(+)-2-butanol
$[\alpha]_D = +13{,}52$
1 mol

R-(-)-2-butanol
$[\alpha]_D = -13{,}52$
1 mol

Mistura na qual um dos enântiômeros é predominante

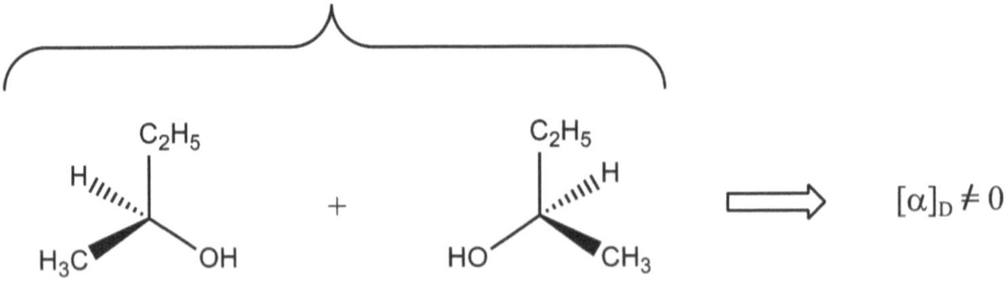

C_2H_5, H, H_3C, OH + C_2H_5, H, HO, CH_3 ⟹ $[\alpha]_D \neq 0$

S-(+)-2-butanol
1 mol

R-(-)-2-butanol
1,5 mols

Polarímetro

É um instrumento utilizado para especificar rotações óticas α de determinadas moléculas, passando a luz polarizada no plano, vindo de uma fonte luminosa de comprimento de onda de λ= 589 nm (linha **D** do sódio), através de um tubo de comprimento fixo em decímetro. A rotação vista pelo observador após girar o analisador para a passagem da luz, como já foi dito, pode ser positiva (+) numa direção horária ou negativa (-) numa rotação anti-horária. α não é uma constante, ela depende do comprimento de onda da luz, da temperatura utilizada, do solvente, da concentração e do comprimento do tubo da amostra.

Esquema ilustrativo de um polarímetro

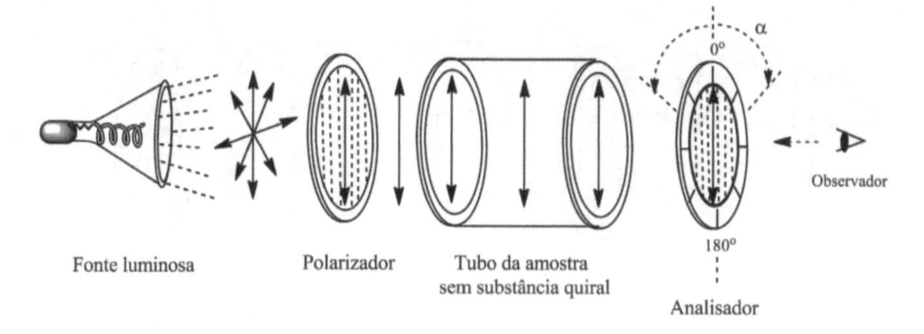

Se a luz polarizada for desviada por uma substância quiral, o analisador deve ser girado para esquerda ou direita para a passagem da luz.

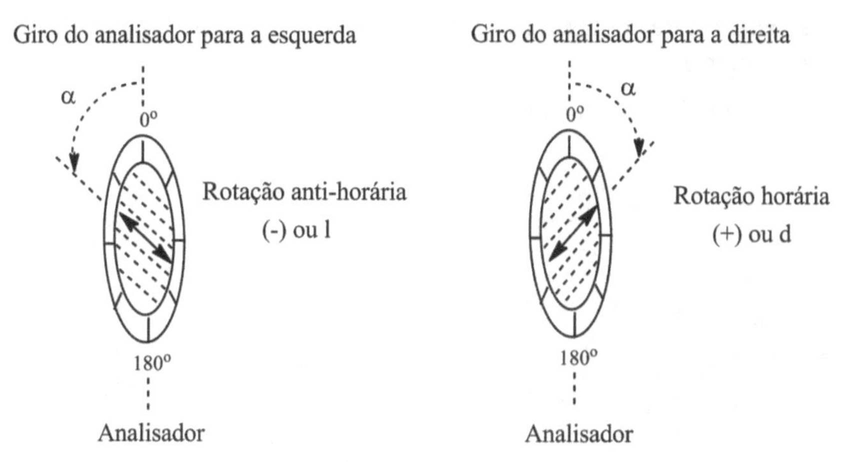

Exemplos

a) Tubo contendo uma substância quiral de configuração *S* em solução.

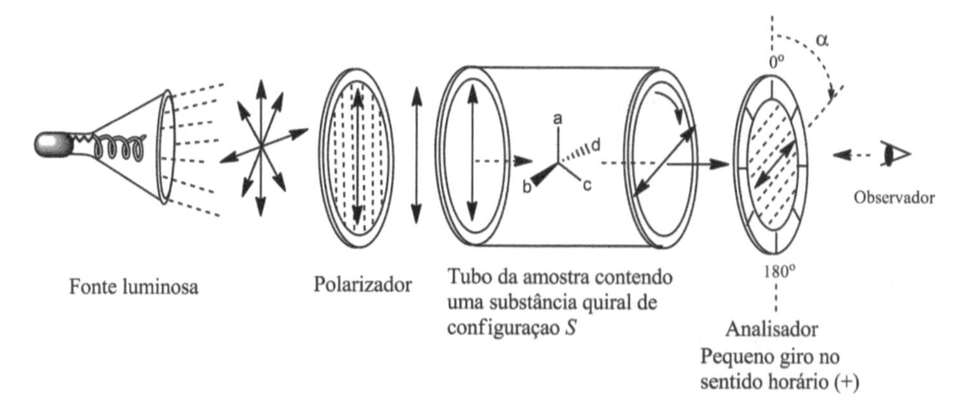

Essa substância de configuração *S* provocou um desvio da luz polarizada para a direita (dextrógira) → *S*-(+).

b) Tubo contendo uma substância quiral de configuração *R* em solução.

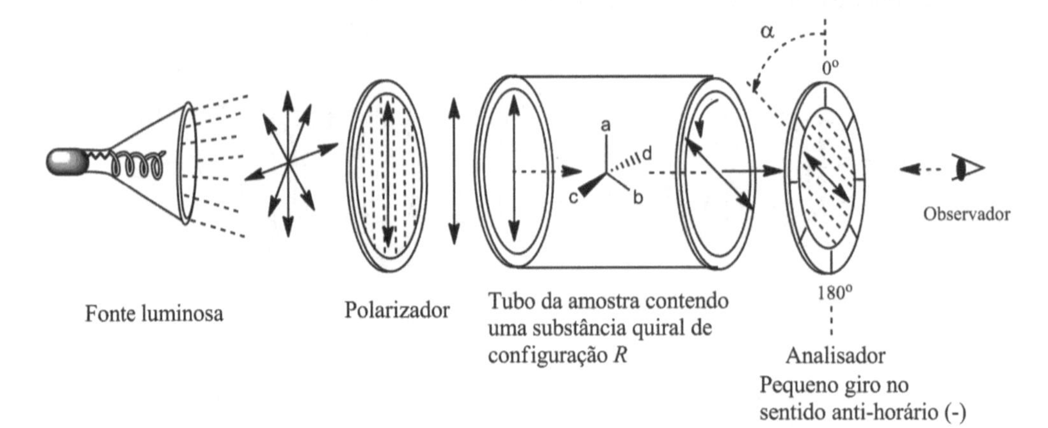

Essa substância de configuração *R* provocou um desvio da luz polarizada para a esquerda (levógira) → *R*-(-).

c) Tubo contendo uma mistura racêmica (*R/S*).

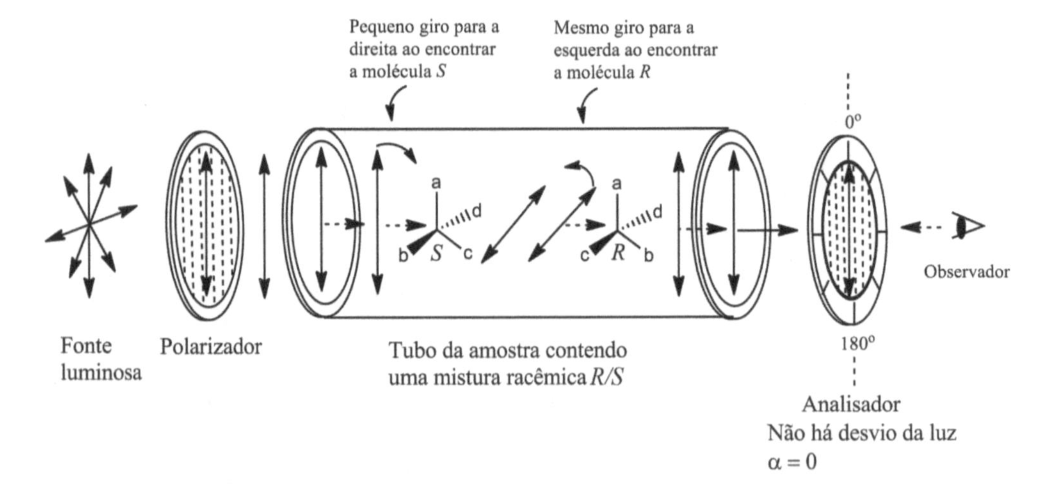

A substância *S* provocou um desvio da luz polarizada para a direita e a substância *R* provocou um desvio igual para a esquerda. O resultado é a anulação do desvio, α=0.

d) Tubo contendo uma mistura com excesso enantiomérico: 1 mol de *R* e 1,5 mols de *S*.

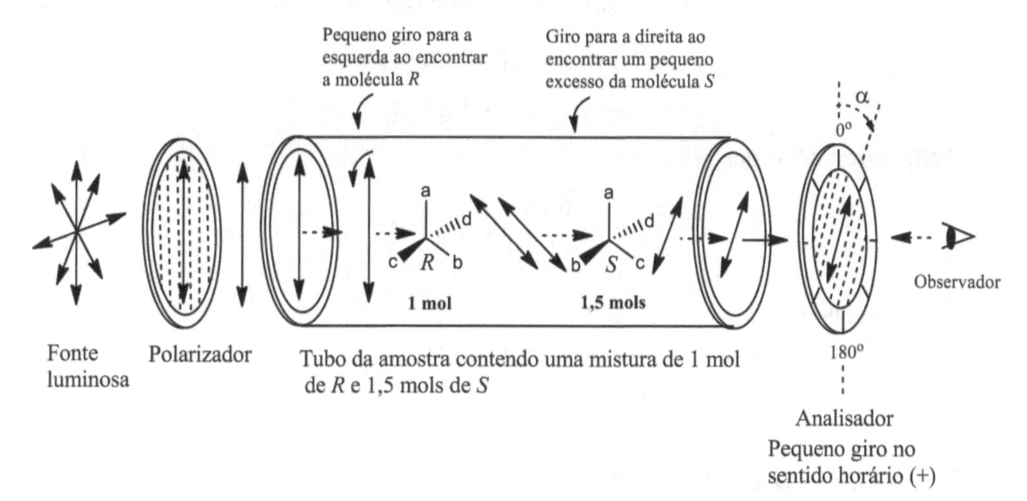

Nesse caso, houve um pequeno desvio da luz polarizada para a direita devido ao excesso da substância *S*. 1 mol do enantiômero *R*-(-) cancelou a atividade ótica de 1 mol do enantiômero *S*-(+), restando 0,5 mol do enantiômero *S*-(+), responsável pela rotação do plano de luz polarizada.

5.2 ROTAÇÃO ESPECÍFICA [α]

A rotação específica [α] é definida pela seguinte equação:

$$[\alpha] = \frac{\alpha}{c \times l}$$

[α] é o valor, em graus, do ângulo de rotação do plano da luz polarizada em certas condições padrão, como o comprimento de onda e a temperatura em que foi realizada a medida.

α = rotação observada (ângulo de desvio)

c = concentração (em g/mL) (para soluções)

l = comprimento do tubo (em decímetros)

Obs.: $[\alpha]_D$ é a rotação específica medida no comprimento de onda da luz do polarímetro λ = 589 nm (raia D do sódio) da lâmpada de sódio. A temperatura usada, em geral, é de 25 °C.

Exercício resolvido

1) Qual a rotação específica de uma substância oticamente ativa cujo α (rotação observada) é + 0,15° na concentração de 40 mg/2 mL de solução em um tubo de 1 dm? Solvente utilizado: metanol.

Resposta

[α] = ?   α = + 0,15°   c = 40 mg/2 mL   l = 1 dm

A concentração foi dada em mg/mL. Devemos converter para g/mL.

(40 mg)/(2 mL) = 20 mg/mL

20 mg/1000 = 0,02 g,

então c = 0,02 g/mL

Aplicando a fórmula:

$$[\alpha] = \frac{\alpha}{c\,X\,l} = \frac{0{,}15}{0{,}02\,X\,1} = 7{,}5\;[\alpha]_D^{25} = +7{,}5°$$

Por regra de três:

$$\begin{array}{lcl} +0{,}15° & \text{———} & 0{,}02\text{g/mL} \\ X° & \text{———} & 1\text{g/mL} \end{array} \qquad X° = +7{,}5°$$

5.3 EXCESSO ENANTIOMÉRICO (EE)

Quantidade do estereoisômero que se obtém a mais (preferencialmente), além da mistura racêmica. O ee pode ser calculado a partir das quantidades em mols ou das rotações específicas. Uma amostra de um único enantiômero é chamada de enantiomericamente pura (ee de 100%).

Cálculo do ee a partir de mols

$$\%\;do\;ee = \frac{mols\;de\;um\;enantiômero - mols\;do\;outro\;enantiômero}{total\;de\;mols}\;X\;100$$

Cálculo do ee, a partir das rotações específicas

$$\%\;do\;ee = \frac{rotação\;específica\;observada}{rotação\;específica\;do\;enantiômero\;puro}\;X\;100$$

Exercícios resolvidos

2) Um composto A apresenta excesso enantiomérico (ee) de 90% de *R*. Qual é a real composição estereoisomérica da mistura?

Resposta

$$100 - 90\% = 10\%$$

$$Os\;10\%\;consistem\;na\;mistura\;racêmica$$

$$Dos\;10\%\;\begin{cases} 5\%\;são\;do\;enantiômero\;R \\ 5\%\;são\;do\;enantiômero\;S \end{cases}$$

$$90\% + 5\% = 95\%\;de\;R$$

$$Então, a\;real\;composição\;estereoisomérica\;é\;de\;95\%\;de\;enantiômero\;R\;e\;5\%\;de\;enantiômero\;S.$$

3) Uma mistura de enantiômeros do 2-Butanol (*R*-(-)-2-butanol e *S*-(+)-2-butanol) apresentou uma rotação específica $[\alpha]_D = +\,3{,}723°$.

a) Desenhe tridimensionalmente os dois enantiômeros nas respectivas configurações.

b) Qual é o excesso enantiomérico (ee) dessa mistura, sabendo que a rotação específica do isômero levógiro é de – 13,52°?

c) Qual é a porcentagem de cada enantiômero na mistura anterior?

d) Qual enantiômero está em excesso?

e) Qual seria a rotação específica $[\alpha]_D$ de uma mistura dos enantiômeros anteriores que tivesse a proporção de 90% do isômero dextrógiro e 10% do isômero levógiro?

Resposta

a) Estrutura tridimensional

C_2H_5, H, H_3C, OH + C_2H_5, H, HO, CH_3

S-(+)-2-butanol *R*-(-)-2-butanol

b) Se a rotação específica $[\alpha]_D$ do isômero levógiro é – 13,52°, então o seu antípoda ótico, o enantiômero dextrógiro, terá uma rotação específica $[\alpha]_D$ = + 13,52°. O par de enantiômeros (antípodas óticos) desviará a luz polarizada na mesma magnitude, porém em sentidos opostos. Para o cálculo do excesso enantiomérico (ee), temos:

Aplicando a fórmula:

$$\%\ do\ ee = \frac{rotação\ específica\ observada}{rotação\ específica\ do\ enantiômero\ puro}\ X\ 100$$

$$\%\ do\ ee = \frac{+3{,}723°}{+13{,}52°}\ X\ 100 = 27{,}536\%\ de\ ee\ do\ dextro\ (+)$$

Aplicando regra de três:

+13,52° —— 100%
+3,723° —— X (ee)

$$X = \frac{+3{,}723°\ X\ 100}{+13{,}52°} = 27{,}536\%\ \text{de ee}$$

c) Porcentagem de cada enantiômero

100% – 27,536% de ee = 72,464%

Quando dizemos que o ee dessa mistura é de 27,536%, queremos dizer que, dos 100%, 27,536% da mistura correspondem ao enantiômero dextrógiro (+) e o restante, 72,464%, corresponde à mistura racêmica.

$$Dos\ 72{,}464\% \begin{cases} 36{,}464\%\ são\ do\ enantiômero\ (+) \\ 36{,}464\%\ são\ do\ enantiômero\ (-) \end{cases}$$

$$Como\ temos\ um\ excesso\ de\ 27{,}536\%\ do\ enantiômero\ dextro\ (+), então:$$

$$36{,}464\% + 27{,}536\%\ do\ ee\ = 63{,}768\%\ de\ dextro\ (+)$$

A porcentagem de cada enantiômero é

63,768% de *S*(+)-2-butanol

36,464% de *R*(-)-2-butanol

Apenas 27,536% da mistura do isômero (+) contribuem para a rotação específica observada, ou seja, + 3,723°.

d) O enantiômero em excesso é o de configuração *S* (*S*-(+)-2-butanol).

e) O isômero dextrógiro apresenta um excesso de 80%.

90% – 10% da mistura racêmica = 80%

Logo,

+3,723° — 27,536%
X — 80%

$$X = \frac{+3{,}723° \times 80}{27{,}536} = 10{,}816° \qquad [\alpha]_D^{25} = +10{,}816°$$

ou

+13,52° — 100%
X — 80%

$$X = \frac{+13{,}52° \times 80}{100} = 10{,}816°$$

5.4 MOLÉCULA QUIRAL

A palavra quiral vem do grego *cheiral* e significa "mão". Por que mão? Existem muitas moléculas que, quando superpostas, se comportam de maneira semelhante a mãos. Por exemplo, a mão esquerda, quando colocada na frente de um espelho, fornecerá a imagem especular da mão direita. Ao fixarmos uma das duas mãos e a outra girar 180º, de forma que o dorso de uma fique sobre a palma da outra, veremos que, depois de as aproximarmos, elas não se superpõem. Assim, as mãos esquerda e direita não são idênticas, e uma prova disso é que uma luva da mão esquerda não encaixa na mão direita. Portanto, moléculas que não se superpõem à sua imagem no espelho são chamadas de quirais.

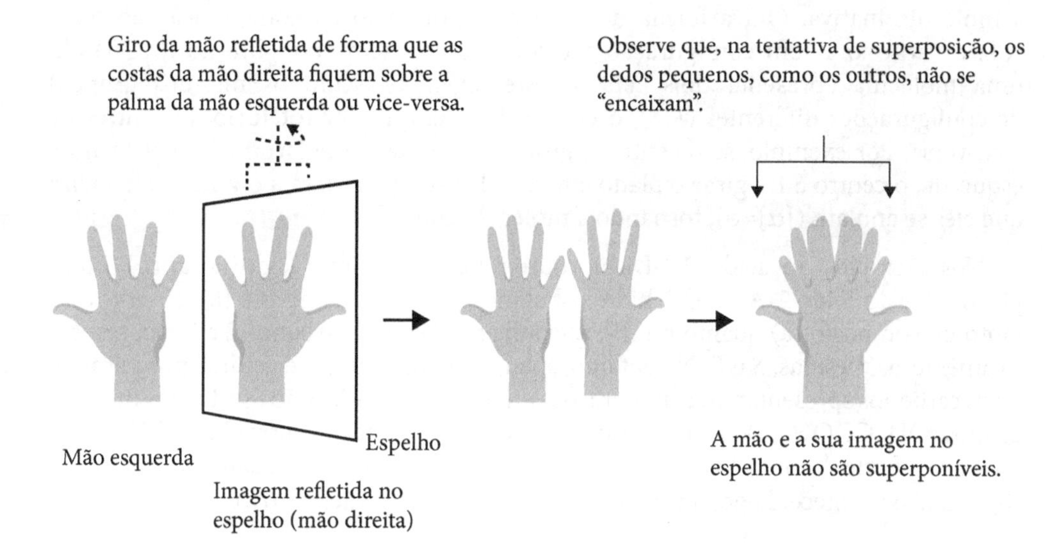
Giro da mão refletida de forma que as costas da mão direita fiquem sobre a palma da mão esquerda ou vice-versa.
Observe que, na tentativa de superposição, os dedos pequenos, como os outros, não se "encaixam".
Mão esquerda
Espelho
Imagem refletida no espelho (mão direita)
A mão e a sua imagem no espelho não são superponíveis.

Todas as moléculas quirais, além de possuírem enantiômeros, são oticamente ativas (desviam o plano da luz polarizada). Moléculas que têm imagem especular superponíveis são chamadas de aquirais, ou seja, não têm enantiômeros e não são oticamente ativas (não desviam o plano da luz polarizada).

É importante saber que é a quiralidade da molécula que determina a atividade ótica. Uma molécula quiral apresenta atividade ótica e uma molécula aquiral não apresenta atividade ótica, sendo oticamente inativa. Existem moléculas que têm centro assimétrico e são aquirais e moléculas que não têm nenhum centro assimétrico e são quirais.

Exemplo

1,2-Dicloro-ciclo-butano

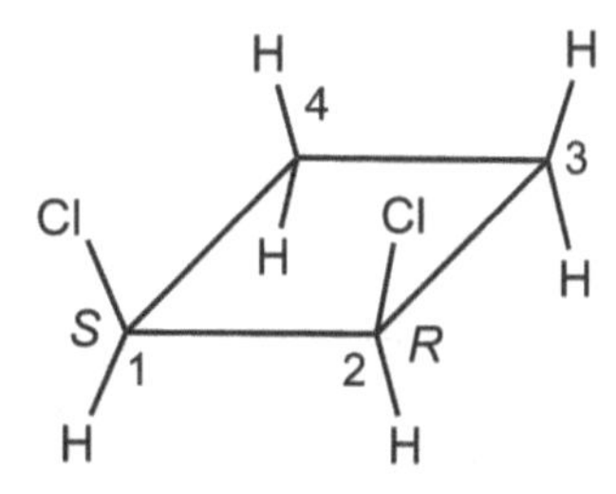
H
H
4
3
Cl
Cl
H
H
S
R
1
2
H
H

O estereoisômero do 1,2-Dicloro-ciclo-butano apresenta dois centros assimétricos (carbono 1 e 2). No entanto, a molécula é aquiral (oticamente inativa). Por que ela é aquiral se tem dois carbonos assimétricos? A resposta pode ser dada da seguinte forma: cada carbono assimétrico 1 e 2, além de fazer parte de um grupo quiral (quatro substituintes diferentes) e ter os mesmos grupos, está arrumado de forma idêntica. Essa arrumação faz com que os grupos apresentem quiralidade oposta, de forma que o carbono 1 cancela exatamente o poder rotatório do carbono 2 e vice-versa, tornando a molécula inativa. Outra forma de explicar é por meio da configuração absoluta R/S: o carbono 1 tem configuração *S* e o carbono 2 tem configuração *R*. Quando uma molécula apresenta dois centros estereogênicos (com os mesmos grupos) de configurações diferentes (*R*,*S*), o centro *R* anula o poder rotatório do centro *S* e vice-versa. Por exemplo, se o centro *R* girar o plano da luz polarizada em 30º para a esquerda, o centro *S* irá girar o plano em 30º (desvio igual) para a direita, de maneira que eles se anulam ([α]=o), tornando a molécula aquiral.

Nos exemplos do ácido 2,3-Di-hidrodroxi-butano-dióico (ácido tartárico), composto (a), e do ácido 2-Amino-3-hidroxi-butano (treonina), composto (b), observe que, tanto no composto (a) quanto no (b), as configurações dos carbonos 2 e 3 são, respectivamente, as mesmas, *S* e *R*. No entanto, apenas o composto (a) é aquiral, porque além de os carbonos apresentarem configurações diferentes 2*S* e 3*R*, estão ligados aos mesmos grupos (OH, COOH, H), de forma que, se passarmos um plano entre C(2) e C(3), veremos que a parte de cima é imagem especular da parte de baixo, enquanto no composto (b) isso não acontece. Logo, o composto (b) é quiral e oticamente ativo.

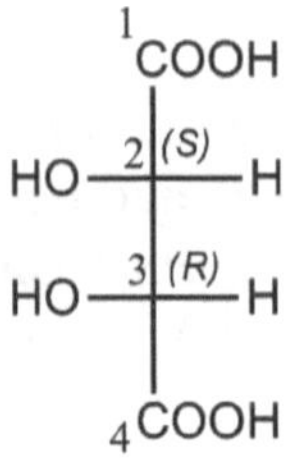

(a) 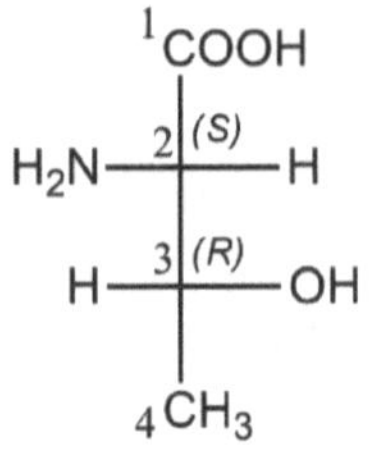 (b)

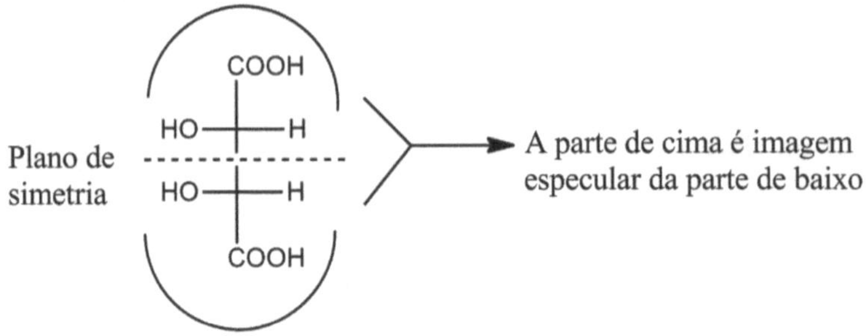

Plano de simetria

A parte de cima é imagem especular da parte de baixo

A quiralidade é um fenômeno molecular que está relacionado a presença de elementos de simetria: planos, pontos, retas e eixos. A forma de reorientação da molécula chama-se operação de simetria. Se a reorientação de uma molécula após uma operação de simetria for equivalente, ponto a ponto, à molécula original, essa molécula será simétrica, portanto, aquiral. Então, a forma mais fácil de saber se uma molécula é quiral ou aquiral é aplicando os elementos de simetria. Uma molécula quiral não pode ter nenhum desses elementos de simetria, caso contrário, ela será aquiral. Porém, se uma molécula não for complexa (estruturalmente simples) e tiver um centro assimétrico do tipo Cabcd, ela será quiral porque não apresenta nenhum elemento de simetria.

Exemplos

5.5 ELEMENTOS DE SIMETRIA

Uma molécula quiral não pode apresentar nenhum dos elementos de simetria a seguir:

1) Reflexão em um plano de simetria (σ)
2) Centro de simetria ou centro de inversão (i)
3) Eixo de simetria impróprio ou alternado (S_n)

1) Reflexão em um plano de simetria (σ)

Uma molécula apresenta plano de simetria σ quando, ao traçar um plano na molécula dividida em duas partes iguais (simetricamente), os lados opostos são imagens especulares um do outro. Nos exemplos a seguir, os lados 1 e 2 de cada modelo são rigorosamente idênticos, portanto, essas estruturas não são quirais.

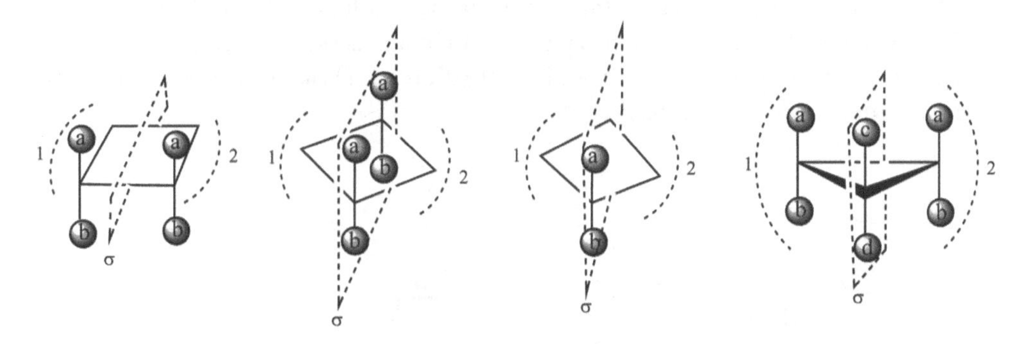

Algumas vezes, a forma como o plano é traçado na molécula, principalmente como linha, torna o desenho confuso. Por exemplo, nos alenos (a), pelo fato das ligações simples de C1 serem perpendiculares às ligações de C3, uma delas ficará no plano quando este for traçado. Uma maneira simples de saber se a molécula é simétrica é vendo se um dos carbonos C1 ou C3 tem os mesmos grupos. Se tiver, que é o caso de C1 no exemplo (a) e de C3 no exemplo (a'), esses grupos idênticos serão colocados em lados opostos do plano, serão imagens especulares um do outro e o restante da estrutura fará parte do plano. As figuras (b) e (b') são desenhos que mostram como as figuras podem ser interpretadas.

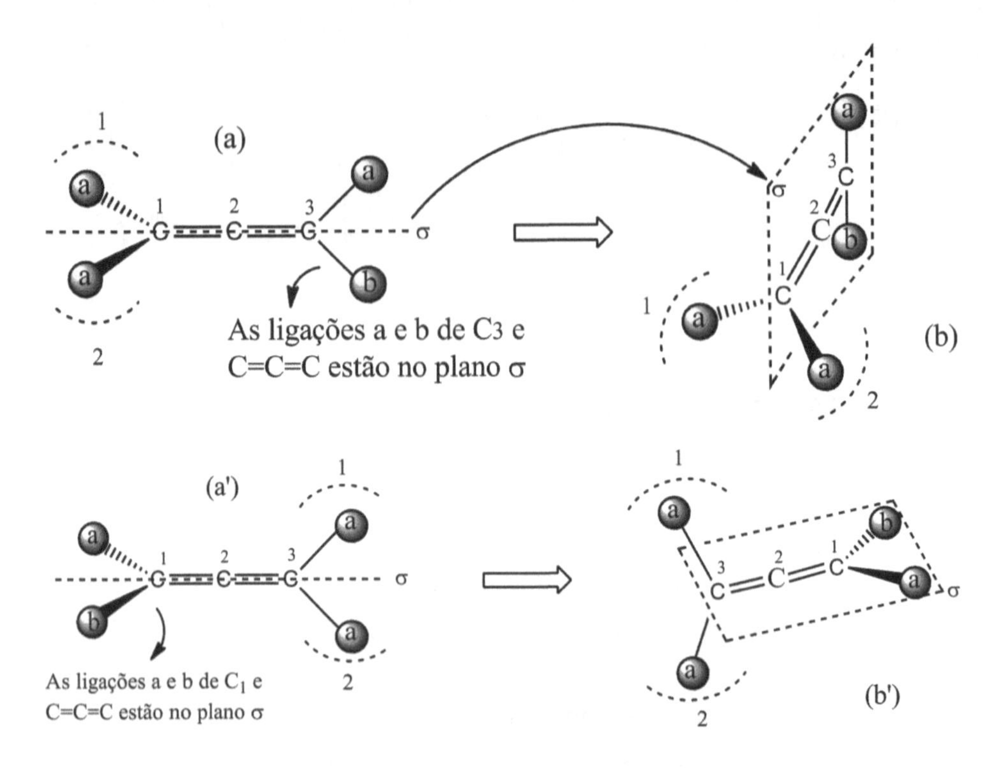

Os lados 1 e 2 das moléculas (a) e (a') ou (b) e (b') são imagens especulares um do outro. Dessa forma, elas são aquirais.

No exemplo da estrutura (c), observamos que dois carbonos têm os mesmos substituintes e os mesmos lados (a,a e b,b do mesmo lado). Esses grupos idênticos serão colocados em lados opostos do plano e são imagens especulares um do outro. As ligações c e d fazem parte do plano. As figuras (d), (e) e (f) são desenhos que mostram como a figura (c) pode ser interpretada.

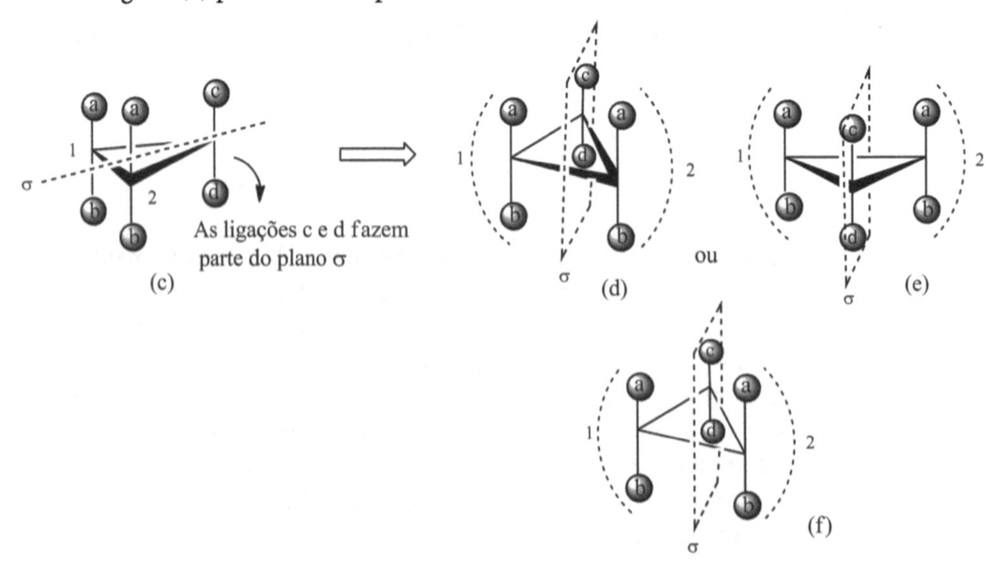

Os lados 1 e 2 da estrutura (c) são imagens especulares um do outro, sendo (c) aquiral.

Outros exemplos

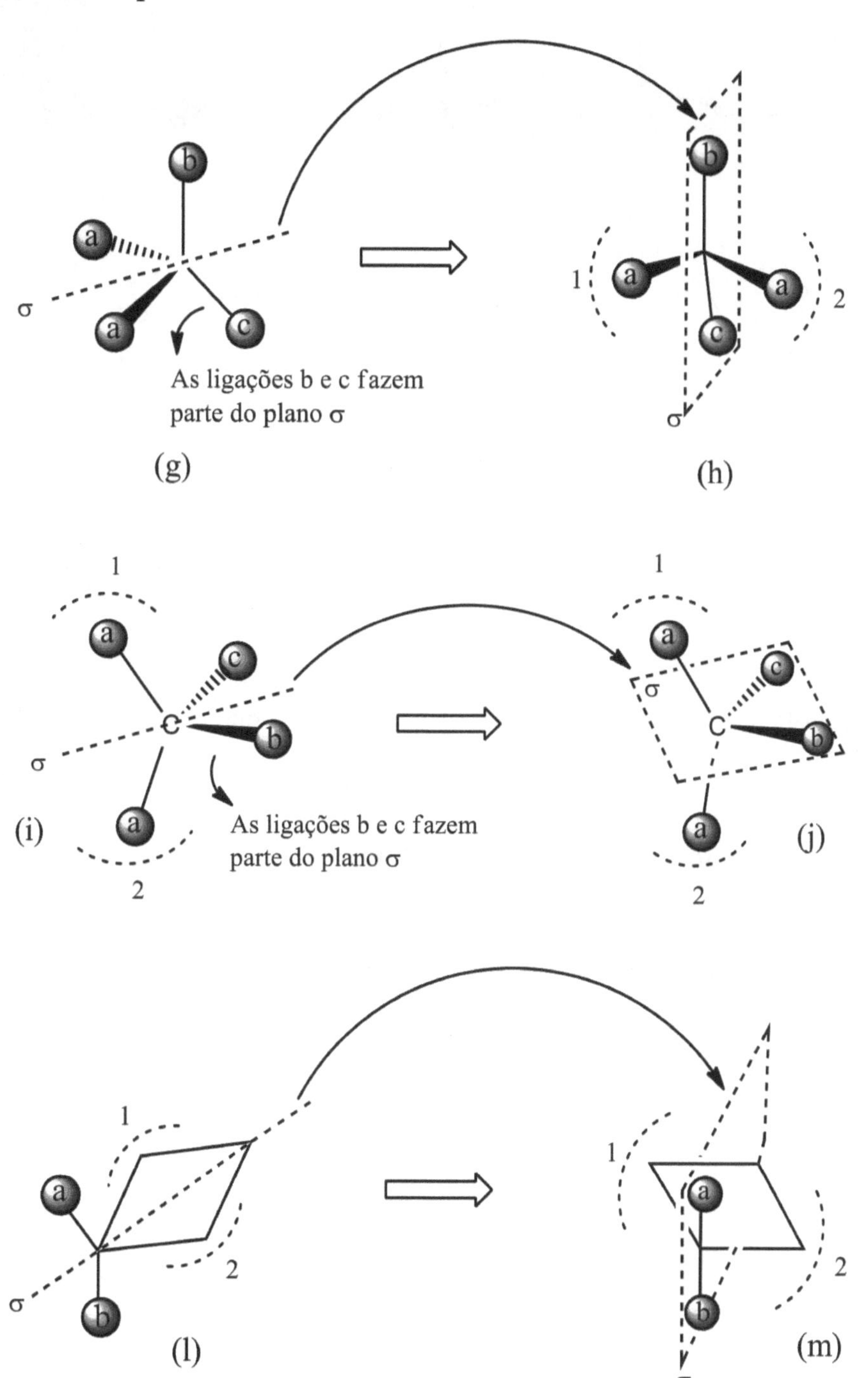

Exercício resolvido

4) Quais das estruturas a seguir apresentam plano de simetria?

Resposta: com exceção das estruturas d e i, todas as outras apresentam plano de simetria.

2) Centro de simetria ou centro de inversão (i)

Centro de simetria ou de inversão é um ponto imaginário no centro da molécula, por onde passa uma linha partindo de uma extremidade para outra, tendo os mesmos substituintes, porém invertidos, e que são equivalentes na mesma distância. Nessa circunstância, a molécula é aquiral.

Exemplo de alguns modelos estruturais

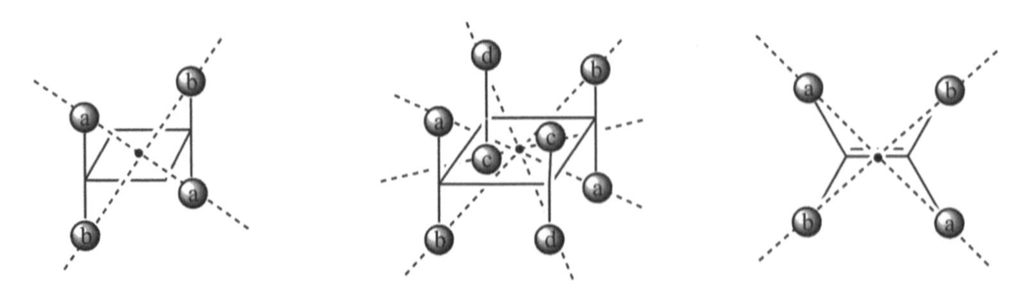

O centro de inversão (i) encontra-se no núcleo do átomo A.

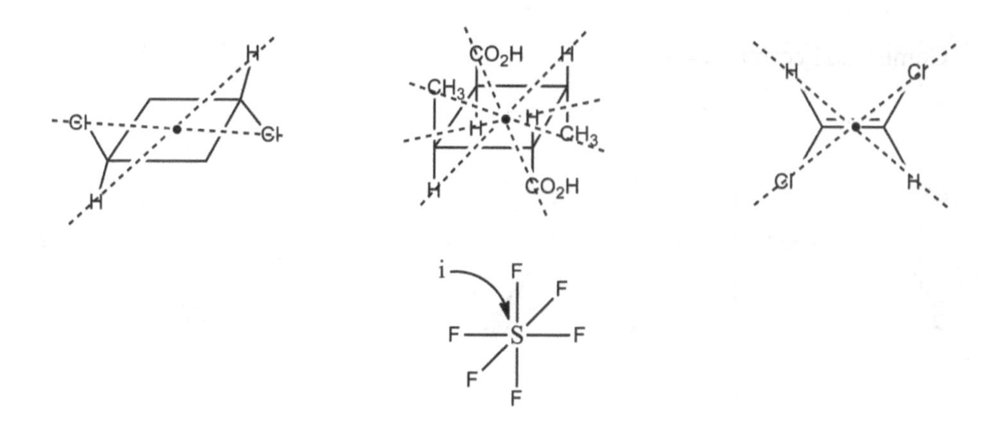

3) Eixo de simetria impróprio ou alternado (S_n)

Se uma operação de rotação de um ângulo 360°/n de uma molécula em torno de um eixo seguida de uma reflexão no plano perpendicular ao eixo conduzir a uma orientação que é superponível com a molécula inicial, o eixo é denominado de reflexão-rotação de ordem n, eixo impróprio ou eixo alternado. Nessa circunstância a molécula inicial é aquiral. Nessa operação, tanto faz começar com reflexão ou rotação.

Exemplos

Começando com rotação

Espelho

Rotação S_2

(a) (b) (c)

Reflexão

$$S_2 \ significa \ \frac{2\pi}{2} = \frac{360°}{2} = 180°$$

Uma rotação de 180º de (a) em torno do eixo X conduz a orientação (b) que, seguida de uma reflexão, conduz a (c). Nesse caso, (c) equivale à (a), ou seja, (c) se superpõe a (a). Então, (a) é aquiral.

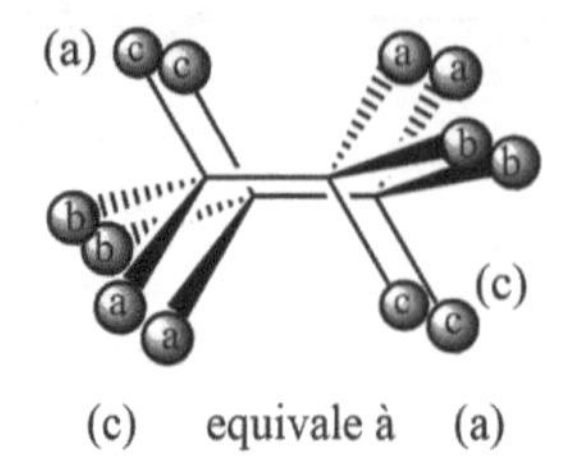

(c) equivale à (a)

Começando com reflexão

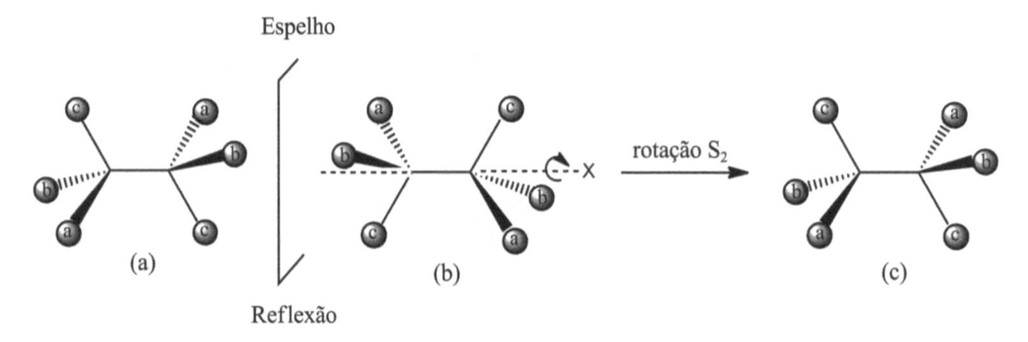

(b) é imagem especular de (a). Porém, após uma rotação de 180º em torno do eixo X, (b) conduz a orientação (c), equivalente à (a). Então, (a) é aquiral.

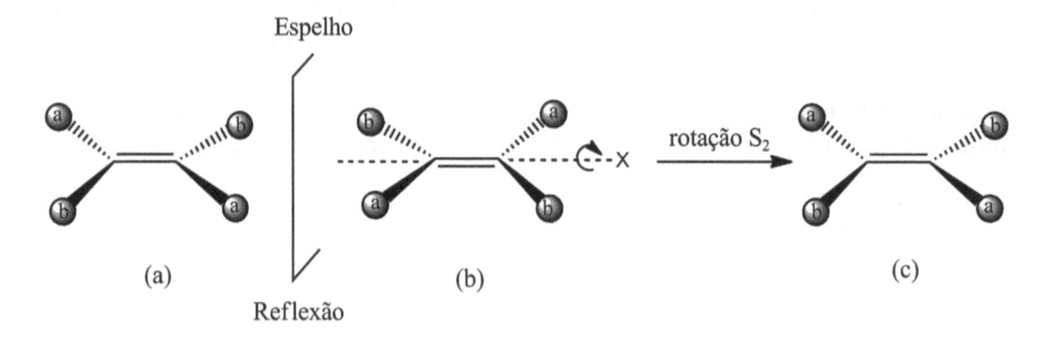

O alqueno (b) é imagem especular de (a). Após uma rotação de 180º em torno do eixo X, o alqueno (b) conduz a orientação (c), que é uma orientação superponível de (a).

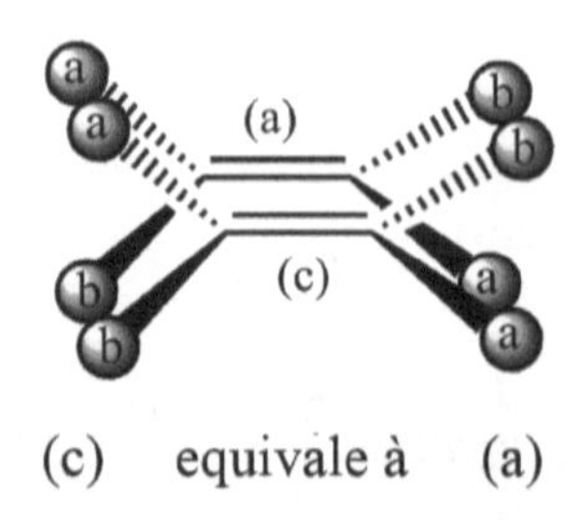

(c) equivale à (a)

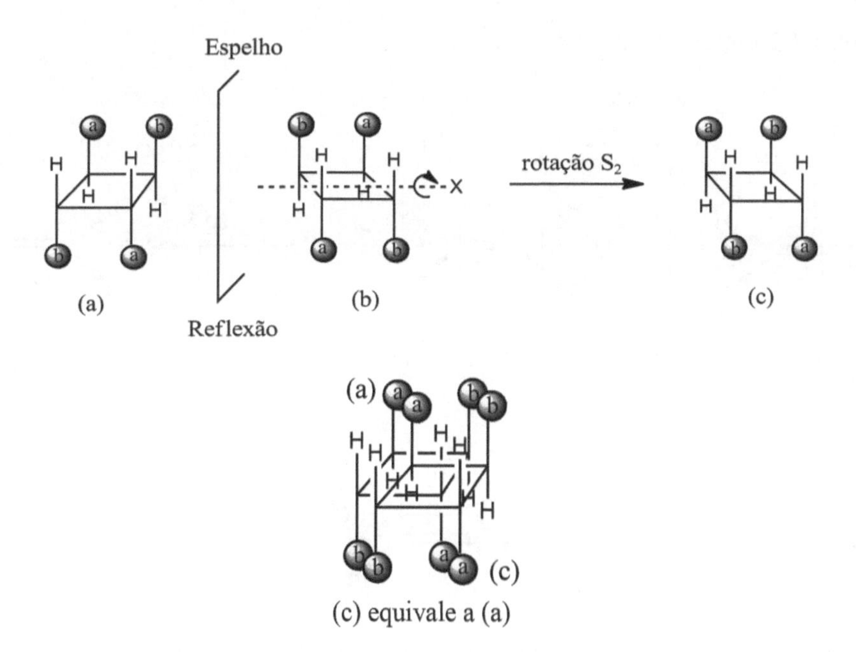

A representação do ciclobutano tetra substituído por (b) é imagem especular de (a). Após uma rotação de 180° em torno do eixo X, (b) conduz a orientação (c). (c) é equivalente à (a). Então, a representação (a) é aquiral.

Exemplos

2,3-Diclorobutano

Espelho

Rotação S_2

(a) (b) (c)

Reflexão

Após operação de rotação de 180° em torno do eixo X, o 2,3-Diclorobutano (c) é equivalente ao 2,3-Diclorobutano (a). Então, (a) é aquiral.

(c) equivale a (a)

Trans-1,2-dicloroeteno

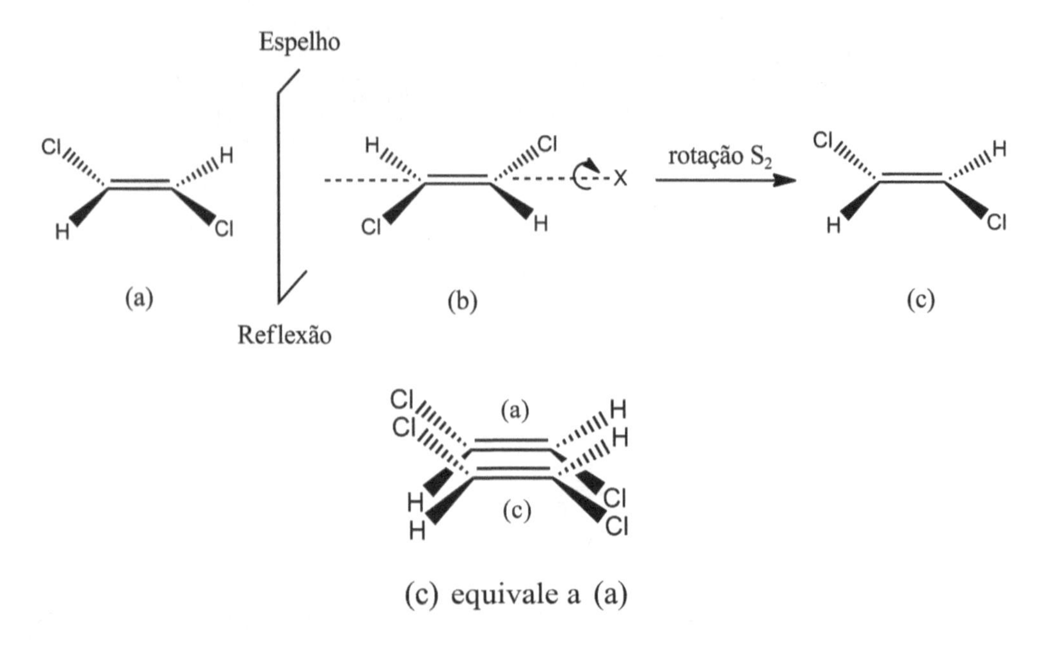

(c) equivale a (a)

1,3-Dicloro-2,4-dimetilciclobutano

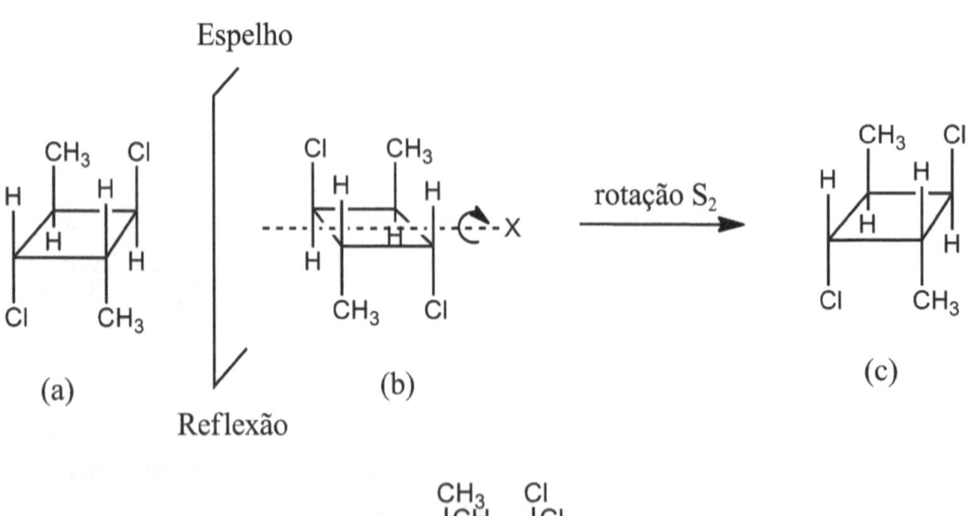

(c) é equivalente à (a)

Observação: similarmente, um eixo S_2 é equivalente a uma inversão i (S_2 = i).

Topicidade (átomos ou grupos de átomos homotópicos ou heterotópicos)

Eixo de simetria próprio (C_n)

É uma operação que verifica a topicidade. Se uma operação de rotação de um ângulo 360°/n de uma molécula em torno de um eixo conduz a uma nova orientação indistinta da molécula original (inicial), essa operação se chama eixo de simetria de ordem n e é designado C_n.

Exemplo

Água (H_2O)

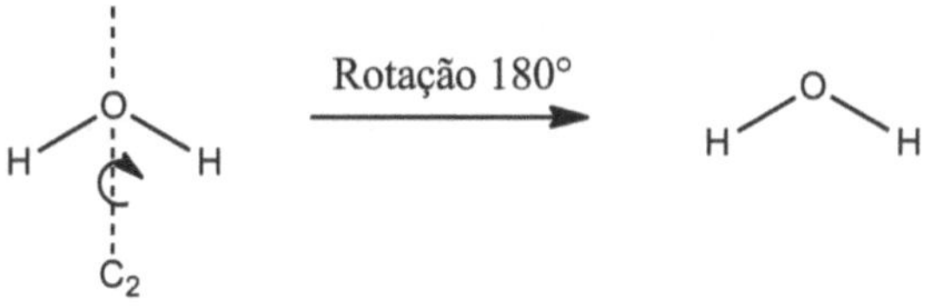

Rotação 180°

C_2

$$C_2 \textit{ significa } \frac{2\pi}{2} = \frac{360^{\underline{o}}}{2} = 180^{\underline{o}}$$

A rotação de 180° em torno do eixo de simetria da molécula da água conduz a uma orientação da molécula indistinta da original. Após a rotação, a nova orientação pode ser superposta à molécula inicial.

Exemplo

Amônia (NH_3)

Rotação 120°

C_3

$$C_3 = \frac{2\pi}{3} = \frac{360^{\underline{o}}}{3} = 120^{\underline{o}}$$

A rotação de 120° em torno do eixo de simetria da molécula de amônia conduz a uma orientação da molécula indistinta da original. Após a rotação, essa nova orientação pode ser superposta à molécula inicial.

Exemplos

Ciclobutano (C_4H_8)

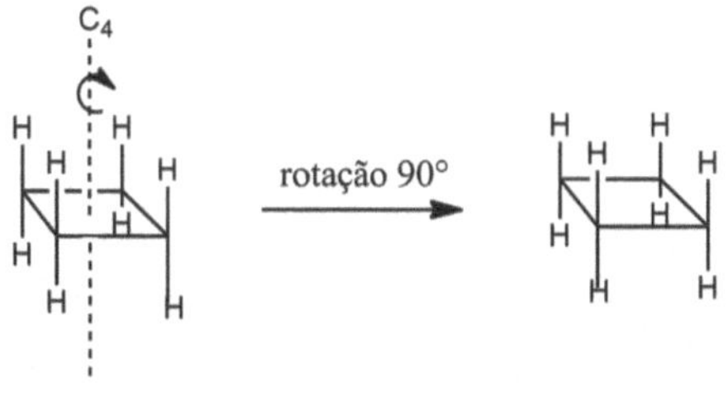

C_4

rotação 90°

A rotação de 90º ao redor do eixo de simetria C_4 da molécula de ciclobutano conduz a uma orientação da molécula indistinta da original Essa orientação é superposta à molécula inicial.

1,2-Dicloroeteno, ânion ciclopentadienila e benzeno

H Cl rotação 180° H Cl Cl H Cl H C_2 C_5 rotação 72°

No exemplo do benzeno, ele também tem eixo de simetria C_2. O eixo principal é o de maior ordem n.

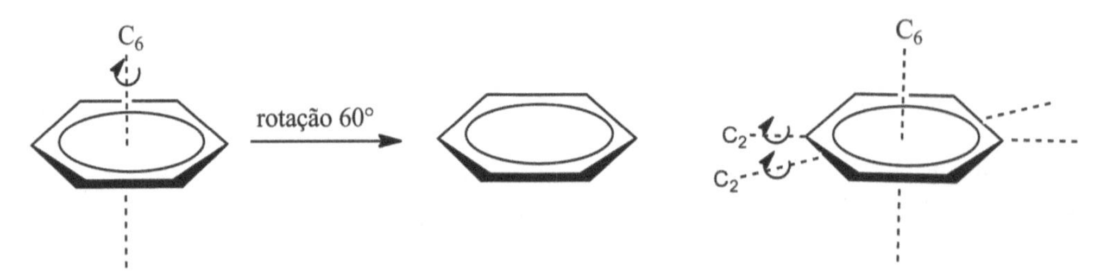

Uma molécula que não possui elementos de simetria (plano de simetria (σ), centro de inversão (i) e eixo impróprio (S_n)) é assimétrica e, consequentemente, quiral. Se uma molécula possuir um eixo de simetria próprio (C_n) e sua estrutura for quiral, a molécula é designada dissimétrica.

Exemplos

C_2 rotação 180°

rotação 180° C_2

5.6 DESCRITORES *R/S*

Configuração absoluta: sistema (*R/S*)

É o arranjo espacial real, de forma conhecida, de átomos ou grupos de átomos em torno de um centro estereogênico de uma dada molécula. É importante notar que a configuração absoluta se refere à comparação entre enantiômeros. *R* (*rectus*) significa direito e *S* (*sinister*) significa esquerdo.

O sistema (*R/S*), ou sistema Cahn-Ingold-Prelog (CIP), é atribuído para todas as moléculas com base no seguinte procedimento: a cada um dos quatro grupos ligados ao centro estereogênico (centro assimétrico) é atribuída uma prioridade (a, b, c, d), em que a > b > c > d com base no número atômico do átomo que está diretamente ligado ao centro estereogênico.

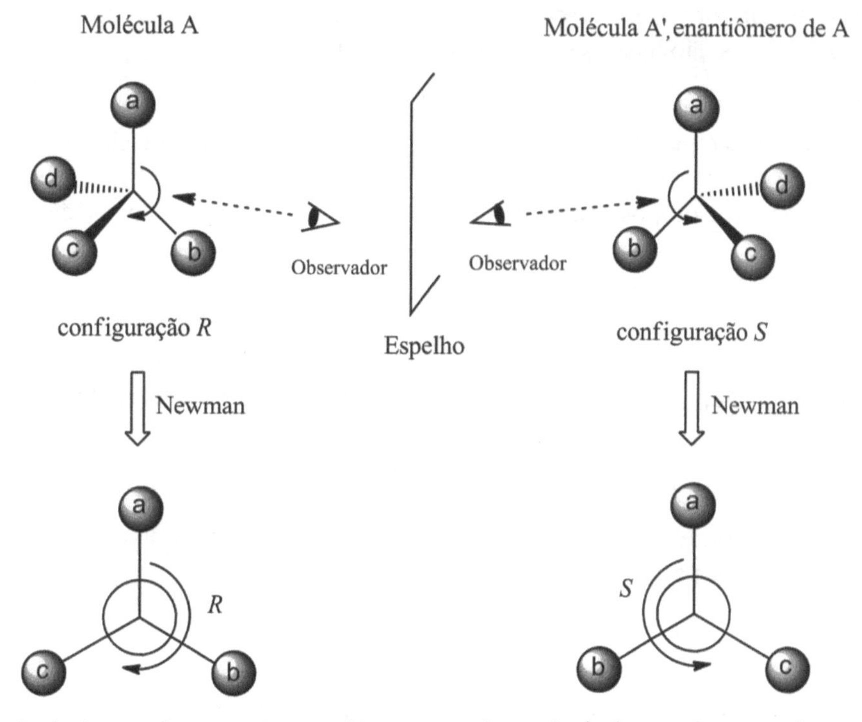

A sequência de **a** → **b** → **c** está no sentido horário. A configuração será *R*.

A sequência de **a** → **b** → **c** está no sentido anti-horário. A configuração será *S*.

Regras de sequências

1) Os átomos são classificados por ordem decrescente de seus números atômicos. As setas da figura a seguir mostram apenas uma sequência de número atômico, do maior para o menor. Os átomos mais usados nos compostos orgânicos estão sequenciados com a seta (⟹).

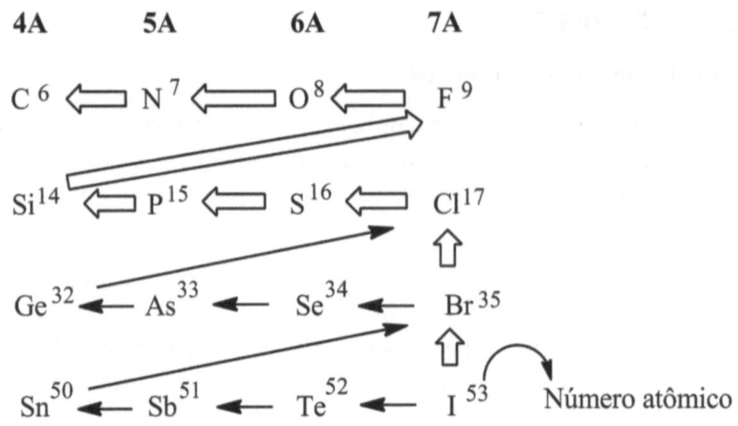

4A	5A	6A	7A
C^{6} ⇐	N^{7} ⇐	O^{8} ⇐	F^{9}
Si^{14} ⇐	P^{15} ⇐	S^{16} ⇐	Cl^{17}
Ge^{32} ←	As^{33} ←	Se^{34} ←	Br^{35}
Sn^{50} ←	Sb^{51} ←	Te^{52} ←	I^{53}

Número atômico

Veja a seguir a ordem decrescente dos átomos mais usados nos compostos orgânicos. O par de elétrons não ligados é o de menor prioridade.

$$I > Br > Cl > S > P > Si > F > O > N > C > H > :$$

Par de elétrons

2) No caso de isótopos, o isótopo de maior massa atômica tem a prioridade.

$$^{3}_{1}T > ^{2}_{1}D > ^{1}_{1}H$$

3) O grupo *cis* ou (*Z*) tem prioridade em relação ao grupo *trans* ou (*E*).

$$cis > trans \quad \text{ou} \quad Z > E$$

4) A configuração *R* é prioritária em relação a configuração *S*. Essa regra se aplica para átomos pseudoassimétricos.

$$R > S$$

5) As ligações múltiplas são substituídas pela quantidade de ligações simples.

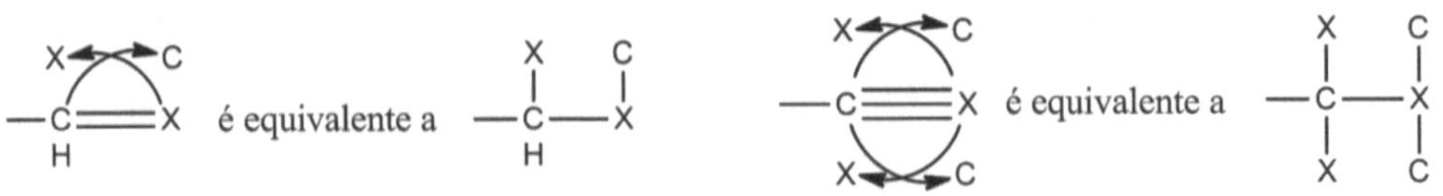

—CH=X é equivalente a —CH(X)—X(C)

—C≡X é equivalente a —C(X)(X)—X(C)(C)

Exemplos

—CH=NH é equivalente a —CH(N)—NH(C)

—C≡N é equivalente a —C(N)(N)—N(C)(C)

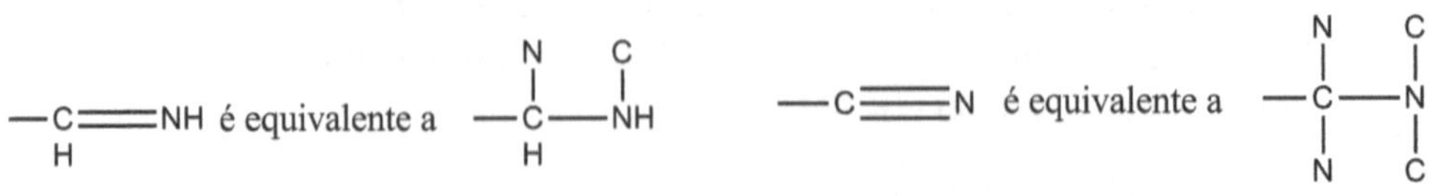

$-C{=}O$ é equivalente a $-C(O)-O(C)$ (C ligado a O e O; O ligado a C)

$-C{=}S$ é equivalente a $-C(S)-S(C)$ (C ligado a S e S; S ligado a C)

$-C{=}C-$ é equivalente a $-C(C)-C(C)-$

$-C{\equiv}C-$ é equivalente a $-C(C)(C)-C(C)(C)-$

Observação importante: ao determinar a configuração *R* ou *S*, é necessário que o grupo 'd', de menor prioridade, esteja **sempre** mais afastado do observador (na parte posterior da estrutura). Dessa forma, a configuração encontrada será a correta.

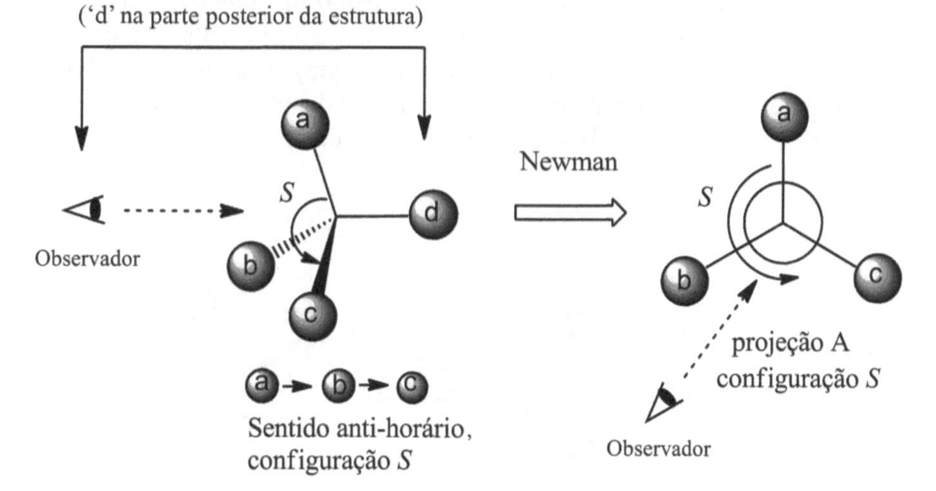

Outras formas de ver uma estrutura com o grupo 'd' mais afastado do observador (leitor)

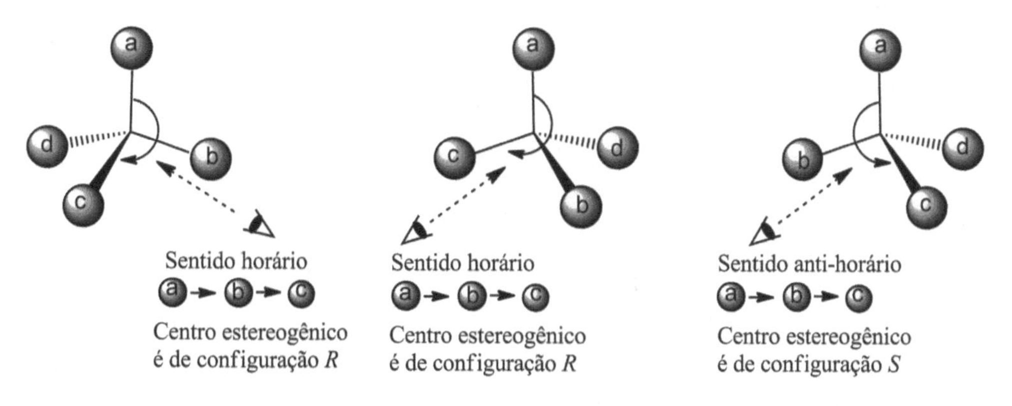

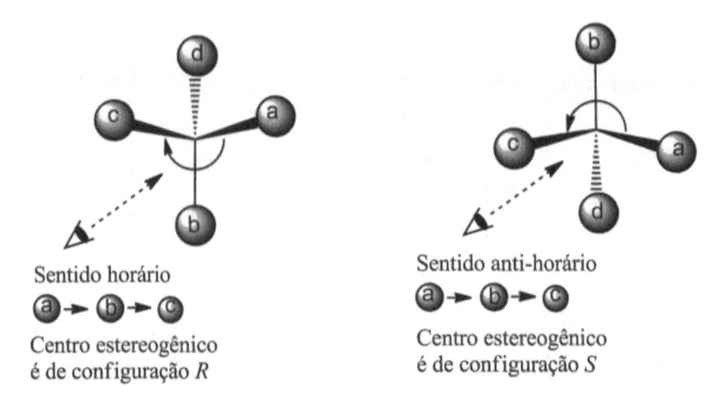

Caso o grupo 'd' esteja mais próximo do observador (na parte anterior da estrutura), a configuração absoluta do carbono assimétrico é o oposto daquela obtida pela leitura direta. Nesse caso, o observador, olhando para a estrutura molecular (figura a seguir), vê a sequência de **a** → **b** → **c**, no sentido horário, logo, a configuração é *S*. Um giro de 180º na projeção B de Newman leva à projeção A ('d' indo para a parte posterior da molécula), em que a sequência de **a** → **b** → **c** é no sentido anti-horário, comprovando a configuração *S*.

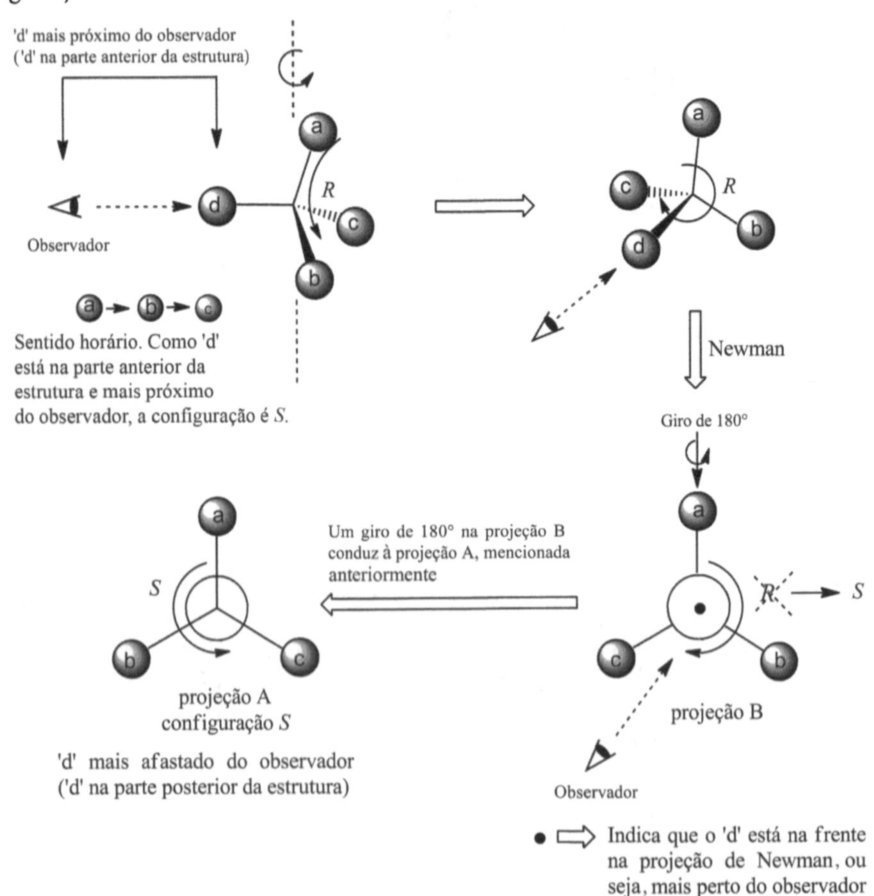

Outras formas de ver uma estrutura com o grupo 'd' mais próximo do observador (leitor)

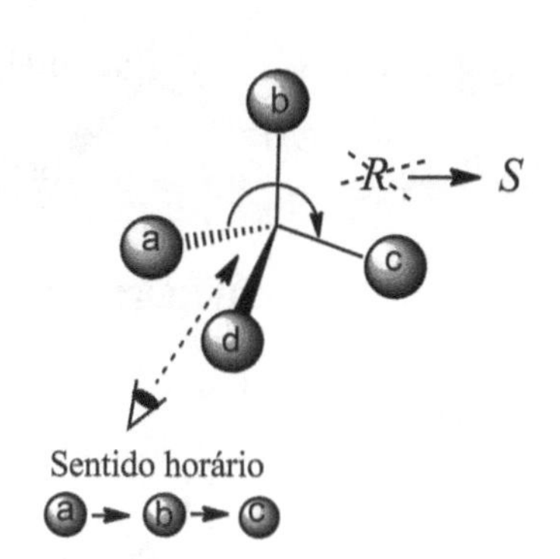

O centro estereogênico é de configuração *S* pelo fato de 'd' estar na frente do plano da folha (mais próximo do leitor).

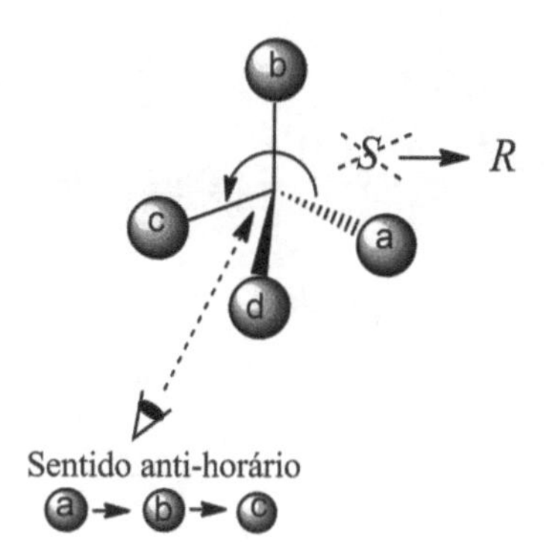

O centro estereogênico é de configuração *R* pelo fato de 'd' estar na frente do plano da folha (mais próximo do leitor).

Exercícios resolvidos

5) Determine a configuração absoluta *R* ou *S* do centro estereogênico da molécula a seguir e do seu enantiômero.

Cl
H
Br
CH_3

Resposta

Observando a molécula anterior, vemos que o H (menor prioridade) está localizado atrás do plano do papel (afastando-se do leitor). Dessa forma, determinamos diretamente a configuração. De acordo com os números atômicos, temos:

	Br	>	Cl	>	CH_3	>	H
Número atômico	35		17		6		1
Ordem sequencial	a	>	b	>	c	>	d

Na sequência a → b → c, a molécula que apresenta o sentido horário é de configuração *R*. O seu enantiômero, que apresenta o sentido anti-horário, é de configuração *S*.

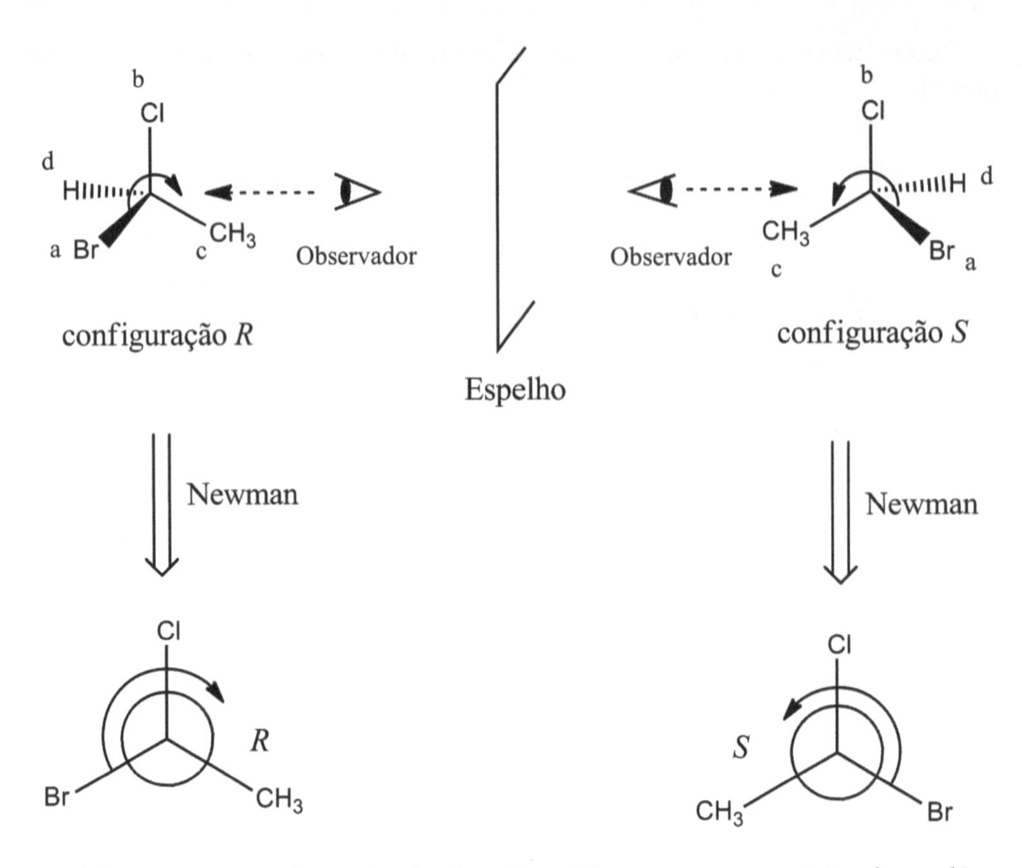

6) Determine a configuração absoluta *R* ou *S* do centro estereogênico das moléculas a seguir.

COOH
H
H_2N CH_3
(a)

CHO
H
CH_3 NH_2
(b)

Cl
Br
H CH_3
(c)

CH_3
H_3CH_2C
H_2NH_2C CH_2CN
(d)

CH_3
H—C=C—H
H
H_2N C=C
CH_3
H H
(e)

Resposta

Letra (a)

COOH
H
H_2N CH_3

(a)

I. Determinar os átomos ligados diretamente ao estereocentro.

$$\underline{C}OOH \ , \ \underline{C}H_3 \ , \ \underline{N}H_2 \ , \ \underline{H}$$

II. Classificar os átomos sublinhados segundo os números atômicos.

$$\begin{array}{lcccc} & \underline{C}OOH, & \underline{C}H_3, & \underline{N}H_2, & \underline{H} \\ & \Downarrow & \Downarrow & \Downarrow & \Downarrow \\ \text{Número atômico} & Z=6 & Z=6 & Z=7 & Z=1 \end{array}$$

Dos quatro átomos, o nitrogênio, sendo o de maior número atômico, receberá a letra **a**, e o hidrogênio, o de menor número atômico, a letra **d**. Como nos substituintes COOH e CH_3 os átomos sublinhados são iguais, passamos a analisar os átomos seguintes. Colocamos entre parênteses os átomos ligados ao carbono sublinhado e os classificamos novamente de acordo com seus números atômicos. Em relação ao grupo COOH, aplicaremos a quinta regra, em que as ligações múltiplas são substituídas pela quantidade de ligações simples.

$$-\underline{C}OOH \Rightarrow -\underline{C}(OH){=}O \text{ é equivalente a } -\underline{C}(OH)(O)-O(C) \Rightarrow \underline{C}(O, O, O) \Downarrow Z=8$$

$$-\underline{C}H_3 \Longrightarrow \underline{C}(H, H, H) \Downarrow Z=1$$

No grupo ácido, encontramos um oxigênio (Z=8); para o grupo metila, encontramos um hidrogênio (Z=1). Então, o grupo ácido é prioritário em relação ao grupo metila. A ordem de prioridade definitiva será:

$$\begin{array}{ccccccc} NH_2 & > & COOH & > & CH_3 & > & H \\ a & & b & & c & & d \end{array}$$

b
COOH
d
H
R
H_2N
a
CH_3
c

O sentido de a → b → c é horário e o **d** está por trás do plano, então, a configuração é *R*.

Letra (b)

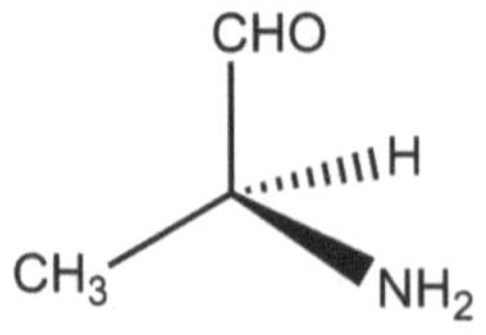

CHO, H, CH_3, NH_2

(b)

I. Determinar os átomos ligados diretamente ao estereocentro.

$\underline{C}HO, \underline{N}H_2, \underline{C}H_3, \underline{H}$

II. Classificar os átomos sublinhados segundo os números atômicos.

	$\underline{C}HO$,	$\underline{N}H_2$,	$\underline{C}H_3$,	$\underline{H}$
	⇓	⇓	⇓	⇓
Número atômico	Z=6	Z=7	Z=6	Z=1

Observamos que o número atômico do nitrogênio (Z=7) é maior que o número atômico do carbono (Z=6), e este é maior que o do hidrogênio (Z=1). Então, o nitrogênio será **a** e o hidrogênio será o **d**.

III. Como temos dois átomos iguais ligados diretamente ao centro estereogênico (C*), nesse caso, dois carbonos, passamos para os átomos seguintes até encontrar o átomo de maior número atômico.

Na análise do grupo formil (CHO) e do grupo metila (CH_3), escrevemos entre parênteses os átomos ligados aos carbonos sublinhados e classificamos novamente de acordo com os seus números atômicos.

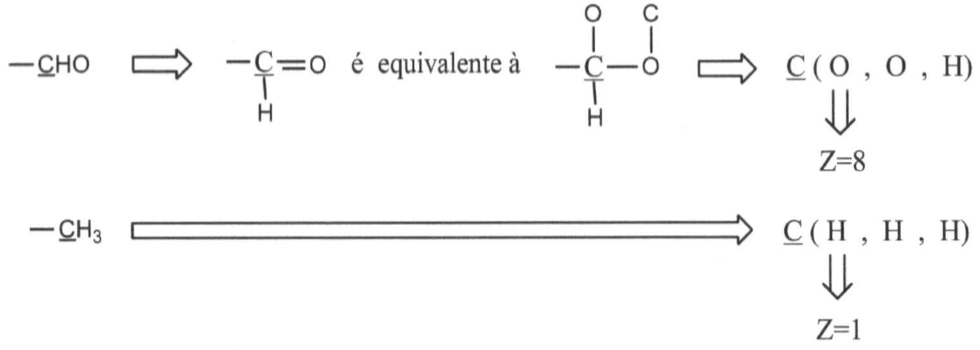

—$\underline{C}$HO ⟹ —$\underline{C}$(H)=O é equivalente à —$\underline{C}$(O)(H)—O(C) ⟹ $\underline{C}$(O , O , H)
⇓
Z=8

—$\underline{C}H_3$ ⟹ $\underline{C}$(H , H , H)
⇓
Z=1

No grupo formil, encontramos o oxigênio (Z=8) e, no grupo metila, o hidrogênio (Z=1). Então, o grupo formil é prioritário em relação ao grupo metila.

$$\underset{a}{NH_2} > \underset{b}{CHO} > \underset{c}{CH_3} > \underset{d}{\underline{H}}$$

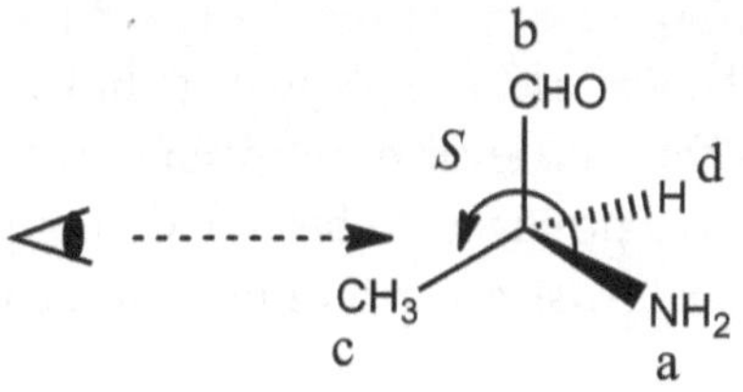

O sentido a → b → c, visto pelo observador com o **d** por trás do plano, é anti-horário, então, a configuração é *S*.

Letra (c)

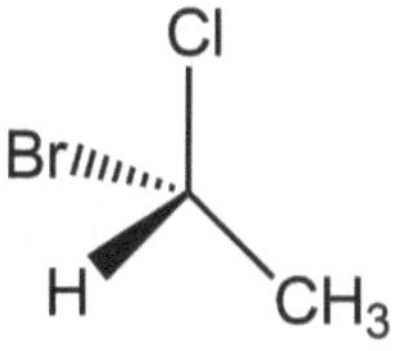

(c)

Na molécula (c), o substituinte de menor prioridade **d** está na frente do plano da folha (aproximando-se do leitor). Dessa forma, se o sentido dos substituintes restantes **a → b → c** for horário, a configuração será *S*. Se for anti-horário, será *R*.

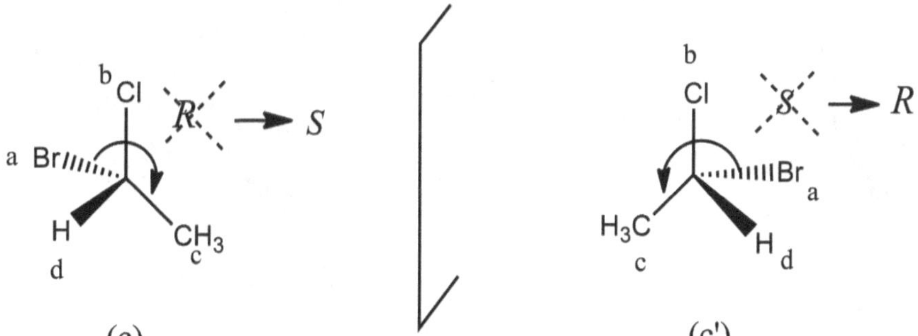

(c) Espelho (c')

	$\underline{Br}$	>	$\underline{Cl}$	>	$\underline{C}H_3$	>	$\underline{H}$
Número atômico	35		17		6		1
Ordem seqüencial	a	>	b	>	c	>	d

Na molécula (c), o sentido dos substituintes a → b → c é horário, porém a configuração é *S*. Para sua imagem no espelho (molécula c'), o sentido é anti-horário, então a configuração é *R*.

Certificação da configuração S da molécula (c)

Primeira solução

Mantendo a ligação C*-Cl como está (no plano da folha), fazemos girar a molécula em torno do eixo vertical de forma a levar o hidrogênio que está na frente do plano para trás do plano, ou seja, ficar no lugar do bromo. O bromo vem para o plano da folha e a metila passa para frente. Assim, certificamos que a configuração é *S*.

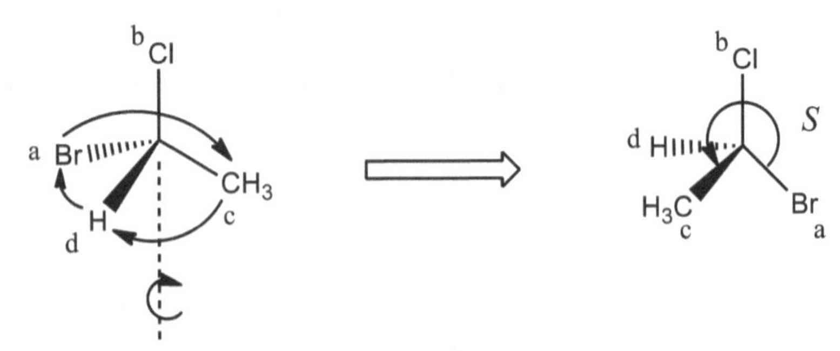

Giro no eixo de C*-Cl

Segunda solução

Fazendo **uma** troca de dois substituintes que estão ligados ao centro estereogênico, obtemos o enantiômero. Essa troca deve ocorrer com o **d** que fica atrás do plano do papel e o substituinte que já está atrás do plano, e inverte a configuração absoluta.

Troca entre **d** e **a**

Sentido horário configuração *R*

(c) Configuração *S*

(c') enantiômero de (c)

(c'), agora com **d** (H) por trás do plano do papel, tem a configuração *R*. Então, (c) tem a configuração *S*.

Fazendo **duas** trocas de dois substituintes que estão ligados ao estereocentro, recria-se a molécula original. Primeiramente, troca-se o **d** com o substituinte que já está atrás do plano da folha. A segunda troca pode ser entre **a**, **b** e **c**, sem ordem de preferência.

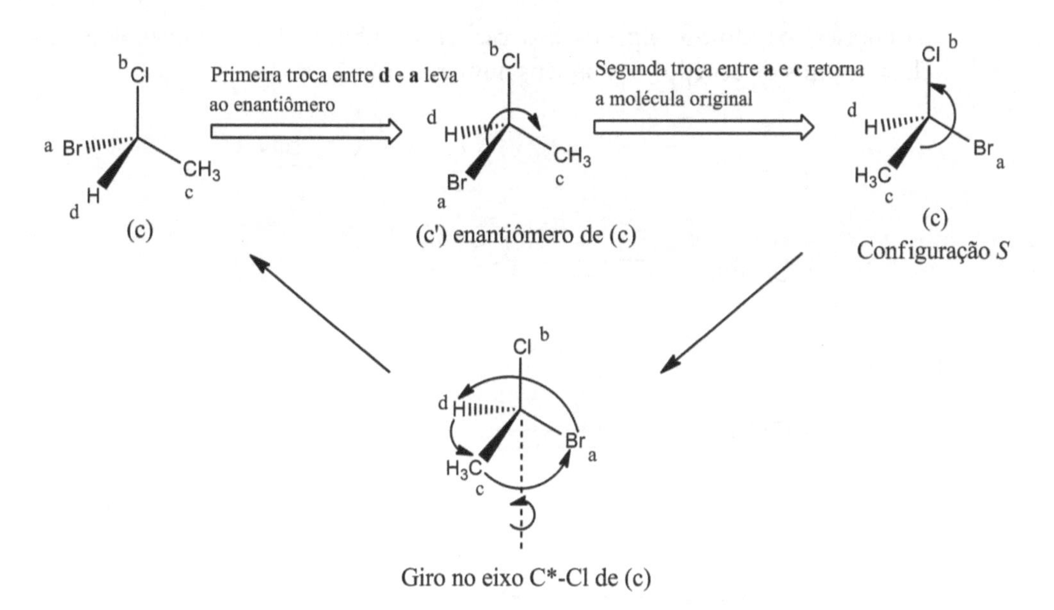

Giro no eixo C*-Cl de (c)

Apenas para mostrar que, com **duas** trocas de dois substituintes, recria-se a molécula original: gira-se a molécula final em torno do eixo C*-Cl, levando (H) para frente do plano, ficando no lugar do (CH_3); (CH_3) vem para o plano e (Br) passa para trás do plano.

Letra (d)

$\underline{C}H_3$

$H_3CH_2\underline{C}$ $\quad$ $H_2NH_2\underline{C}$ $\quad$ $\underline{C}H_2CN$

I. Determinar os átomos ligados diretamente ao estereocentro.

$$\underline{C}H_2NH_2,\ \underline{C}H_2CH_3,\ \underline{C}H_3,\ \underline{C}H_2CN$$

II. Classificar os átomos sublinhados segundo os números atômicos.

	$\underline{C}H_2NH_2$	$\underline{C}H_2CH_3$	$\underline{C}H_3$	$\underline{C}H_2CN$
	$\Downarrow$	$\Downarrow$	$\Downarrow$	$\Downarrow$
Número atômico	Z=6	Z=6	Z=6	Z=6

Nessa molécula, o esterecentro está ligado a quatro átomos de carbono (Z=6).

III. Como temos quatro átomos iguais ligados diretamente ao estereocentro, nesse caso, quatro carbonos, passamos para os átomos seguintes. Escrevemos, entre parênteses, os átomos ligados aos carbonos sublinhados e, novamente, os classificamos de acordo com os seus números atômicos.

Colunas

1ª 2ª 3ª

$-\underline{C}H_2NH_2 \Longrightarrow \underline{C}(H, H, N) \Downarrow Z=7$

$-\underline{C}H_2CN \Longrightarrow \underline{C}(H, H, C) \Downarrow Z=6$

$-\underline{C}H_2CH_3 \Longrightarrow \underline{C}(H, H, C) \Downarrow Z=6$

$-\underline{C}H_3 \Longrightarrow \underline{C}(H, H, H) \Downarrow Z=1$

Observando os átomos entre parênteses, vemos que, na primeira e na segunda coluna, todos os átomos são iguais. Na terceira coluna, o nitrogênio tem o número atômico (Z=7) maior que o carbono (Z=6), que por sua vez é maior que o do hidrogênio. Então, o grupo CH_2NH_2 será **a** e o grupo CH_3 será **d**. Com relação aos grupos CH_2CN e CH_2CH_3, passamos a analisar os átomos seguintes:

$-CH_2\underline{C}N \Longrightarrow -H_2C-\underline{C}\equiv N$ é equivalente a $-H_2C-\underline{C}(N)(N)-N(C)(C) \Longrightarrow \underline{C}(N, N, N) \Downarrow Z=7$

$-CH_2\underline{C}H_3 \Longrightarrow \underline{C}(H, H, H) \Downarrow Z=1$

Para o grupo CH_2CN, encontramos o nitrogênio (Z=7); para o grupo CH_2CH_3, encontramos apenas hidrogênio (Z=1). Então, o grupo CH_2CN é prioritário em relação ao CH_2CH_3. A ordem de prioridade definitiva será:

$$\underline{C}H_2NH_2 > \underline{C}H_2CN > \underline{C}H_2CH_3 > \underline{C}H_3$$

a b c d

Observa-se que o grupo de menor prioridade, CH_3, não está por trás do plano da folha. Então, para colocar esse grupo para trás, uma das soluções, e a mais prática, é fazer **duas** trocas de dois substituintes que estão ligados ao estereocentro. Já sabemos que, com duas trocas, a molécula continua a mesma, ou seja, a configuração não muda.

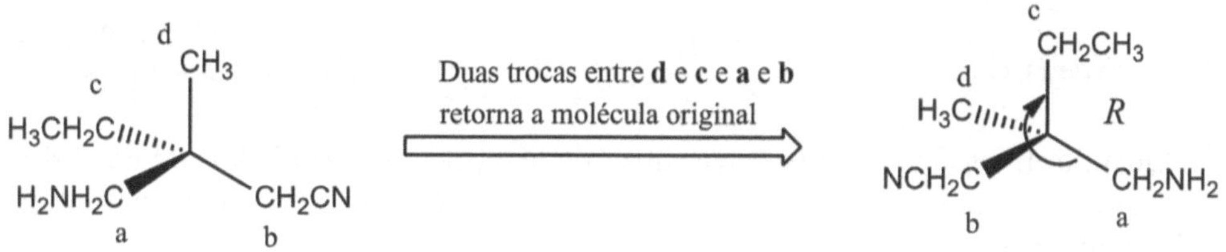

Duas trocas entre **d** e **c** e **a** e **b** retorna a molécula original

O sentido a → b → c é horário, então, a configuração será *R*.

Letra (e)

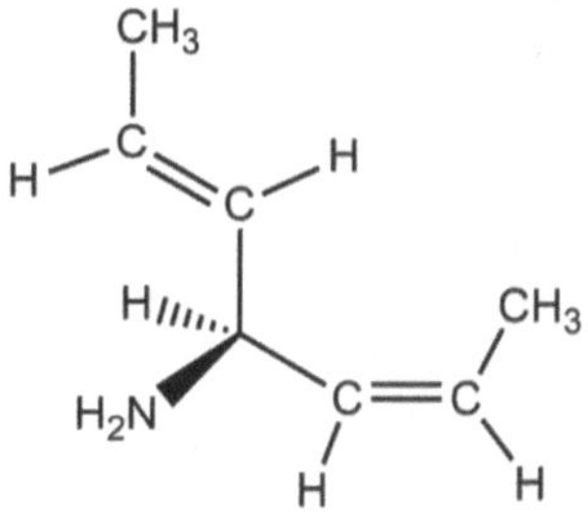

(e)

Ordem sequencial a > b (*cis* ou *Z*) > c (*trans* ou *E*) > d

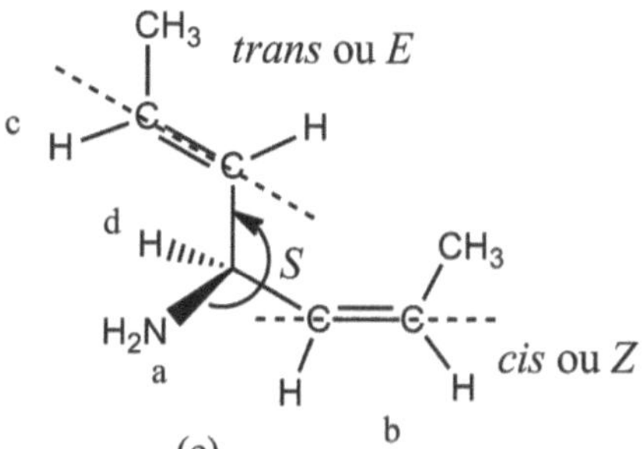

(e)

O sentido a → b → c é anti-horário, então a configuração é *S*.

Determinação da configuração R/S em projeção de Fischer

Já foi dito que na projeção de Fischer as ligações verticais estão por trás do plano, afastando-se do leitor, e as ligações horizontais estão na frente do plano do papel, aproximando-se do leitor.

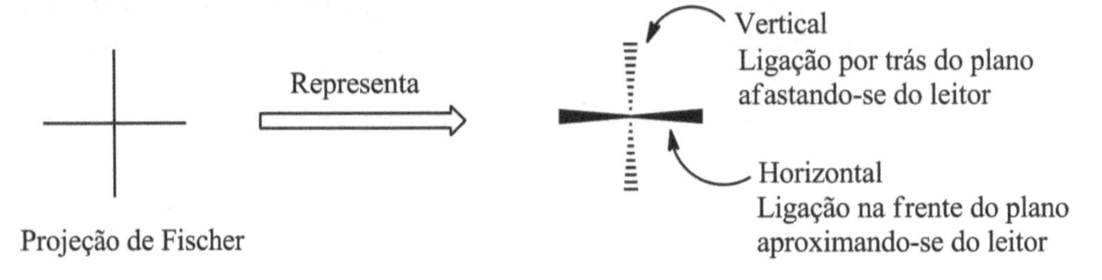

Quando em projeção de Fischer, o substituinte **d** (menor prioridade) está na posição horizontal e a configuração absoluta do carbono assimétrico é o oposto daquela obtida pela leitura direta.

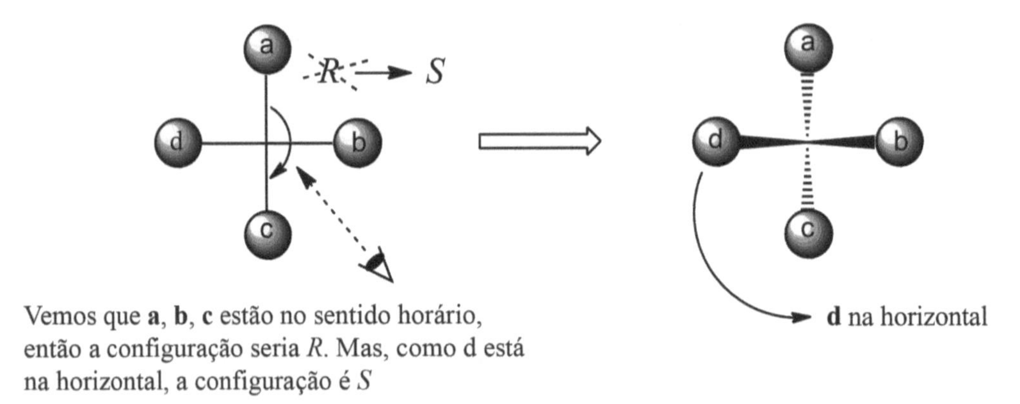

Vemos que **a**, **b**, **c** estão no sentido horário, então a configuração seria *R*. Mas, como d está na horizontal, a configuração é *S*

Quando o grupo de menor prioridade **d** estiver na posição vertical, o sentido **a** → **b** → **c** conduz diretamente à configuração absoluta.

Exemplo

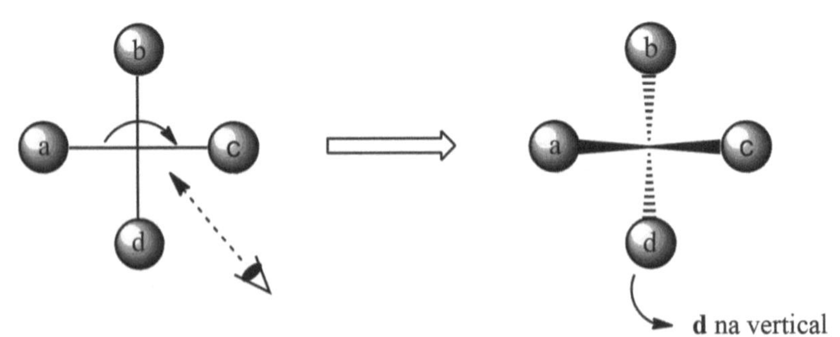

Vemos que **a**, **b**, **c** estão no sentido horário.
Como **d** está na vertical, a configuração é *S*.

Outra forma de determinar a configuração é fazer duas trocas de dois substituintes. Já sabemos também que duas trocas de dois substituintes não mudam a configuração.

Em Fischer, o **d** tem que ser colocado na vertical, porque as ligações estão para trás, podendo ficar no lugar de **a** ou de **c**. A segunda troca se faz com os outros grupos. Como exemplo, faremos duas trocas entre **d** e **a** e **c** e **b**. Com essas permutações, a configuração será *S*.

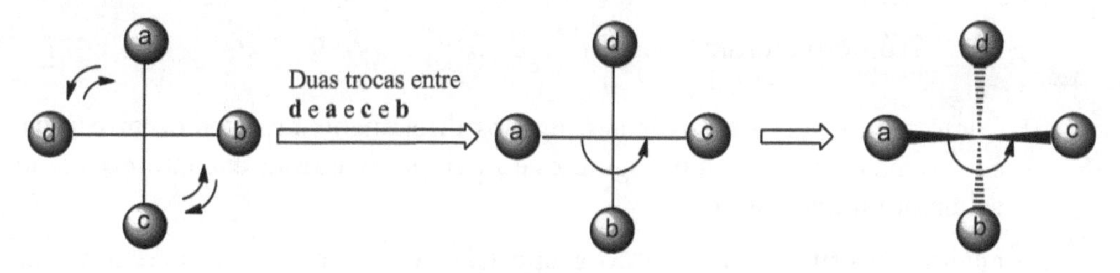

d agora está na vertical. Então, a configuração que for encontrada será a correta. Essa configuração é *S*

3) Determinar a configuração absoluta *R* ou *S* do carbono assimétrico das estruturas de Fischer a seguir.

(a) COOH (topo); H_2N (esquerda); H (direita); CH_3 (base)

(b) Br (topo); H (esquerda); Cl (direita); CH_3 (base)

(c) COOH (topo); H (esquerda); NH_2 (direita); CH_2COOH (base)

(d) CHO (topo); H—OH; HO—H; CH_2OH (base)

Resposta

Letra (a)

COOH (topo); H_2N (esquerda); H (direita); CH_3 (base)

(a)

I. Determinar os átomos ligados diretamente ao estereocentro.

$\underline{N}H_2$, $\underline{C}OOH$, $\underline{C}H_3$, $\underline{H}$

II. Classificar os átomos sublinhados segundo os números atômicos.

$\underline{N}H_2$, $\underline{C}OOH$, $\underline{C}H_3$, $\underline{H}$

$\Downarrow$ $\Downarrow$ $\Downarrow$ $\Downarrow$

Número atômico Z=7 Z=6 Z=6 Z=1

III. Como temos dois átomos iguais, ligados diretamente ao estereocentro (C*), passaremos para os átomos seguintes e assim por diante até encontrar o átomo de maior número atômico.

Na análise do grupo COOH e do grupo CH_3, escrevemos entre parênteses os átomos ligados aos carbonos sublinhados e os classificamos novamente de acordo com os seus números atômicos.

$-\underline{C}OOH \Rightarrow -\underline{C}(=O)(OH)$ é equivalente a $-\underline{C}(O)(OH)-O(C) \Rightarrow \underline{C}(O, O, O)$ $\Downarrow$ Z=8

$-\underline{C}H_3 \Rightarrow \underline{C}(H, H, H)$ $\Downarrow$ Z=1

No grupo ácido, encontramos o oxigênio (Z=8); no grupo metila, encontramos apenas hidrogênio (Z=1). Então, o grupo ácido carboxílico é prioritário em relação ao grupo metila. A ordem de prioridade definitiva será:

$$NH_2 > COOH > CH_3 > H$$

a b c d

b COOH; a H_2N; H d; CH_3 c; ~~R~~ → *S*

O sentido **a** → **b** → **c** é horário, como o **d** (H) de menor prioridade não está na posição horizontal, então a configuração será *S*.

Letra (b)

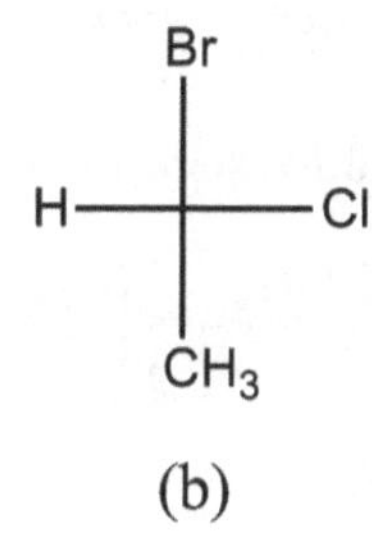

(b)

I. Determinar os átomos ligados diretamente ao estereocentro.

Br , Cl , CH_3, H

II. Classificar os átomos sublinhados segundo os números atômicos.

	Br	>	Cl	>	CH_3	>	H
Número atômico	35		17		6		1
Ordem seqüencial	a	>	b	>	c	>	d

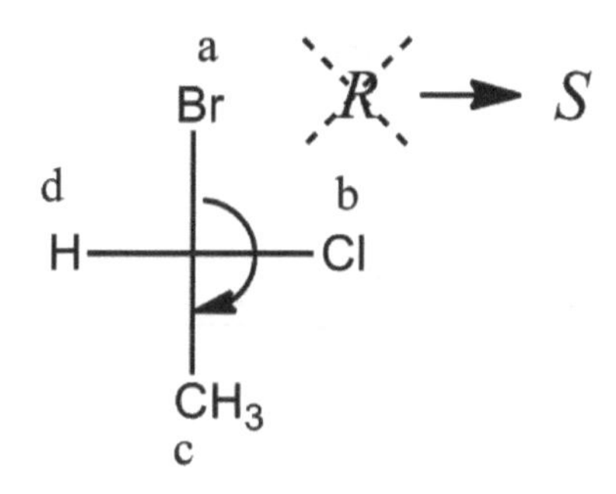

O sentido **a** → **b** → **c** é horário; como **d** (H) de menor prioridade está na posição horizontal, então a configuração é *S*.

Letra (c)

COOH

H — — NH_2

CH_2COOH

(c)

I. Determinar os átomos ligados diretamente ao estereocentro.

$$\underline{C}OOH,\ \underline{N}H_2,\ \underline{C}H_2COOH,\ \underline{H}$$

II. Classificar os átomos sublinhados segundo os números atômicos.

$$\begin{array}{lcccc} & \underline{C}OOH, & \underline{N}H_2, & \underline{C}H_2COOH, & \underline{H} \\ & \Downarrow & \Downarrow & \Downarrow & \Downarrow \\ \text{Número atômico} & Z=6 & Z=7 & Z=6 & Z=1 \end{array}$$

Dos quatro átomos, o nitrogênio é o de maior número atômico e, por isso, receberá a letra **a**; o hidrogênio, de menor número atômico, receberá a letra **d**. Como nos substituintes $\underline{C}OOH$ e $\underline{C}H_2CO_2H$ os átomos sublinhados são iguais, passamos a analisar os átomos seguintes. Colocamos entre parênteses os átomos ligados ao carbono sublinhado e os classificamos novamente de acordo com os seus números atômicos. Salienta-se que não é a soma dos números atômicos dos átomos entre parênteses que dará a prioridade do grupo, e sim achar os átomos de maior número atômico e, depois, fazer uma comparação entre eles. No primeiro grupo temos apenas oxigênio. Qualquer um deles servirá para comparar com o átomo do outro grupo que, nesse caso, é o carbono de número atômico Z = 6.

$$-\underline{C}OOH \Rightarrow -\underset{\underset{OH}{|}}{\underline{C}}{=}O \text{ é equivalente a } -\underset{\underset{OH}{|}}{\overset{\overset{O}{|}}{\underline{C}}}-\overset{\overset{C}{|}}{O} \Rightarrow \underset{\underset{Z=8}{\Downarrow}}{\underline{C}(O,\ O,\ O)}$$

$$-\underline{C}H_2COOH \Rightarrow -\underset{\underset{H}{|}}{\overset{\overset{H}{|}}{\underline{C}}}-C \Longrightarrow \underset{\underset{Z=6}{\Downarrow}}{\underline{C}(C,\ H,\ H)}$$

Então, o grupo COOH é prioritário em relação ao grupo CH_2CO_2H. A ordem de prioridade definitiva será:

$$\underset{a}{NH_2} > \underset{b}{COOH} > \underset{c}{CH_2COOH} > \underset{d}{H}$$

b COOH

d H — — NH_2 a

c CH_2COOH

~~S~~ → *R*

A sequência **a** → **b** → **c** é anti-horária. Pelo fato de que **d** está na horizontal, então a configuração é *R*.

Letra (d)

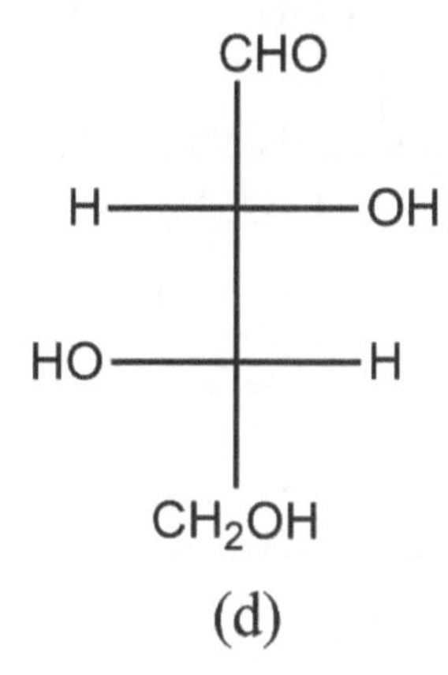

(d)

Determinar os átomos ligados diretamente aos estereocentros (carbono 2 e 3) e classificar os átomos segundo os números atômicos.

No carbono 2, o grupo de maior prioridade é o OH e o de menor é o H. Fazendo a análise do grupo $\underline{C}$HO e a porção do $\underline{C}$(3), vemos que, na primeira e segunda colunas, os átomos são iguais e, por isso, se cancelam. Mas, na terceira coluna, os átomos são diferentes. No grupo CHO, o oxigênio (Z=8) é prioritário em relação ao carbono (Z=6). Dessa forma, a sequência para o carbono 2 é:

OH > $\underline{C}$HO > $\underline{C}$(3) > H

a ⇓ b ⇓ c d

$\underline{C}$ (H , O, O) $\underline{C}$ (H , O, C(4))

⇓ ⇓

Z=8 Z=6

Colunas

1ª 2ª 3ª

$\underline{C}$ (H, O, O)

$\underline{C}$ (H, O, C(4))

No carbono 3, o grupo de maior prioridade é o OH e o de menor é o H. Fazendo a análise da porção do $\underline{C}$(2) e do grupo $\underline{C}H_2OH$, vemos que, na primeira e segunda colunas, os átomos são iguais e, por isso, são cancelados. Mas, na terceira coluna, os átomos são diferentes. Na porção do $\underline{C}$(2), o carbono C(1) (Z=6) é prioritário em relação ao hidrogênio (Z=1) do grupo CH_2OH. Dessa forma, a sequência para o carbono 3 é:

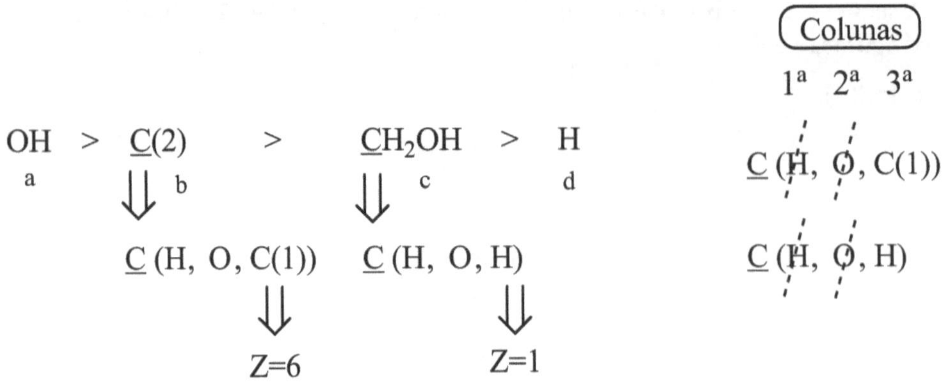

Colunas

1ª 2ª 3ª

OH (a) > $\underline{C}(2)$ (b) > $\underline{C}H_2OH$ (c) > H (d)

$\underline{C}$ (H, O, C(1)) ⇓ Z=6 $\underline{C}$ (H, O, H) ⇓ Z=1

$\underline{C}$ (H, O, C(1))

$\underline{C}$ (H, O, H)

O sentido OH → CHO → C_3 (**a** → **b** → **c**) para o carbono 2 é anti-horário. Porém, como o **d** (H), de menor prioridade, está na posição horizontal, a configuração de C2 é *R*.

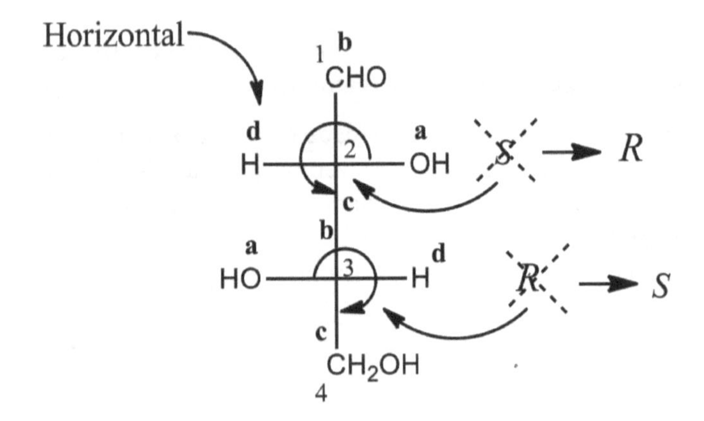

No carbono 3, o sentido OH → C_2 → CH_2OH (**a** → **b** → **c**) é horário; como o **d** (H), de menor prioridade, também está na posição horizontal, a configuração de C3 é *S*.

Determinação da configuração *R*/*S* em uma estrutura cíclica de cadeia

Exemplo

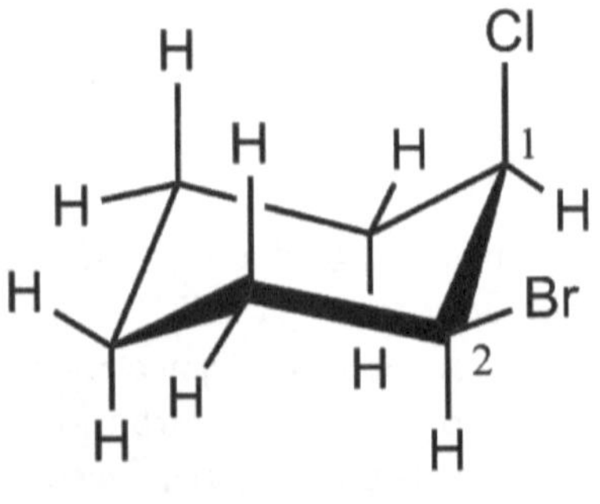

Configuração absoluta de C1

Configuração absoluta de C2

Primeira troca entre (d) e (c)

Segunda troca entre (a) e (c)

O substituinte de menor prioridade (d) está por trás do plano. O sentido da rotação a → b → c é horário. A configuração de C1 é *R*.

Primeira troca entre (d) e (b)

Segunda troca entre (a) e (c)

O substituinte de menor prioridade (d) está por trás do plano. O sentido da rotação a → b → c é anti-horário. A configuração de C2 é *S*.

Exercício

1) Determine a configuração absoluta *R*/*S* dos fármacos a seguir:

a) 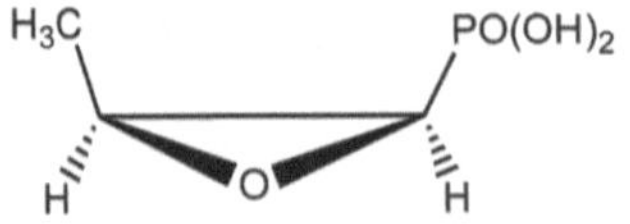 H_3C, $PO(OH)_2$, H, O, H

fosfomicina
(antibiótico bactericida)

b) 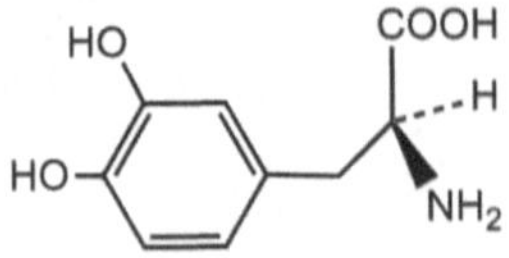 HO, HO, COOH, H, NH_2

levodopa
(antiparkinsoniano)

c) 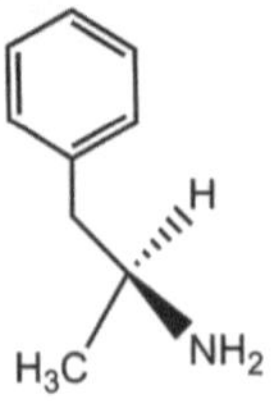 H, H_3C, NH_2

anfetamina
(psicoestimulante)

d) 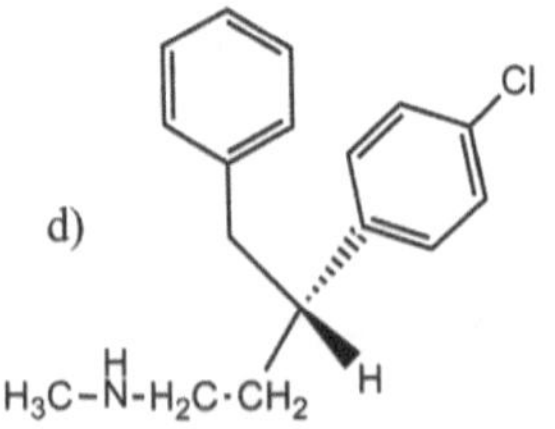 Cl, $H_3C-\overset{H}{N}-H_2C\cdot CH_2$, H

clorfeniramina
(anti-histamínico)

e) 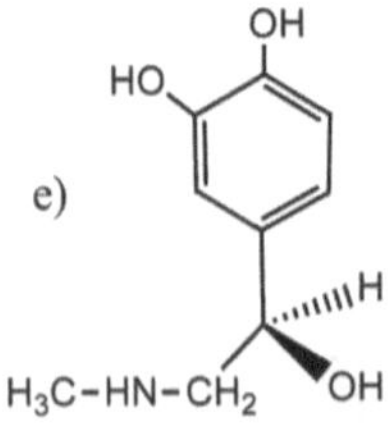 OH, HO, H, $H_3C-HN-CH_2$, OH

adrenalina
(vasoconstritor)

f) 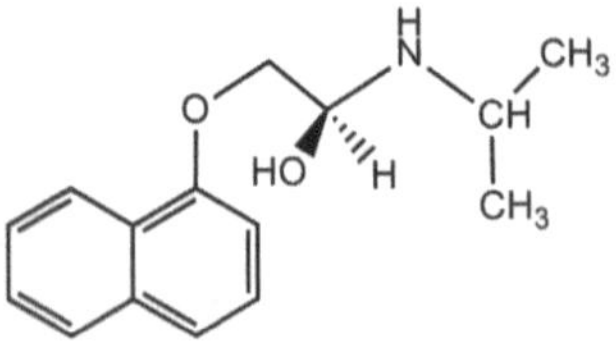 O, $\overset{H}{N}$, CH_3, CH, HO, H, CH_3

propranolol
(β-bloqueador)

g) 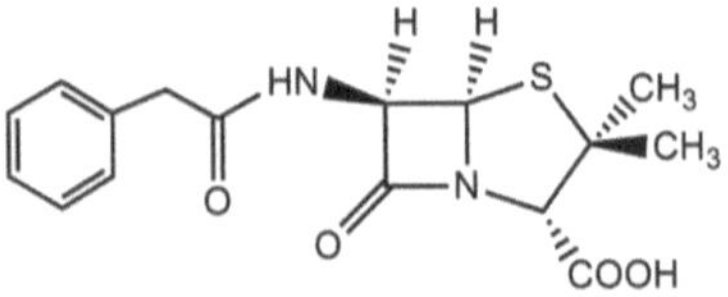 HN, H, H, S, CH_3, CH_3, O, N, O, COOH

penicilina
(antibiótico)

h) 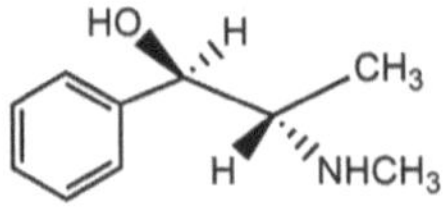 HO, H, CH_3, H, $NHCH_3$

efedrina
(broncodilatador)

i) 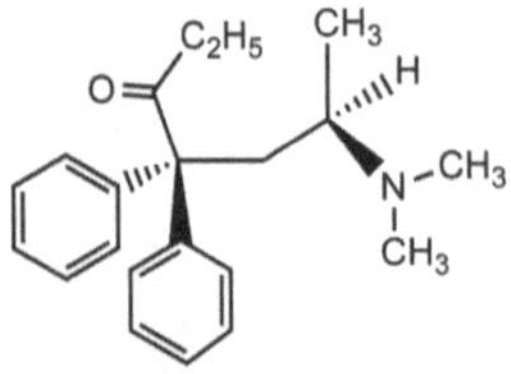 C_2H_5, CH_3, O, H, N, CH_3, CH_3

metadona
(narcótico)

j) 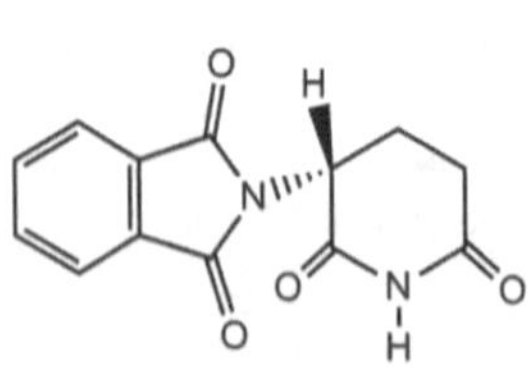 O, H, N, O, N, O, O, H

talidomida
(sedativo)
(agente antinaúseas)

l) 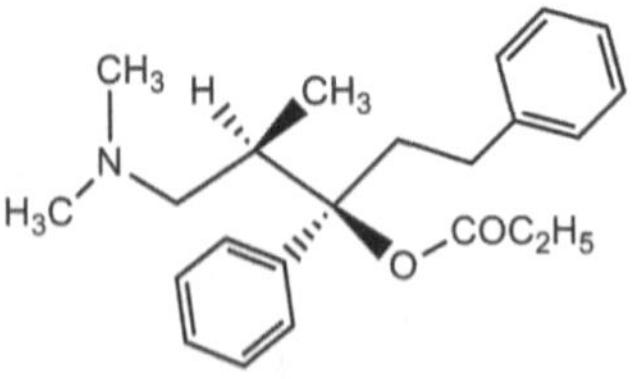 CH_3, H, CH_3, N, H_3C, O, COC_2H_5

dextropropoxifeno
(analgésico)

m) 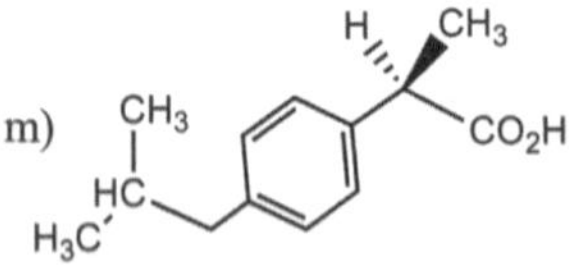 H, CH_3, CH_3, HC, H_3C, CO_2H

ibuprofeno
(anti-inflamatório)

n) 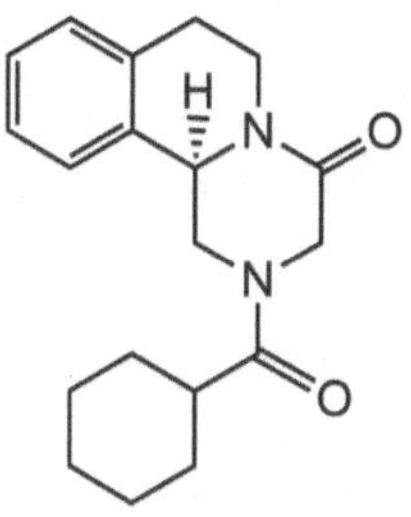 praziquantel
(anti-helmíntico)

o) 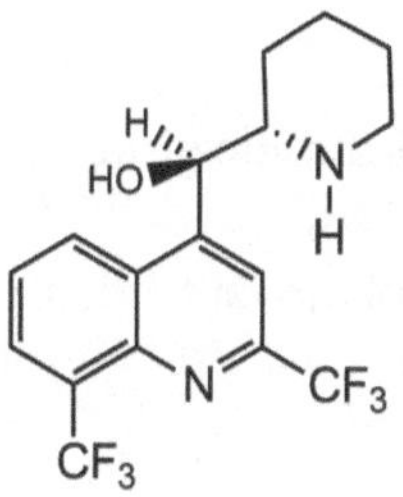 mefloquina
(antimalárico)

p) 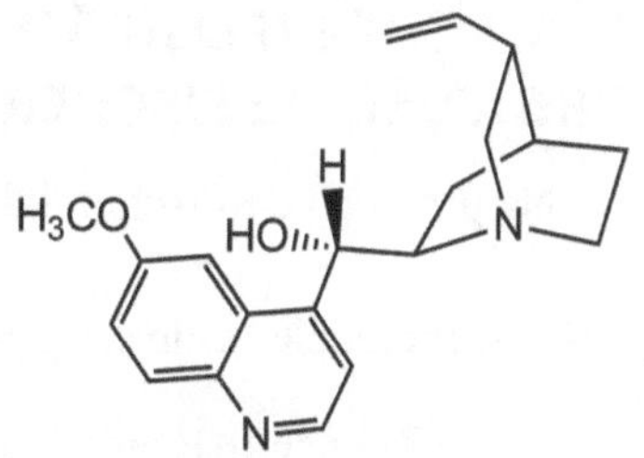 quinina
(antimalárico)

Observação importante: comparando um enantiômero e sua imagem no espelho, todos os centros quirais são invertidos. Por exemplo, se uma molécula apresentar um centro quiral de configuração *R*, a sua imagem no espelho (seu enântiômero) apresentará configuração *S* e vice-versa. Se um enantiômero apresentar centros de configurações *RRSS*, a sua imagem especular apresentará *SSRR*, e assim por diante. O mesmo acontece com a nomenclatura *D*/*L* e também com o poder rotatório. Se um enantiômero for dextrógiro (+), a sua imagem especular será levógira (-).

Exemplo

Alanina $CH_3CH(NH_2)COOH$

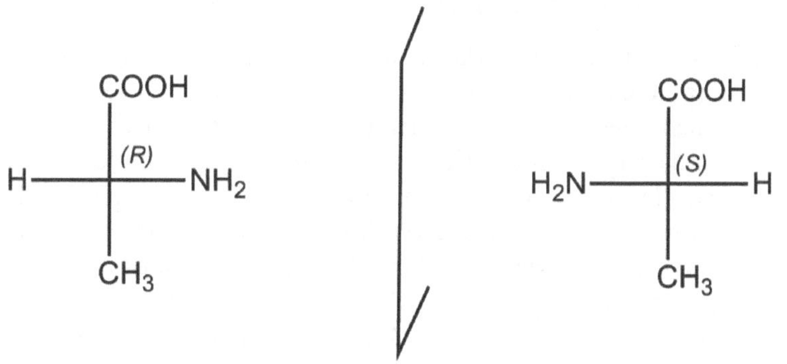

(*R*)(*D*)(+)-alanina   Espelho   (*S*)(*L*)(-)-alanina

A alanina de configuração *R* e *D* é dextrógira (+) e a alanina *S* e *L* é levógira (-).

5.7 SUPERPOSIÇÃO DE UMA MOLÉCULA E SUA IMAGEM EM PROJEÇÃO DE FISCHER

Na projeção de Fischer, há duas formas de girar a molécula:

1. A molécula pode ser girada no plano da página.

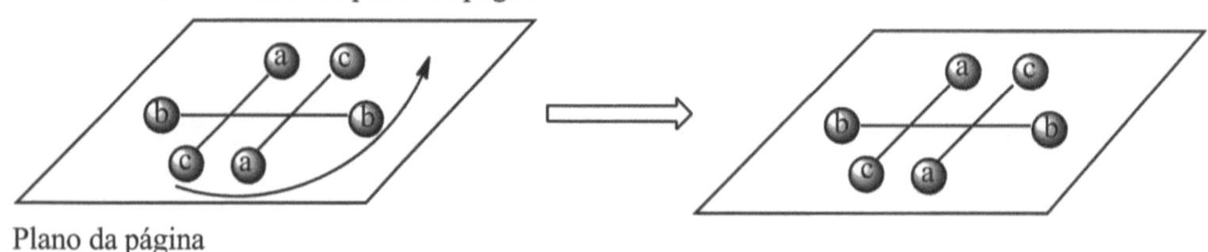

2. Como também pode ser girada fora do plano da página.

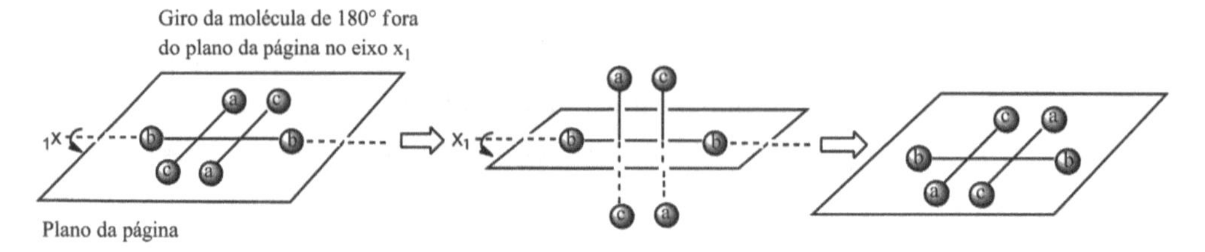

Como já se sabe, na projeção de Fischer, por convenção, as ligações verticais estão sempre para trás e as horizontais sempre para frente do plano.

Em um giro de 180° no plano da página, na estrutura de Fischer no exemplo a seguir, estrutura (a), o carbono assimétrico não muda de configuração, ou seja, continua sendo a mesma molécula, porque o grupo d (de menor prioridade) ainda continua por trás do plano da página, como visto na estrutura (b). Contudo, na estrutura (a), um giro de 90° no plano da página, da mesma maneira que um giro de 180° fora do plano da página, muda a configuração do carbono assimétrico da estrutura (a), pois no giro de 90° o grupo d está na frente do plano da página e é o que faz mudar a configuração, como pode ser visto na estrutura (c). No giro de 180° fora do plano da página, o grupo d continua por trás do plano da página, mas os grupos a e c estão invertidos.

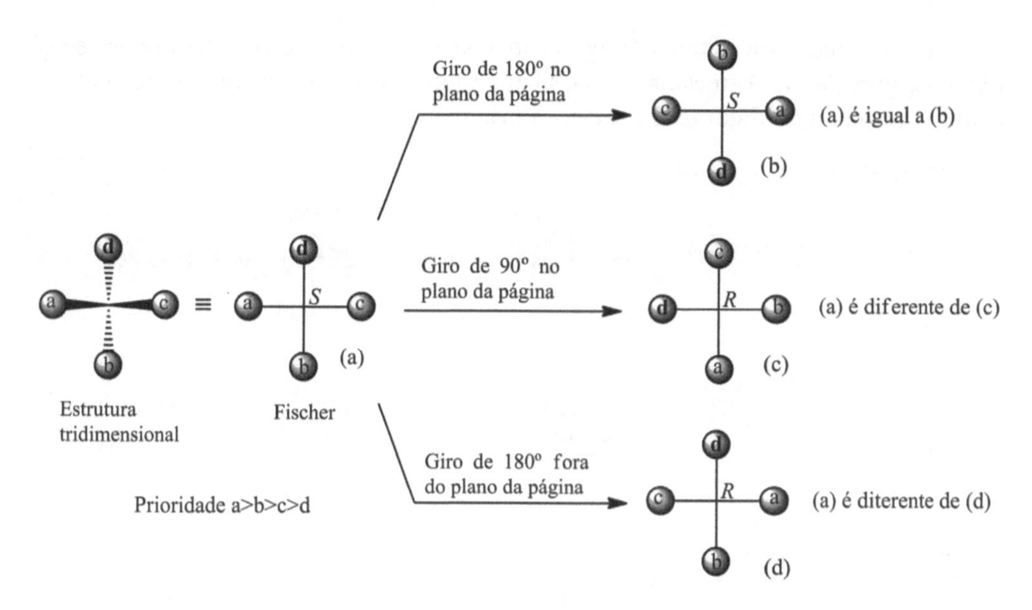

Note também que a estrutura (d) é imagem especular de (a), então o estereoisômero (d) é enantiômero de (a). As estruturas (c) e (d), que têm os mesmos grupos, têm a mesma configuração *R*, então eles são idênticos. Se são idênticos, (c) também é enantiômero de (a).

Uma permutação de dois grupos resulta na outra configuração, ou seja, forma o outro enantiômero.

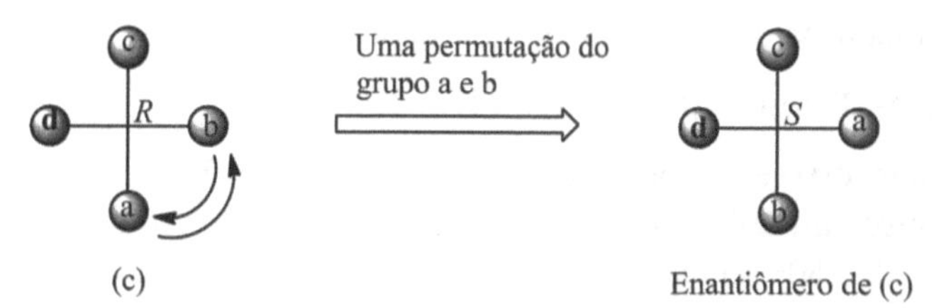

Duas permutações sucessivas de dois grupos de sua escolha não mudam a configuração absoluta do centro estereogênico, pois resultam no mesmo estereoisômero. Veja que duas permutações de (c) levam a (d), logo, eles são iguais. Para o estereoisômero continuar o mesmo, faça sempre duas permutações sucessivas.

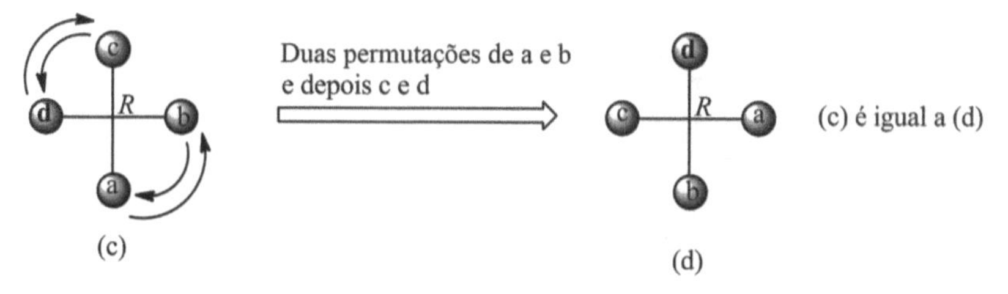

Se um estereoisômero tem configuração *S*, seu enantiômero (imagem no espelho) tem configuração *R*. Da mesma forma, se um estereoisômero tem configuração *D*, seu enantiômero tem configuração *L* e vice-versa.

Exemplo

Giro de 180° no plano da página

CH_2CH_3 / Cl — *S* — OH / CH_3 (b) (a) é igual a (b)

CH_3 / HO — Cl / CH_2CH_3 ≡ CH_3 / HO — *S* — Cl / CH_2CH_3 (a)

Giro de 90° no plano da página

Cl / H_3C — *R* — CH_2CH_3 / OH (c) (a) é diferente de (c)

Estrutura tridimensional

Representação de Fischer

Prioridade Cl>OH>CH_2CH_3>CH_3

Giro de 180° fora do plano da página

CH_3 / Cl — *R* — OH / CH_2CH_3 (d) (a) é diferente de (d)

(d) é igual a (c)

Então, para saber se uma molécula em projeção de Fischer é superponível a sua imagem no espelho, ou seja, se elas são idênticas, inicialmente deve-se fazer na molécula ou na sua imagem especular um giro de 180° no plano da página. Uma vez realizado, se aproxima uma da outra para ver se superpõem.

Exemplo: 2,4-Dicloro-butano ($CH_3CHClCHClCH_3$)

Após ter colocado o estereoisômero desejado na projeção de Fischer e desenhado a sua imagem especular, utiliza-se um dos dois, (a) ou (b). Nesse caso, fez-se a estrutura (a) dar um giro de 180° no plano da página. Uma vez feito o giro, aproxima-se de sua imagem (b) para ver se superpõem. No exemplo a seguir, (a) e (b) não se superpõem, então são enantiômeros um do outro, oticamente ativos.

CH_3 / H — (S) — Cl / Cl — (S) — H / CH_3

CH_3 / Cl — (R) — H / H — (R) — Cl / CH_3

Estereoisômero (a)

Estereoisômero (b)

Espelho

Giro de 180° no plano da página

CH_3 / H —(S)— Cl / Cl —(S)— H / CH_3 ≡ CH_3 / H —(S)— Cl / Cl —(S)— H / CH_3

(a) CH_3 / CH_3 (b) / H – Cl / Cl – H / Cl – H / H – Cl / CH_3 / CH_3

(a) (a)

(a) e (b) não se superpõem. O grupo CH_3 está superposto, mas H e Cl não estão.

Já os estereoisômeros do 2,4-Dicloro-butano (c) e (d), que contém grupos idênticos do mesmo lado, são duas estruturas espaciais rigorosamente idênticas. Após o giro de 180º no plano da página, (c) e (d) são superponíveis. As estruturas (c) e (d) são chamadas de **meso**.

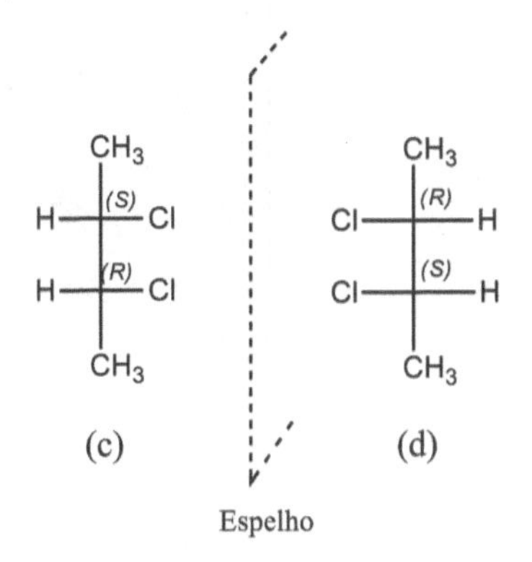

Então, em vez de apresentar quatro estereoisômeros, a molécula do 2,4-Dicloro--butano só apresenta três: (a), (b) e (c).

(c) após o giro de 180°

CH_3 / H —(S)— Cl / H —(R)— Cl / CH_3 ≡ CH_3 / Cl —(R)— H / Cl —(S)— H / CH_3

(c) CH_3 / CH_3 / Cl – H / Cl – H / Cl – H / Cl – H / CH_3 / CH_3 (d)

(c) (c)

(c) e (d) se superpõem. Os grupos CH_3, H e Cl estão superpostos. Portanto, (c) e (d) são duas estruturas rigorosamente idênticas.

5.8 A IMPORTÂNCIA DO CONHECIMENTO DA CONFIGURAÇÃO ABSOLUTA

O conhecimento da configuração absoluta do centro estereogênico de uma substância ou de um fármaco (substância ativa com propriedade de prevenir ou de curar um estado patológico) é importante e indispensável para a compreensão dos fatores estruturais envolvidos com sua atividade biológica. Em meados do século passado, não se sabia que os enantiômeros poderiam apresentar atividades biológicas diferentes (ou distintas). Pela falta desses conhecimentos, houve uma tragédia mundial com o fármaco talidomida na sua forma racêmica, que era usado para tratar enjoo (náuseas) de mulheres grávidas. Infelizmente, era apenas o enantiômero *R* que tinha o efeito de diminuir os enjoos. O outro enantiômero, de configuração *S*, era causador de mutações (má-formação) nos membros de embriões nos três primeiros meses de gestação. Na época, milhares de crianças em todo mundo nasceram com mutações como falta de braços e pernas, entre outras.

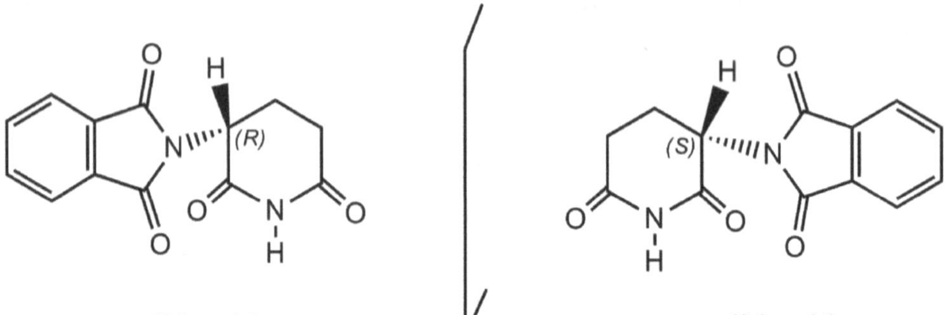

(*R*)- talidomida (antinaúseas)

(*S*)- talidomida (teratogênica)

Um exemplo de enantiômero que apresenta a mesma atividade é o ibuprofeno, um anti-inflamatório não esteroidal, cujo enantiômero *S* apresenta maior atividade do que o enantiômero *R*.

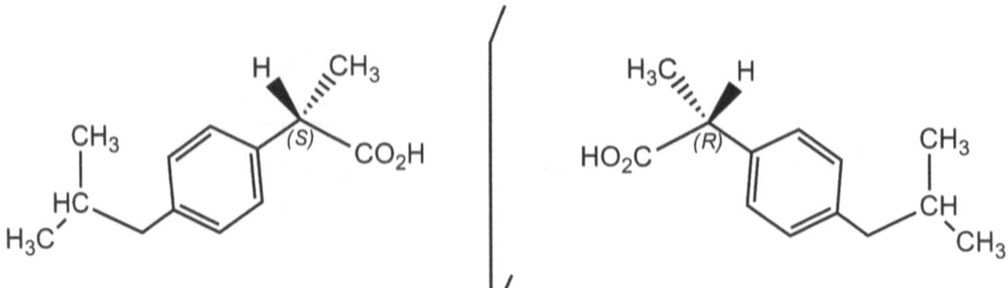

(*S*)- ibuprofeno

(*R*)- ibuprofeno

(anti-inflamatório)

O enantiomero *S* é mais ativo que o enantiômero *R*.

A atividade bactericida do cloranfenicol, que possui dois centros estereogênicos, consequentemente, quatro estereoisômeros, reside apenas no estereoisômero de configuração *R*,*R*.

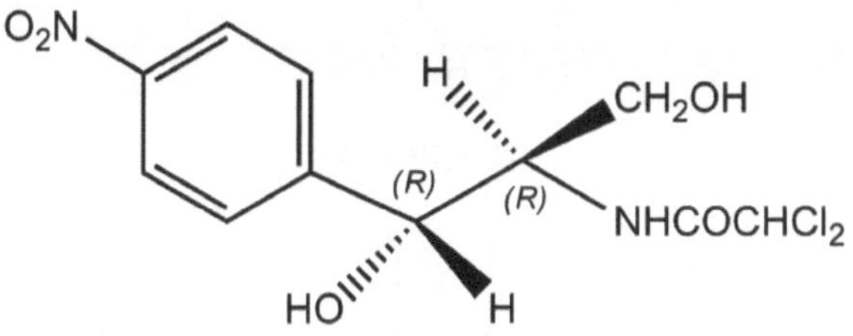

Cloranfenicol
(antibiótico)

Alguns exemplos de substâncias quirais com diferentes atividades entre os seus enantiômeros são mostrados a seguir.

Fosfomicina: produto natural de ação antibiótica. Possui dois centros estereogênicos, logo, apresenta quatro configurações quirais, sendo duas *cis* e duas *trans*. O estereoisômero ativo é o levógiro de configuração 2*R*,3*S* do isômero *cis*.

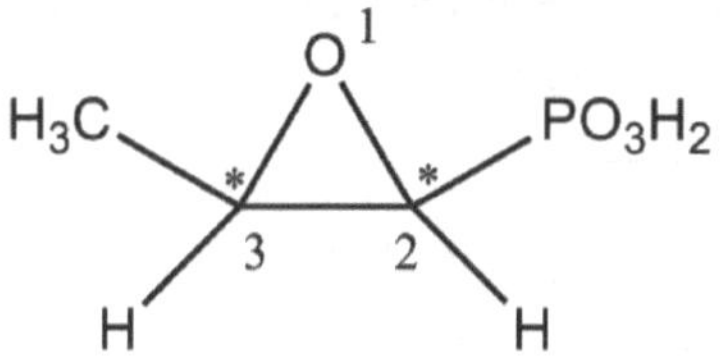

Fosfomicina

Isômeros *cis*

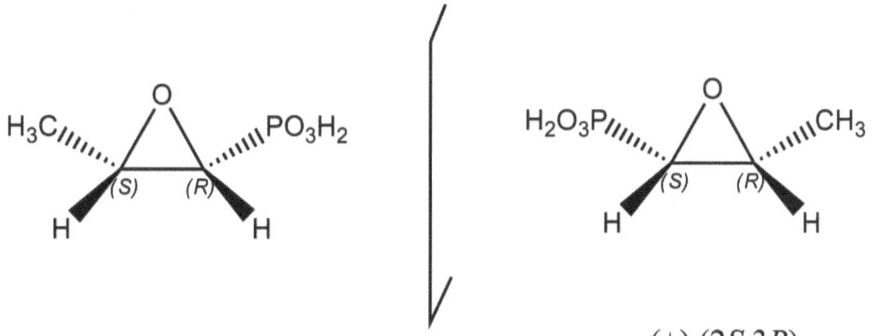

(-) (2*R*,3*S*)

Enantiômero ativo

(+) (2*S*,3*R*)

Penicilamina: o enantiômero de configuração *S* foi empregado para o tratamento de artrite crônica, enquanto o enantiômero *R* é muito tóxico.

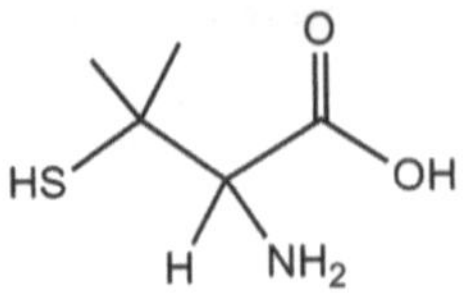

O
HS OH
H NH_2

Penicilamina

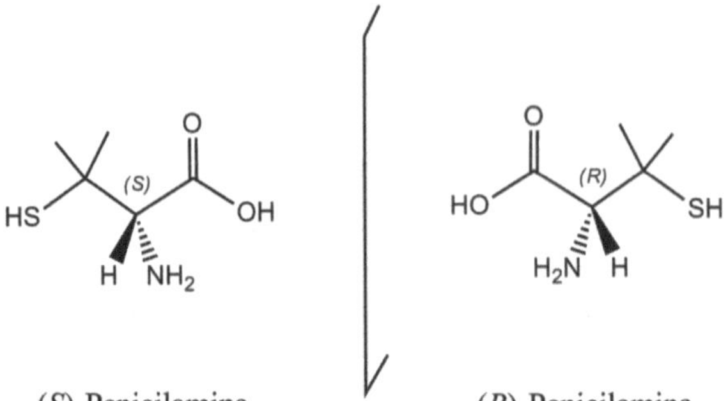

O
(S)
HS OH
H NH_2

O
(R)
HO SH
H_2N H

(*S*)-Penicilamina
Tratamento de artrite crônica

(*R*)-Penicilamina
Muito tóxico

Efedrina: bronco dilatador. Possui dois centros estereogênicos. Apresenta quatro configurações quirais, sendo dois eritros e dois treos. O estereoisômero levógiro eritro que tem a configuração 2*R*,3*S* é o mais ativo.

* *
C_6H_5–CHOHCH(CH_3)$NHCH_3$

Efedrina

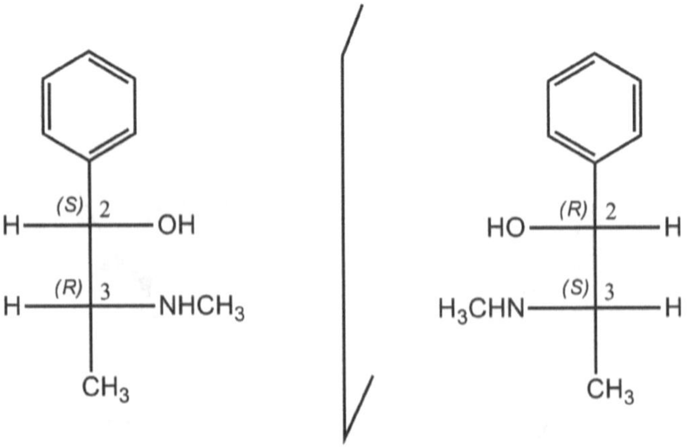

(S) 2
H OH
(R) 3
H $NHCH_3$
CH_3

(R) 2
HO H
(S) 3
H_3CHN H
CH_3

(+) (2*S*,3*R*)

eritro

(-) (2*R*,3*S*)
Mais ativo

Paclobutrazol: possui dois centros estereogênicos, logo, apresenta quatro configurações. O estereoisômero que tem a configuração *R*,*R* é fungicida, enquanto o enantiômero *S*,*S* é regulador de crescimento de plantas.

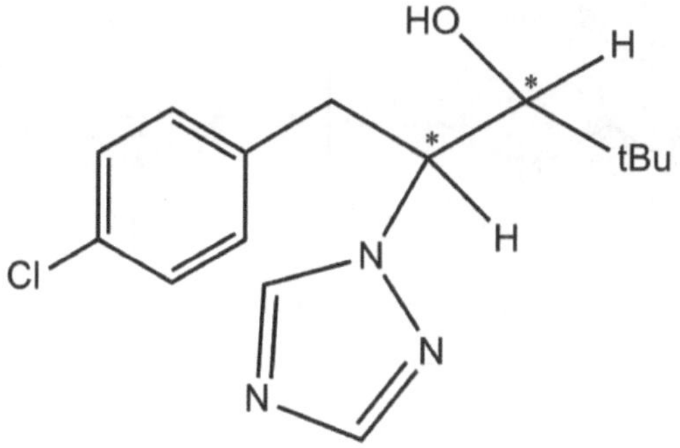

Paclobutrazol

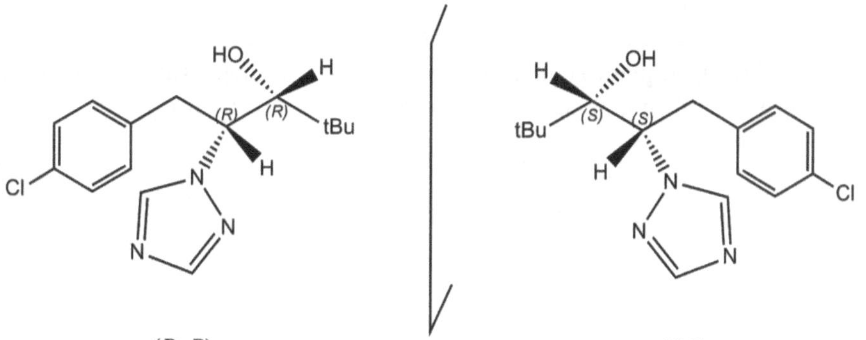

(*R*, *R*)
Fungicida

(*S*,*S*)
Regulador de crescimento de plantas

Propoxifeno: analgésico narcótico. O enantiômero (+)-(2*S*, 3*R*) tem propriedade analgésica, enquanto o enantiômero (-)-(2*R*, 3*S*) possui propriedade antitussígena.

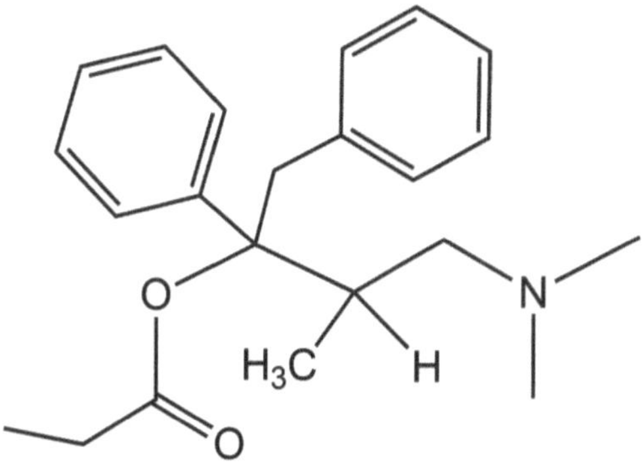

Propoxifeno

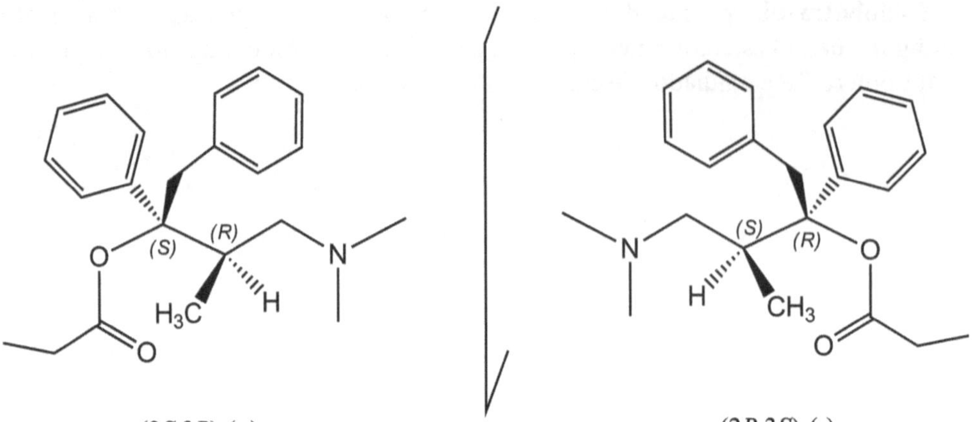

(2*S*,3*R*)-(+) (2*R*,3*S*)-(-)

Metilfenidato (ritalina): fármaco que apresenta dois centros estereogênicos e quatro estereoisômeros diferentes ($2^n = 2^2 = 4$ configurações): *R,R*; *S,S*; *R,S*; *S,R*. Esses estereoisômeros se dividem em dois pares de enantiômeros *R,R*-*S,S* e *R,S*-*S,R*. O enantiômero que tem a configuração *R,R* é usado para o tratamento do déficit de atenção com hiperatividade (TDAH), enquanto o enantiômero *S,S* é um antidepressivo. O medicamento é comercializado na forma de mistura enantiomérica das configurações *R,R* e *S,S*.

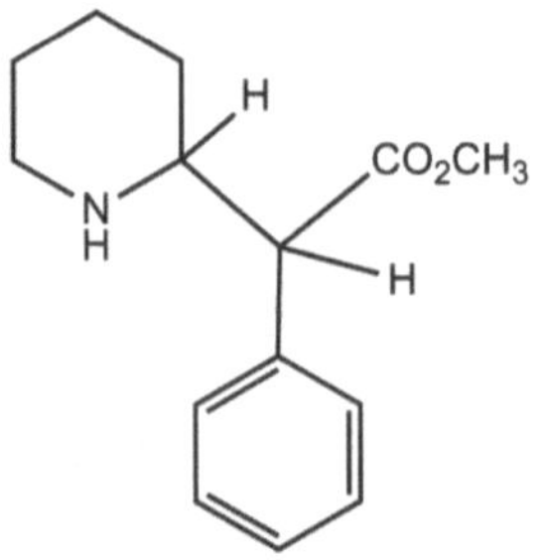

Metilfenidato

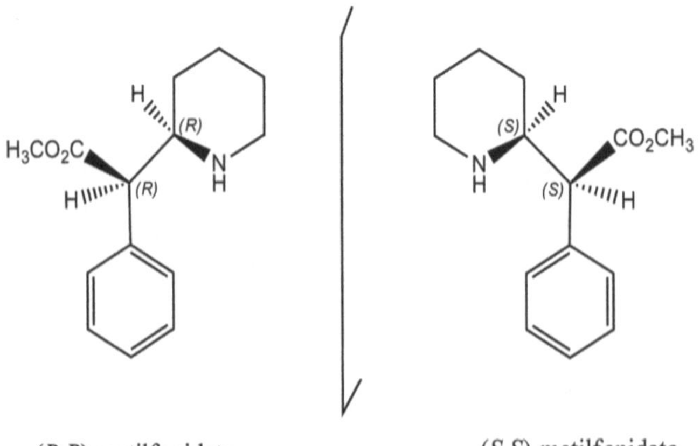

(*R,R*)-metilfenidato (*S,S*)-metilfenidato

Propafenona: fármaco usado no tratamento de arritmias cardíacas. O enantiômero (+)-(*S*) apresenta efeito β-bloqueador cerca de cem vezes maior que o enantiômero (-)-(*R*).

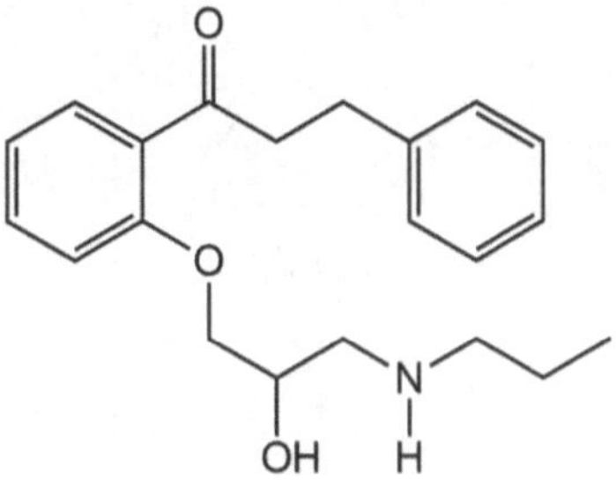

Propafenona

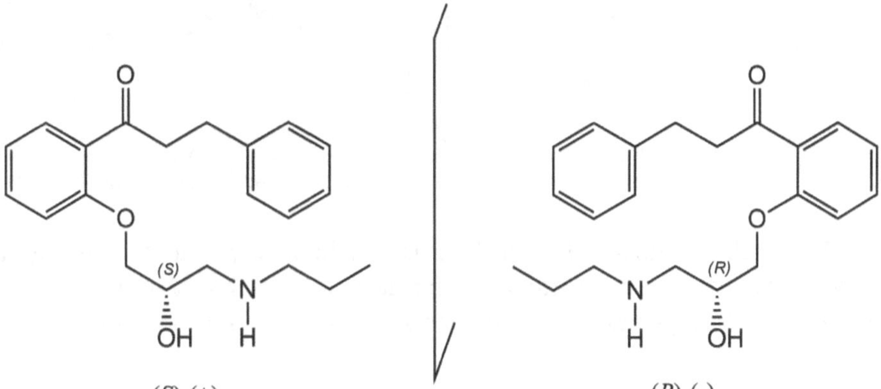

(*S*)-(+)

(*R*)-(-)

Levodopa (3-Hidroxitirosina): anticolinérgico e antiparkinsoniano. Possui um centro estereogênico. O enantiômero de configuração *S* (-) é empregado como medicamento.

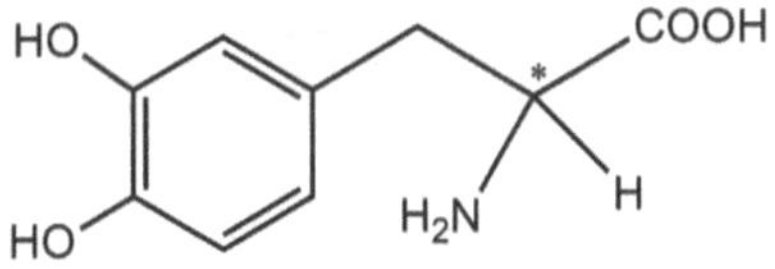

Levodopa

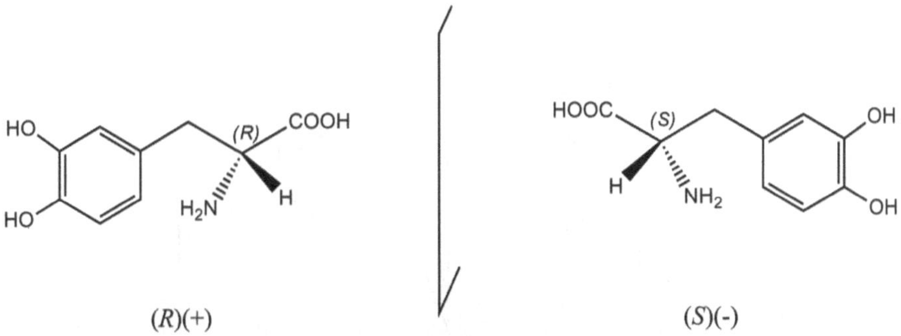

(*R*)(+)

(*S*)(-)

Metildopa (aldomet): o efeito anti-hipertensivo se dá exclusivamente ao enantiômero de configuração *S* (-).

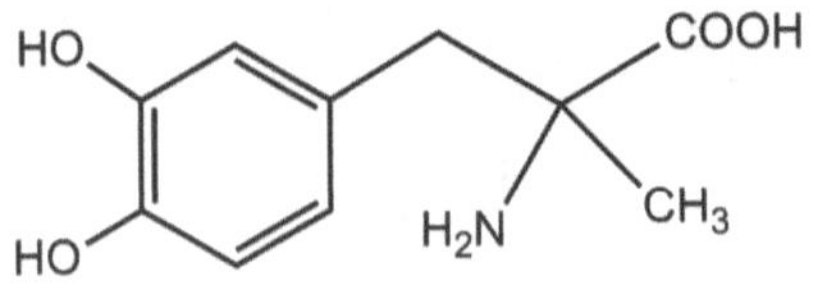

HO HO COOH H_2N CH_3

Metildopa

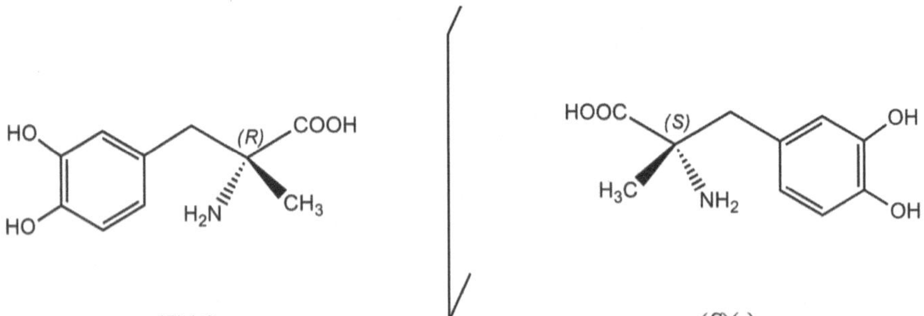

HO HO (R) COOH H_2N CH_3

(*R*)(+)

HOOC (S) H_3C NH_2 OH OH

(*S*)(-)
Efeito anti-hipertensivo

Praziquantel: o efeito anti-helmíntico é associado principalmente ao enantiômero de configuração *R*(-). Ele é considerado o fármaco de primeira escolha no tratamento da esquistossomose, quando provocada por todas as espécies de *Schistosoma*.

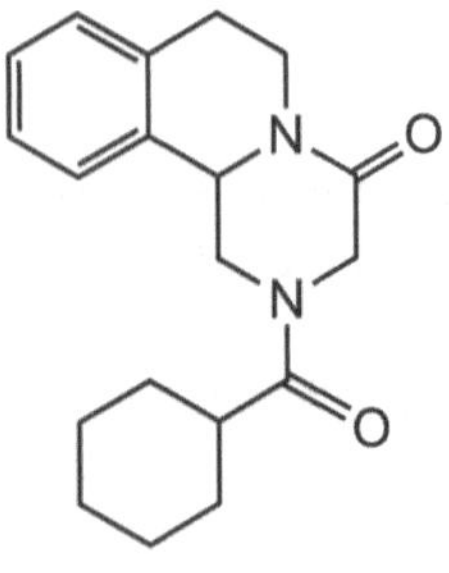

N O N O

Praziquantel

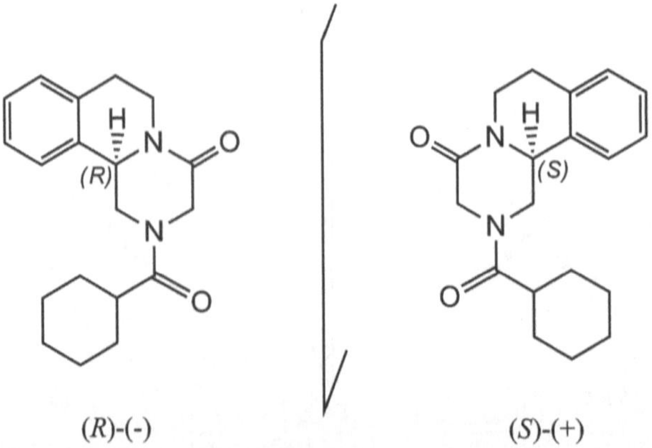

H N O (R) N O

(*R*)-(-)

O N H (S) N O

(*S*)-(+)

Anfetamina: psicoestimulante, antidepressor, simpatomimético. O enantiômero de configuração *S* (+) é duas vezes mais ativo que o enantiômero de configuração *R* (-).

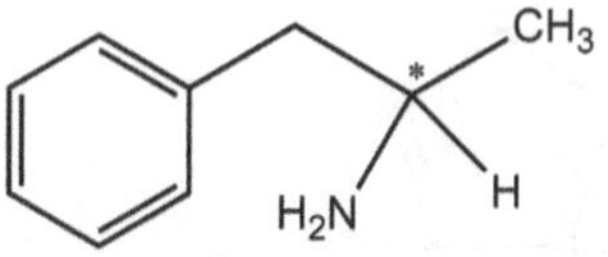

Anfetamina

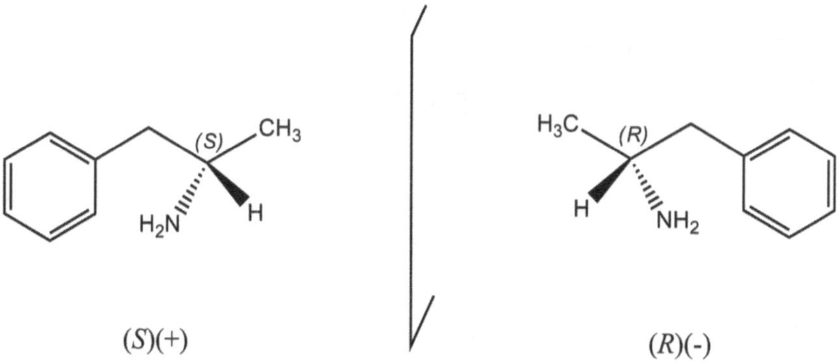

(*S*)(+)

Mais ativo

(*R*)(-)

Cetamina: o enantiômero de configuração *S* é analgésico e o enantiômero de configuração *R* é alucinógeno.

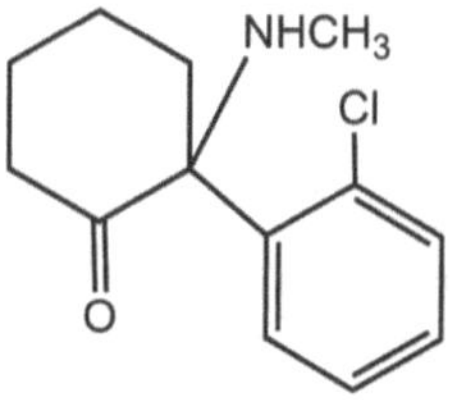

Cetamina

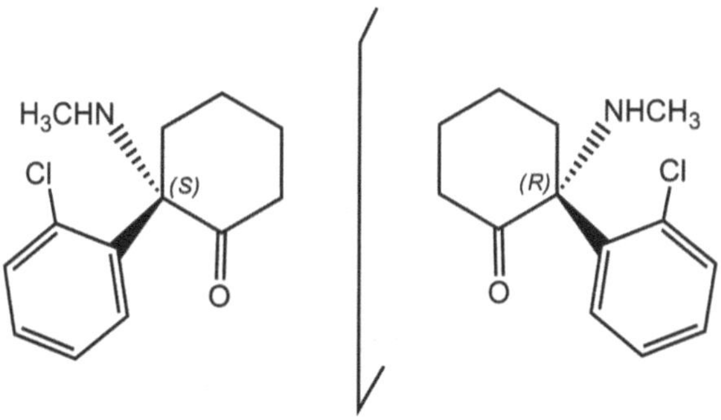

(*S*)-Cetamina
Anestésico

(*R*)-Cetamina
Alucinógeno

Timolol: o enantiômero de configuração *S* é usado no tratamento de angina e o enantiômero de configuração *R* no tratamento de glaucoma.

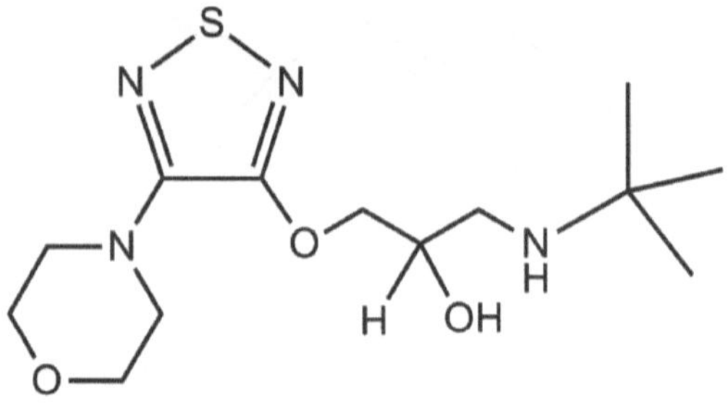

Timolol

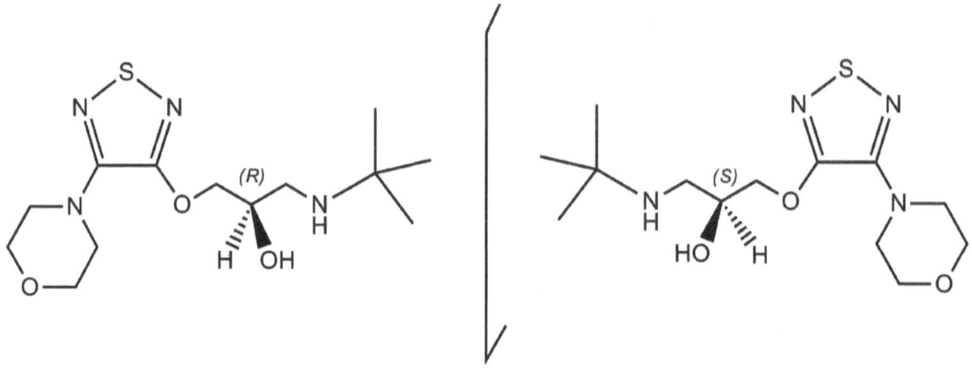

(*R*)-Timolol
Tratamento de glaucoma

(*S*)-Timolol
Tratamento de angina

Mentol: é uma substância que apresenta três centros estereogênicos, oito estereoisômeros diferentes ($2^n = 2^3 = 8$ configurações) *S,R,S*; *R,S,R*; *S,R,R*; *R,S,S*; *R,R,R*; *S,S,S*; *R,R,S*; *S,S,R*. O estereoisômero oficial de odor e sabor menta é o levógiro (1*R*,2*S*,5*R*).

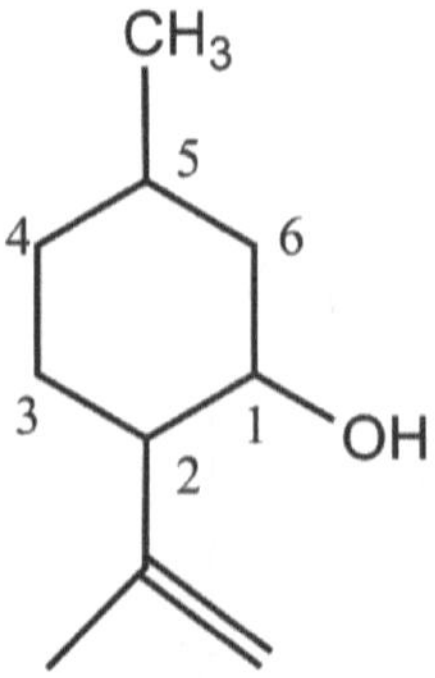

Mentol

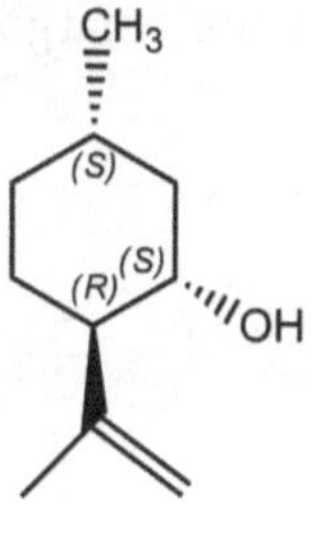

(1*S*,2*R*,5*S*) 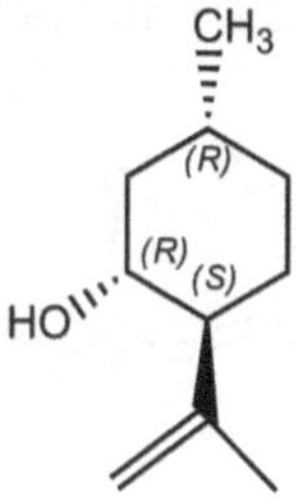 (1*R*,2*S*,5*R*) 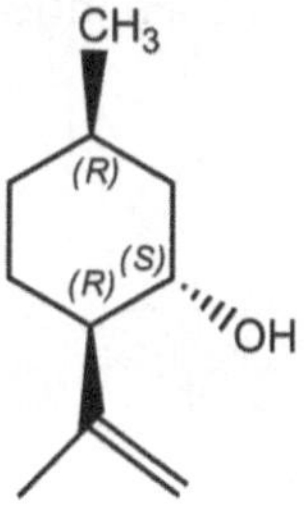 (1*S*,2*R*,5*R*) 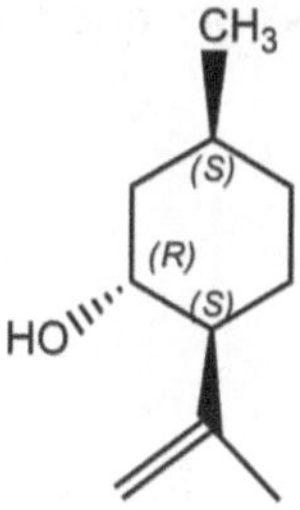 (1*R*,2*S*,5*S*)

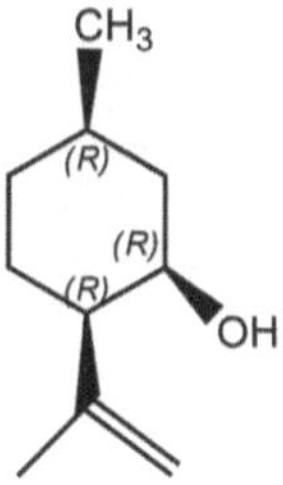

(1*R*,2*R*,5*R*) 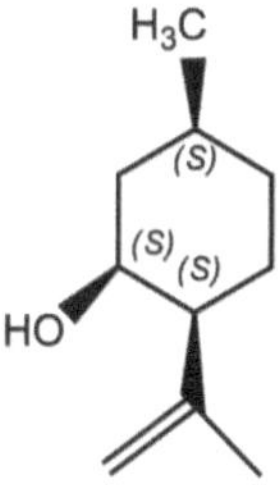 (1*S*,2*S*,5*S*) 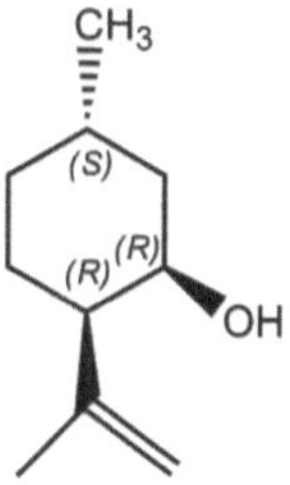 (1*R*,2*R*,5*S*) 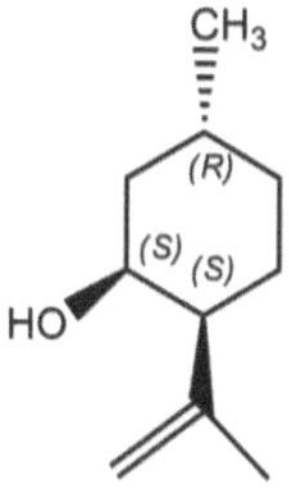 (1*S*,2*S*,5*R*)

Limoneno: o enantiômero de configuração *S* (-) apresenta um odor característico de limão e o enantiômero de configuração *R* (+), de laranja.

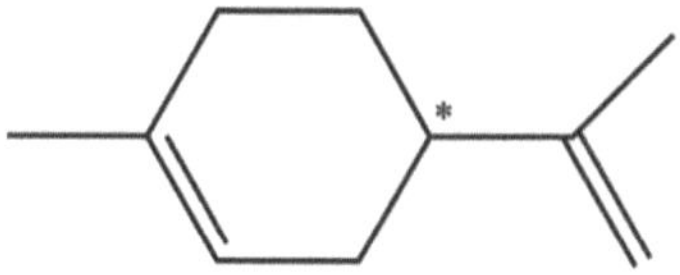

Limoneno

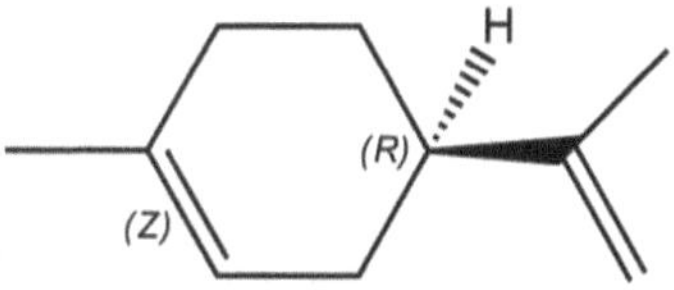

(*R*)(+)
Odor de laranja

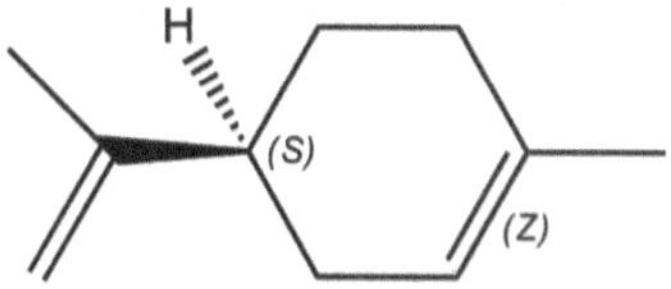

(*S*)(-)
Odor de limão

Aspartame: o enantiômero de configuração *S,S* apresenta sabor doce e é cem vezes mais doce que a sacarose. O enantiômero de configuração *R,R* tem sabor amargo.

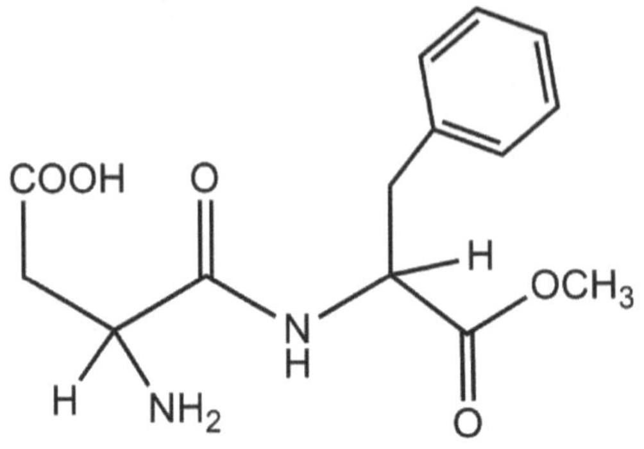

Aspartame

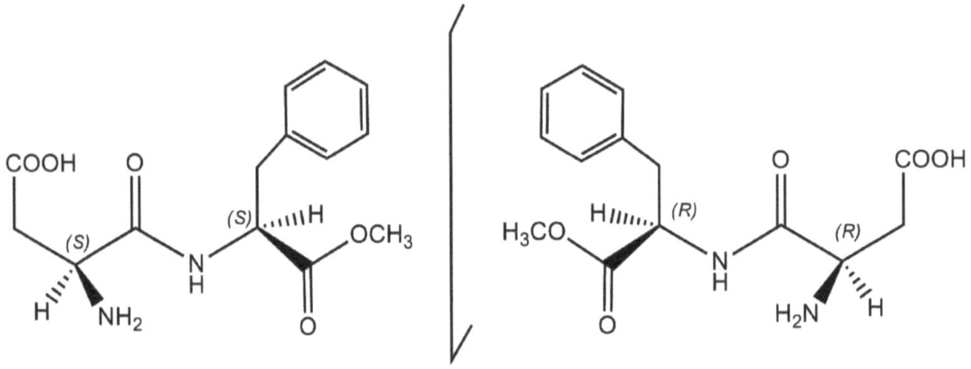

(*S,S*): aspartame
Sabor doce

(*R,R*): aspartame
Sabor amargo

Com esses exemplos, fica claro a importância do conhecimento de estereoquímica no estudo de substâncias quirais.

5.9 DESCRITORES *R/S* (PSEUDORECTUS *R*/PSEUDOSINISTER *S*)

A configuração *r/s* é aplicada a um carbono pseudoassimétrico desprovido de atividade ótica, já que, nesse carbono, os dois substituintes, a e b, pertencem ao plano de simetria da molécula. O termo pseudoassimétrico se dá quando dois carbonos assimétricos com substituintes idênticos C(R_1, R_2, x) são separados por um carbono contendo dois substituintes diferentes a e b.

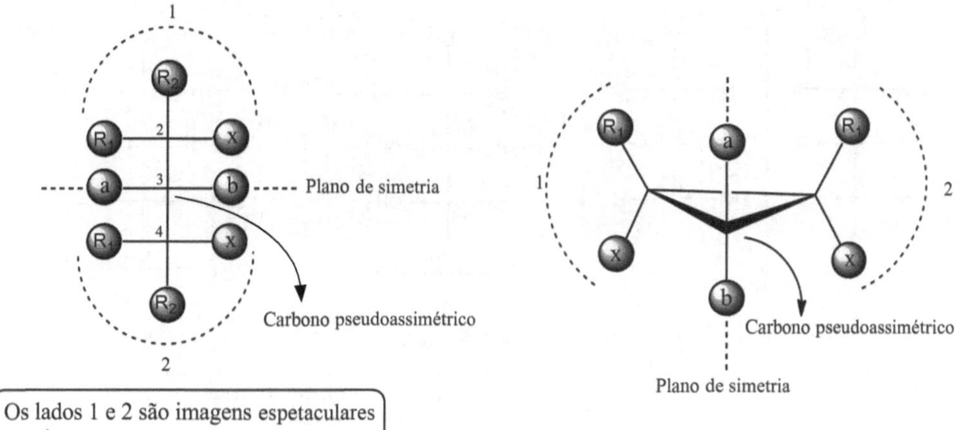

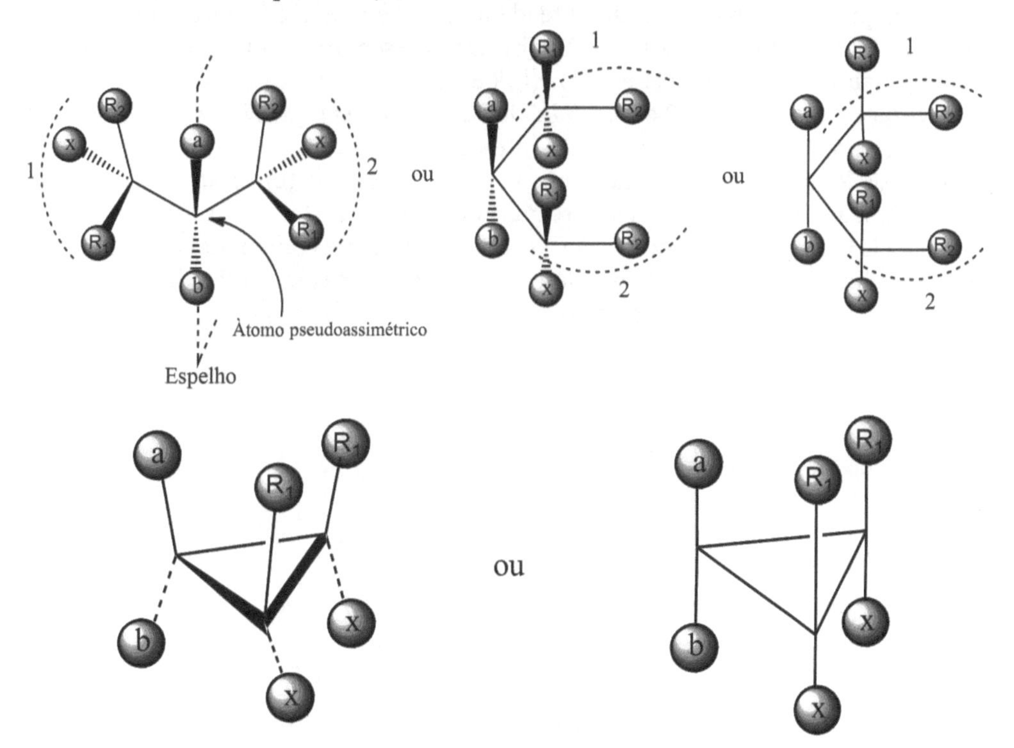

Exemplo

2,3,4-Trihidroxi-pentano CH_3-C*HOH-CHOH-C*HOH-CH_3

O composto 2,3,4-Trihidroxi-pentano apresenta dois centros estereogênicos. Logo, existem quatro estereoisômeros ($2^n = 2^2 = 4$ estereoisômeros), sendo dois enantiômeros, (a) e (b), e dois estereoisômeros, (c) e (d), mesos (oticamente inativos). Nos compostos mesos, os dois substituintes de C3 (H e OH) pertencem ao plano de simetria da molécula e o grupo 1 é imagem especular do grupo 2.

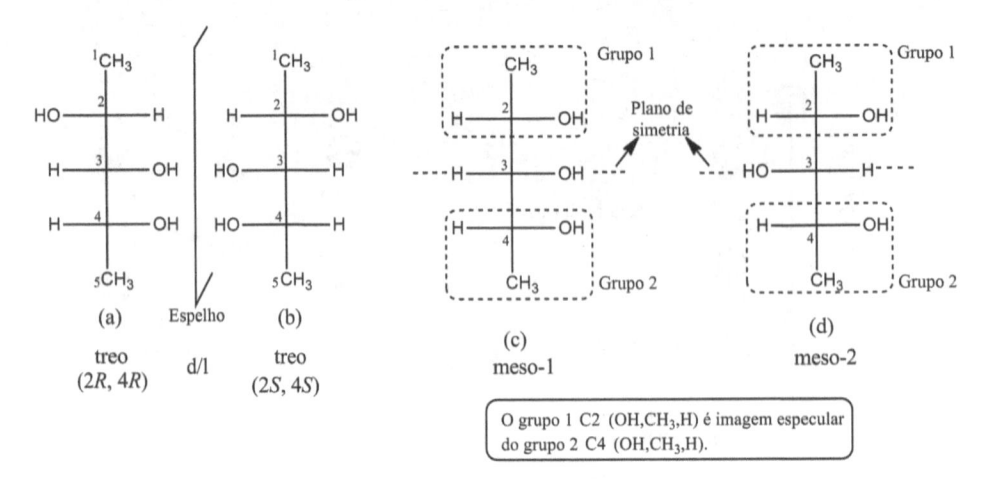

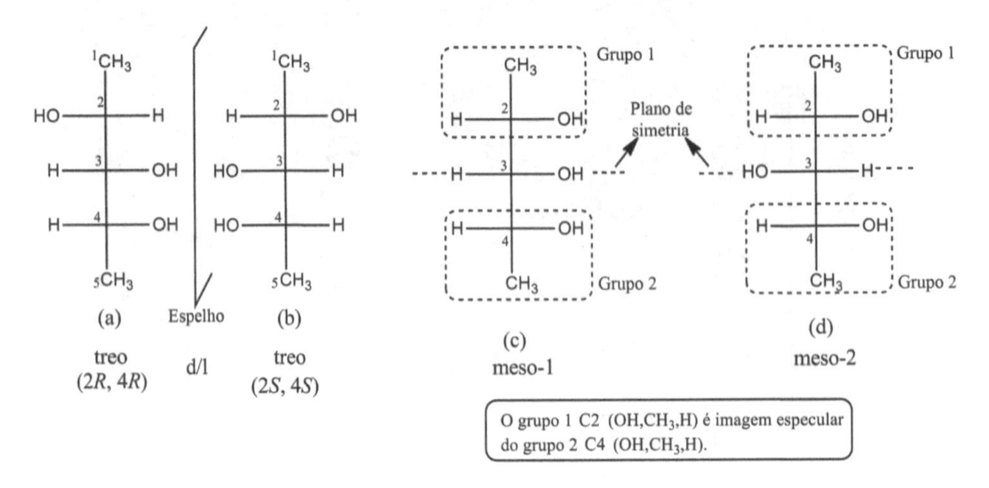

Por causa da orientação no espaço dos substituintes do carbono C2 e C4 (OH, CH_3, H), que são estereoquimicamente idênticos (*R* e *R* ou *S* e *S*), os carbonos C3 nas estruturas dos enantiômeros *treo* (a) e (b) não apresentam configurações *r*/*s*. A configuração absoluta de C2 e C4 em (a) é *R*,*R* e em (b) *S*,*S*. No caso das formas meso, a configuração absoluta de C2 e C4 é *S*,*R*. Devido a uma regra do sistema Cahn-Ingold--Prelog (regra 4), em que um substituinte de configuração *R* é prioritário ao substituinte de configuração *S*, os carbonos C3 dos compostos (c) meso-1 e (d) meso-2 apresentam as configurações pseudorectus *r* ou pseudosinister *s*. Observe nas figuras a seguir. O C3 não é assimétrico, já que constitucionalmente contém dois grupos idênticos, sendo chamado de pseudoassimétrico. As duas formas meso são diastereoisômeros uma da outra e também diastereoisômeros das duas formas *treo*.

Meso-1

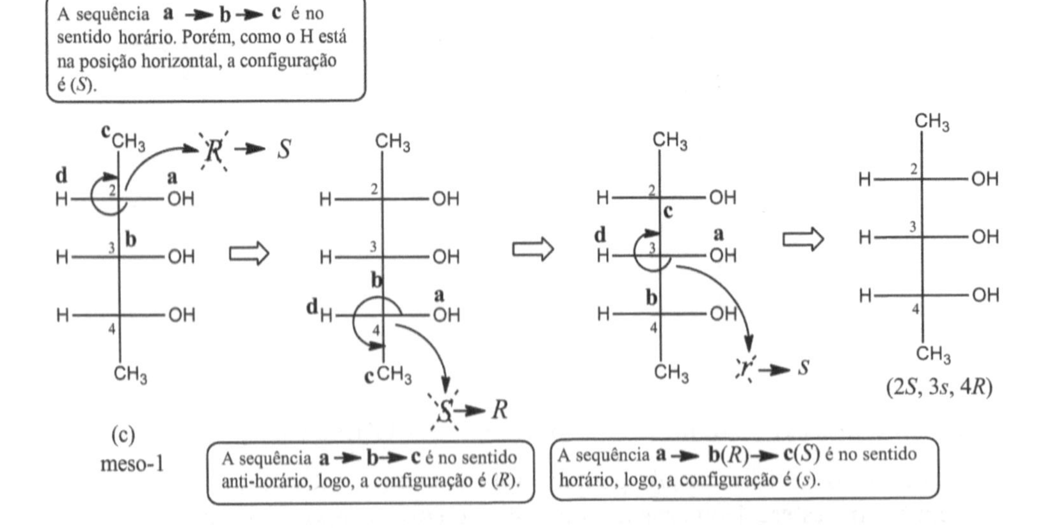

A sequência a → b → c é no sentido horário. Porém, como o H está na posição horizontal, a configuração é (S).
R → S
S → R
r → S
(c)
meso-1
(2S, 3s, 4R)
A sequência a → b → c é no sentido anti-horário, logo, a configuração é (R).
A sequência a → b(R) → c(S) é no sentido horário, logo, a configuração é (s).
Na regra de sequência a configuração (R) é prioritária em relação à configuração (S).

Meso-2

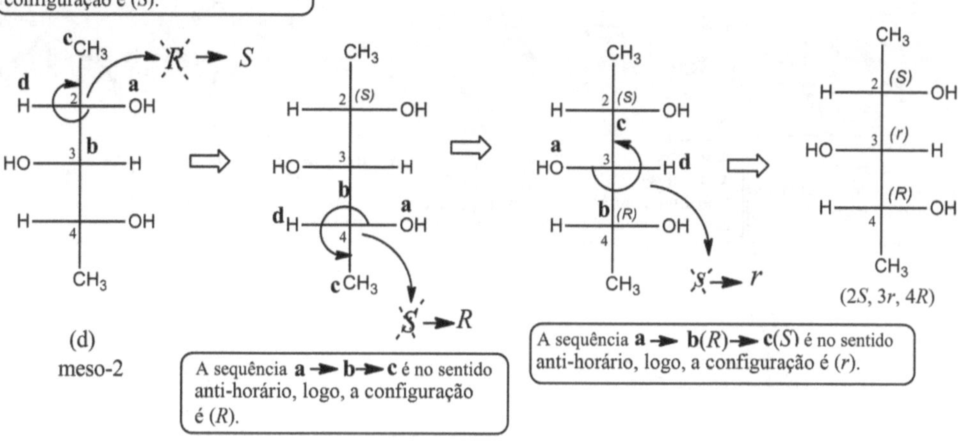
A sequência a → b → c é no sentido horário. Porém, como o H está na posição horizontal, a configuração é (S).
R → S
(d)
meso-2
S → R
A sequência a → b → c é no sentido anti-horário, logo, a configuração é (R).
S → r
A sequência a → b(R) → c(S) é no sentido anti-horário, logo, a configuração é (r).
(2S, 3r, 4R)

Outras formas de apresentação de 2,3,4-Trihidroxi-pentano:

Meso-1

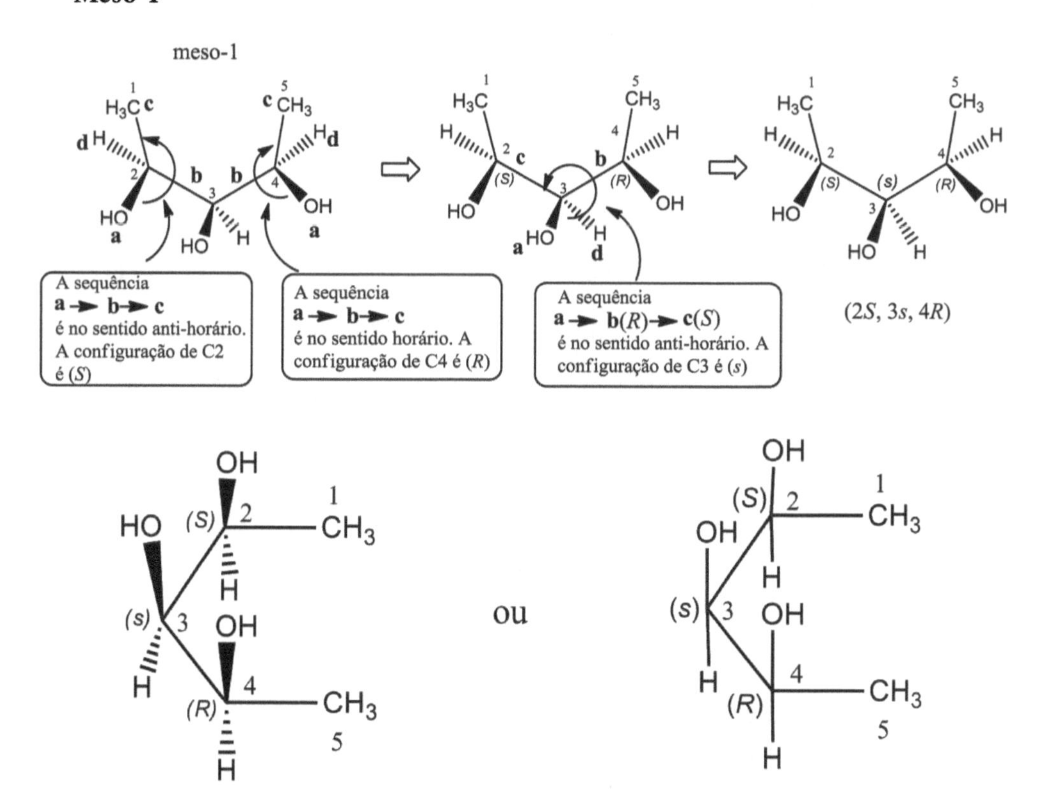
meso-1
A sequência a → b → c é no sentido anti-horário. A configuração de C2 é (S)
A sequência a → b → c é no sentido horário. A configuração de C4 é (R)
A sequência a → b(R) → c(S) é no sentido anti-horário. A configuração de C3 é (s)
(2S, 3s, 4R)
ou

Meso-2

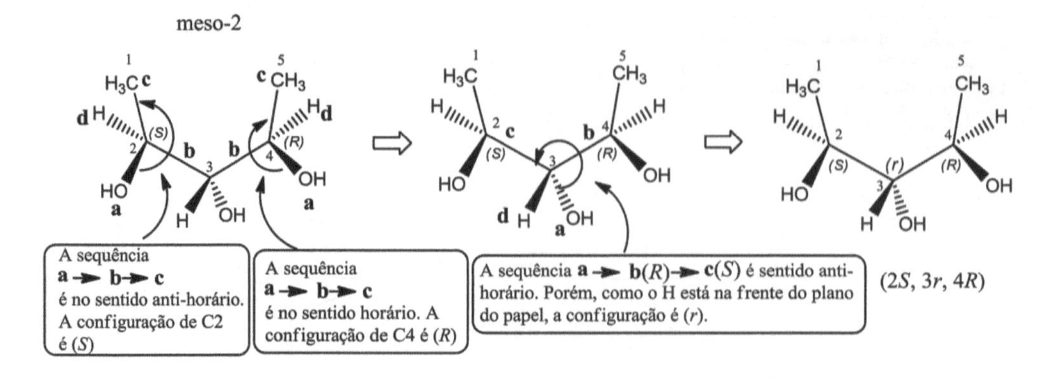

meso-2
A sequência a → b → c é no sentido anti-horário. A configuração de C2 é (S)
A sequência a → b → c é no sentido horário. A configuração de C4 é (R)
A sequência a → b(R) → c(S) é sentido anti-horário. Porém, como o H está na frente do plano do papel, a configuração é (r).
(2S, 3r, 4R)

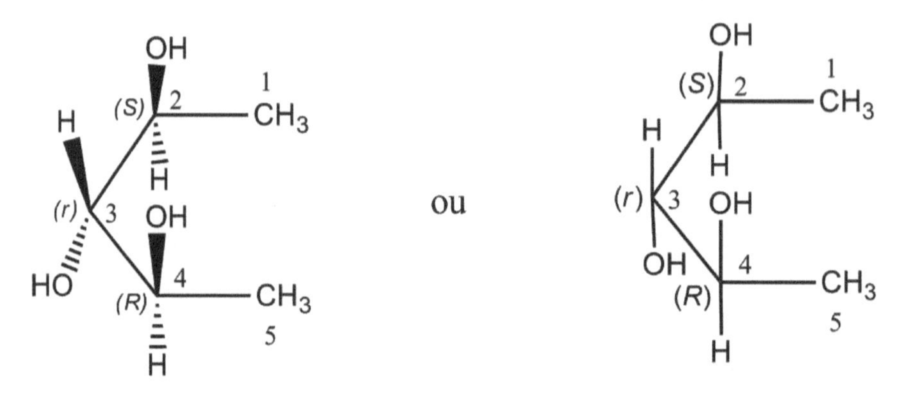

ou

Outros exemplos:

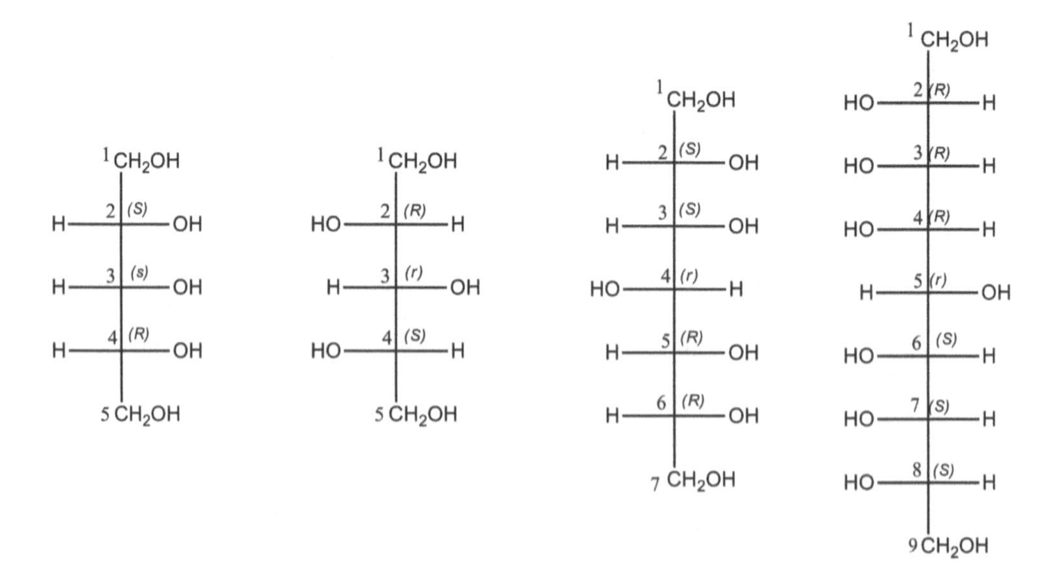

Exercício

2) Determine a configuração *r*/*s* nas seguintes estruturas:

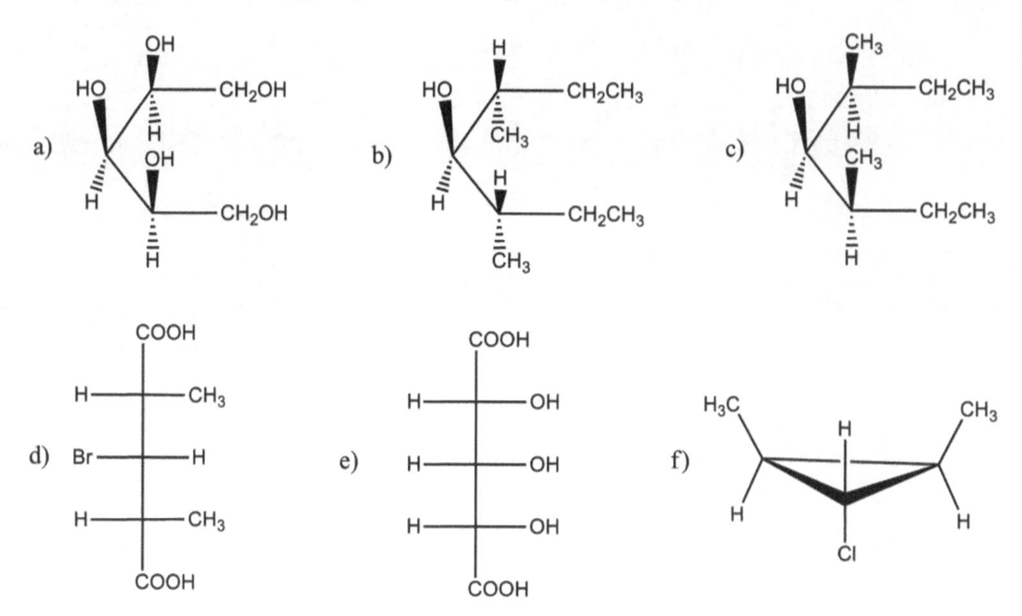

CAPÍTULO 6
PROQUIRALIDADE

6.1 CENTRO PROQUIRAL

Uma molécula aquiral é chamada de proquiral quando a substituição de um dos átomos ou grupos idênticos por outro átomo ou grupo de átomos diferentes torna a molécula quiral. Na molécula do tipo C (a, b, x, x; a≠b), o carbono não é um centro estereogênico, mas é um centro proquiral.

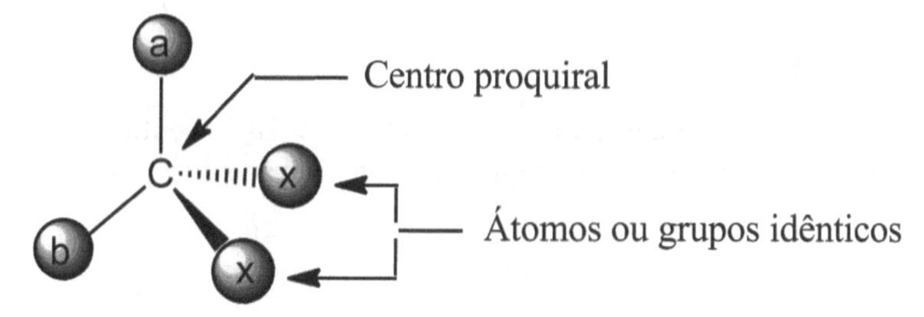

6.2 DESCRITORES PRO-RECTUS (*PRO-R*) E PRO-SINISTER (*PRO-S*)

Esses descritores também são determinados segundo a regra de sequência de Cahn, Ingod e Prelog. Um dos átomos ou grupos idênticos é considerado arbitrariamente como prioritário em relação ao outro. Dessa forma, podemos descrever o átomo ou grupo como sendo pro-rectus (*pro-R*) ou pro-sinister (*pro-S*). Se o sentido da rotação corresponder à configuração rectus, então o átomo ou grupo que foi dado como prioritário é descrito como pro-rectus (*pro-R*). Automaticamente, o outro grupo é definido como pro-sinister (*pro-S*).

Suponha que na regra de sequência a prioridade seja $a > b > X_1 > X_2$, em que X_1 foi escolhido arbitrariamente para ser prioritário em relação a X_2. O sentido (direção da rotação) de a → b → X_1 é anti-horário, que corresponde à configuração sinister, o que permite definir o X_1 como *pro-S* ou X_1(*S*). O outro grupo X_2 é *pro-R* ou X_2(*R*).

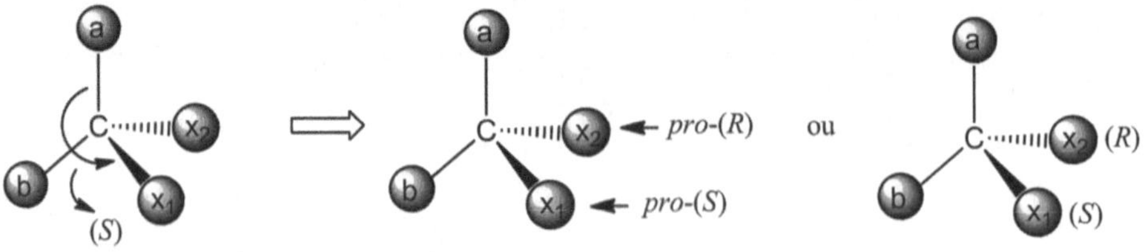

a C X_2 b X_1 (*S*) ⟹ a C X_2 ← *pro*-(*R*) b X_1 ← *pro*-(*S*) ou a C X_2 (*R*) b X_1 (*S*)

a>b>X_1>X_2

X_1 foi escolhido arbitrariamente em relação a X_2.

Na figura a seguir, temos a > b > X_1 > X_2. O sentido da rotação de a → b → X_1 é horário, que corresponde à configuração rectus. Logo, X_1 é *pro-R* ou X_1(*R*). O outro grupo X_2 é *pro-S* ou X_2(*S*).

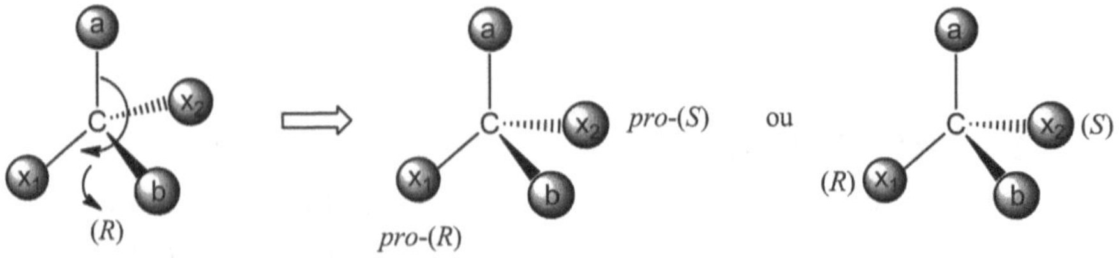

a C X_2 X_1 b (*R*) ⟹ a C X_2 *pro*-(*S*) X_1 b *pro*-(*R*) ou a C X_2 (*S*) (*R*) X_1 b

a>b>X_1>X_2

Exemplos

2-Cloro etanal

Segundo a regra de CIP, a ordem é Cl > CHO > H_1 > H_2. O sentido da rotação Cl → CHO → H_1 é anti-horário, que corresponde à configuração sinister. Logo o H_1 é *pro-S* e o H_2 é *pro-R*.

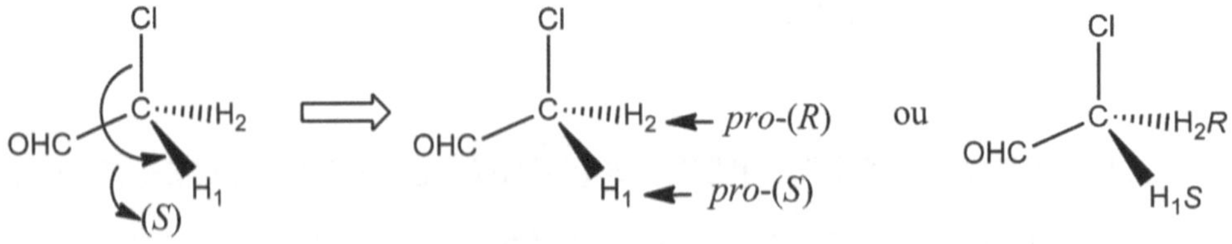

Cl C H_2 OHC H_1 (*S*) ⟹ Cl C H_2 ← *pro*-(*R*) OHC H_1 ← *pro*-(*S*) ou Cl C H_2R OHC H_1S

Cl>CHO>H_1>H_2

H_1 foi escolhido arbitrariamente em relação a H_2

Se invertermos a prioridade dos hidrogênios, em que H_2 > H_1, o resultado será o mesmo. Observe a seguir:

Sequência: Cl>CHO>H_2>H_1 — H_2 foi escolhido arbitrariamente em relação a H_1

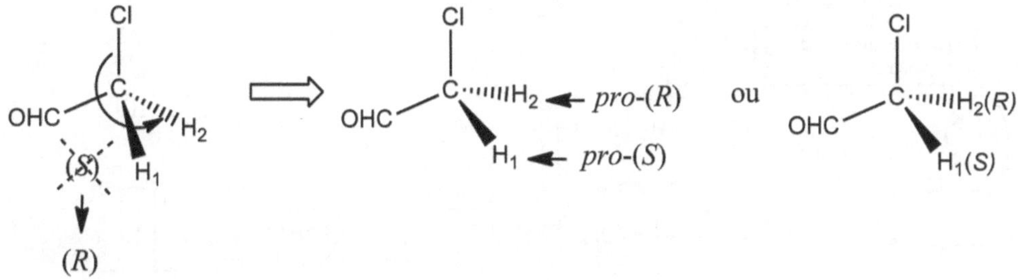

Cl
OHC C H2
(S) H1
(R)
Cl
OHC C H2 ← pro-(R)
H1 ← pro-(S)
ou
Cl
OHC C H2(R)
H1(S)

O sentido Cl → CHO → H_2 é anti-horário. Porém, como o H_1 (escolhido por ser de menor prioridade) está para frente, então a configuração é rectus. Logo, H_2 é *pro-R*.

1-Bromo 1-Hidroxi metano

A ordem prioritária é Br > OH > H_1 > H_2. O sentido da rotação Br → OH → H_1 é horário, que corresponde à configuração rectus. Logo, H_1 é *pro-R* e H_2 é *pro-s*.

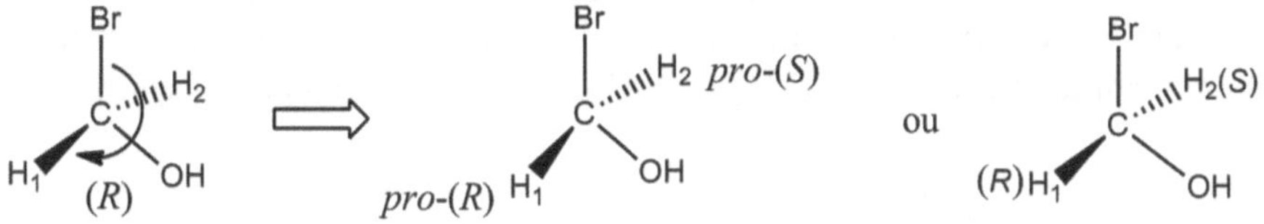

Br
C H2
H1 (R) OH
Br
C H2 pro-(S)
pro-(R) H1 OH
ou
Br
C H2(S)
(R)H1 OH

Br > OH > H_1 > H_2

Se trocarmos o hidrogênio (H_1) por deutério (D), a prioridade dos átomos será Br > OH > D > H. O sentido da rotação Br → OH → D é horário, que corresponde à configuração do átomo de carbono central *R*.

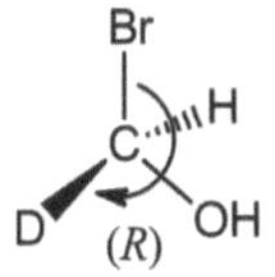

Br
C H
D (R) OH

Br > OH > D > H

1,2,3-Tribromo propano

O 1,2,3-Tribromo propano tem 3 centros proquirais. Os hidrogênios ligados ao primeiro e terceiro centro são proquirais e os grupos $-CH_2Br$, ligados ao segundo centro, também são proquirais.

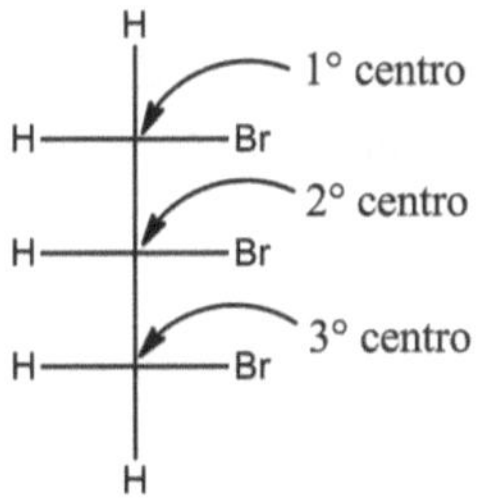

H
H — Br 1° centro
H — Br 2° centro
H — Br 3° centro
H

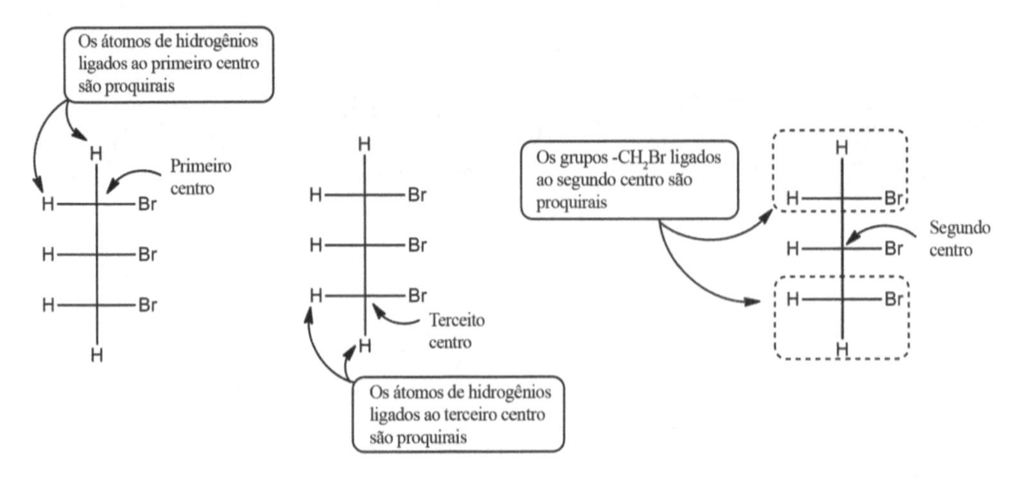

Primeiro, vamos descrever os átomos de hidrogênio do primeiro centro, depois, do terceiro centro, e, por fim, do segundo centro proquiral.

Arbitrariamente, designaremos o hidrogênio da posição horizontal como prioritário (será H_c) em relação ao hidrogênio da vertical, que será H_d. A sequência da prioridade completa será Br > $C_2H_3Br_2$ > H_c > H_d. Veja o esquema a seguir:

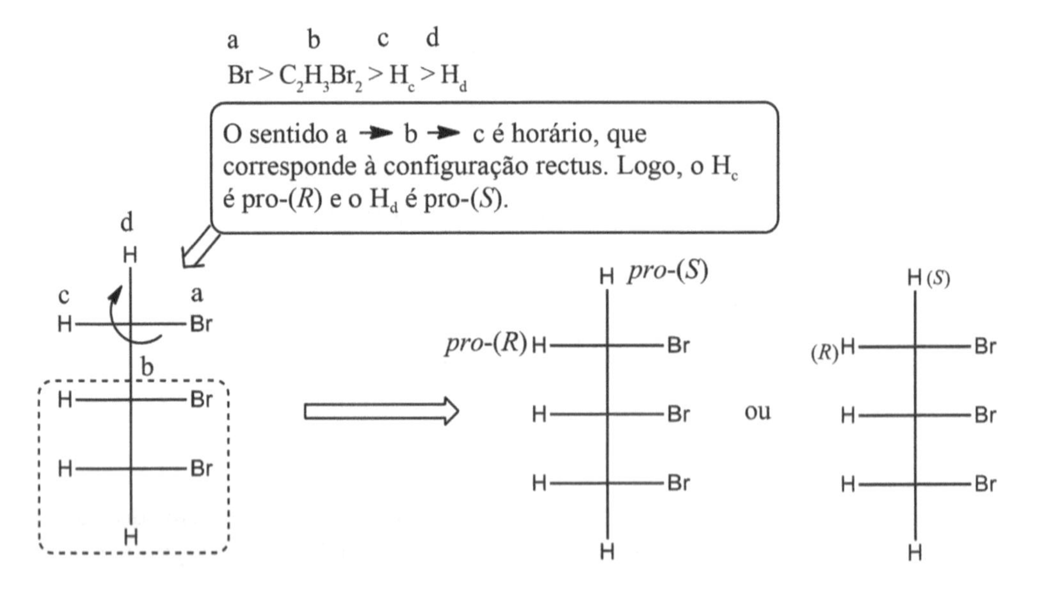

Observação: não esqueça que, na projeção de Fischer, as ligações na vertical podem estar no plano do papel ou por trás. A ligação do carbono com H_d se encontra por trás do plano. Então, a sequência da rotação no sentido horário corresponde à configuração rectus.

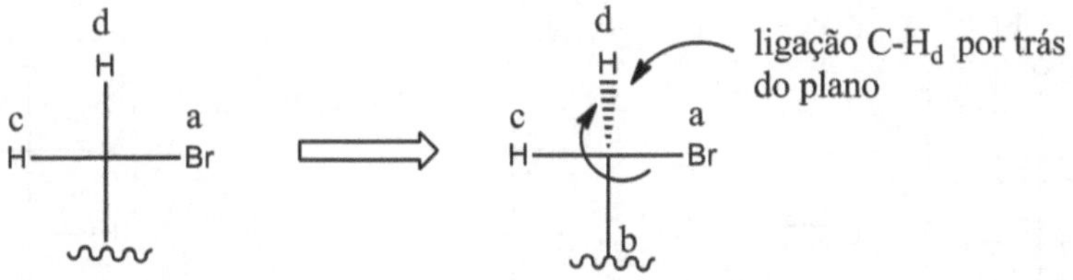

ligação C-H_d por trás do plano

No terceiro centro, arbitrariamente, designaremos o hidrogênio da vertical como prioritário (será H_c) em relação ao hidrogênio da horizontal, que será H_d. A sequência prioritária completa será Br > $C_2H_3Br_2$ > H_c > H_d. Veja o esquema a seguir.

pro-(*S*) H — *pro*-(*R*) ou (*S*) H — (*R*)

O sentido a → b → c é anti-horário. Porém, como o H_d (escolhido como de menor prioridade) está na horizontal, então a configuração é rectus. Logo, o H_c é *pro-R* e o H_d é *pro-S*.

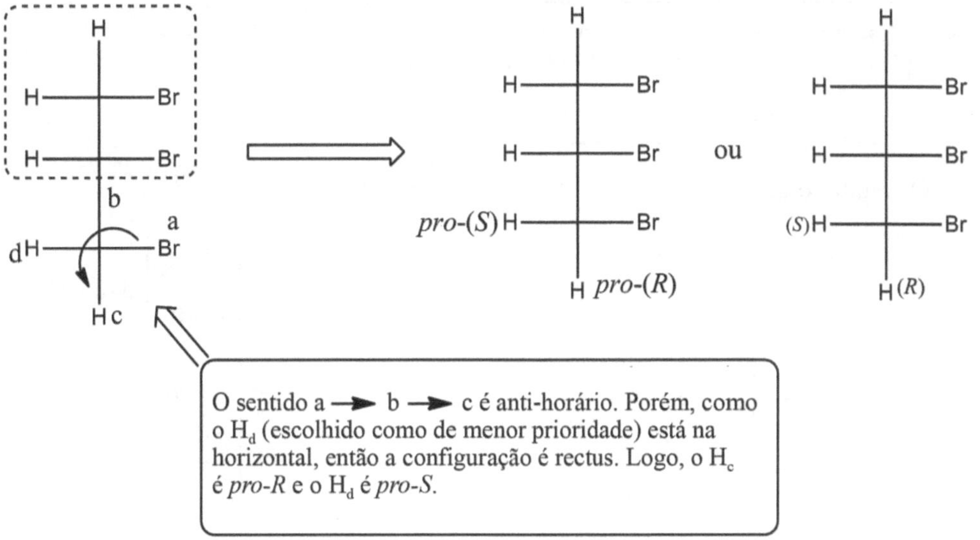

Observação: desta vez, a ligação do carbono com H_d se encontra na horizontal (na frente do plano do papel). Nesse caso, a configuração é o oposto daquela obtida pela leitura direta. Observe que o sentido da rotação de **a** para **b** para **c** (a → b → c) é anti-horário, no entanto, a configuração é rectus. Logo, o H_c é *pro-R* e o H_d é *pro-S*.

Ligação C-H_d para frente do plano do papel

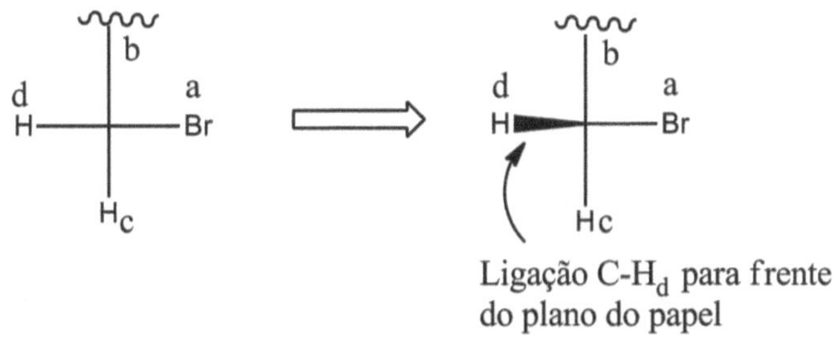

Por fim, no segundo centro, arbitrariamente, designaremos o grupo CH_2Br de cima da estrutura como prioritário; será ((CH_2Br)b) e o de baixo será ((CH_2Br)c). A sequência prioritária completa será Br > (CH_2Br)b > (CH_2Br)c > H_d. Veja o esquema a seguir.

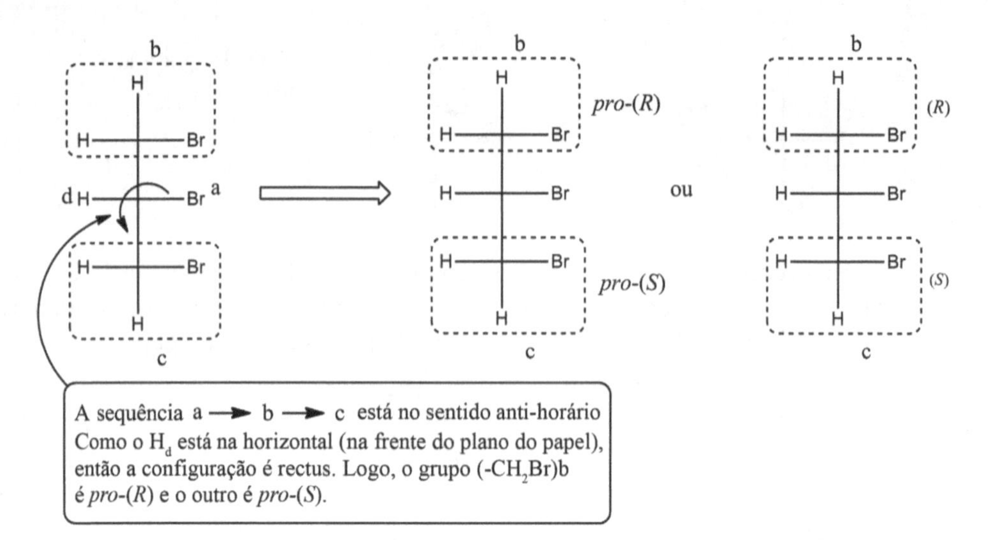

O resultado geral é:

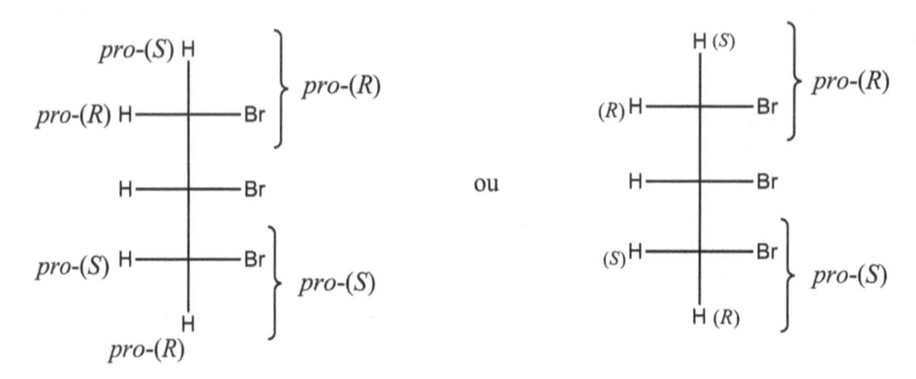

Exercício

1) Determine a natureza *pro-R* ou *pro-S* dos hidrogênios e grupos indicados na molécula.

a)

b)

c)

Fragmento do NADH

d) e) f)

6.3 DETERMINAÇÃO DAS FACES DE UM ÁTOMO TRIGONAL SP² (FACES *SI* E *RE*)

Um átomo trigonal plano (sp²) do tipo (=X, RR_1) pode ser diferenciado pela configuração da face representada no plano. Os átomos trigonais são classificados como a, b e c, em que a > b > c, segundo a regra de sequência de CIP. Então, se a sequência (a → b → c) estiver no sentido horário, a face é *re* (face *re*); se estiver no sentido anti-horário, a face é *si* (face *si*).

X = O, S, NH, NR, CRR_1...

Exemplo

Se X > R > R_1

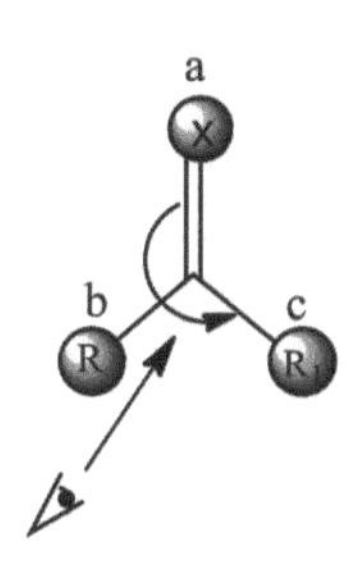

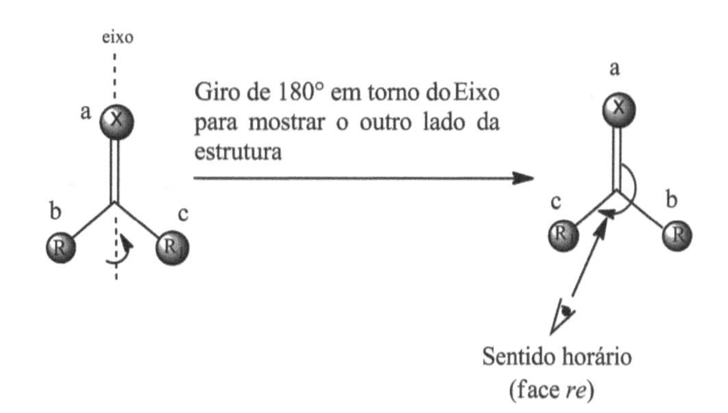

Olhando de frente. o sentido é anti-horário, portanto a face é *si* (face *si*)

Sentido horário (face *re*)

Podemos determinar as faces de forma mais simples:

- a seta **normal** indica que o observador está olhando **de frente**;

- a seta **tracejada** indica que o observador está olhando **por trás**.

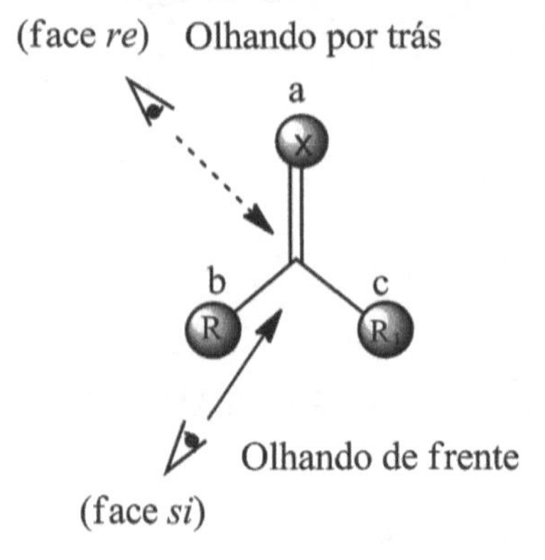

Observação: uma vez encontrada uma das faces, a outra será sempre oposta: se a da frente for *si*, a outra será *re*, e vice-versa.

Exemplos

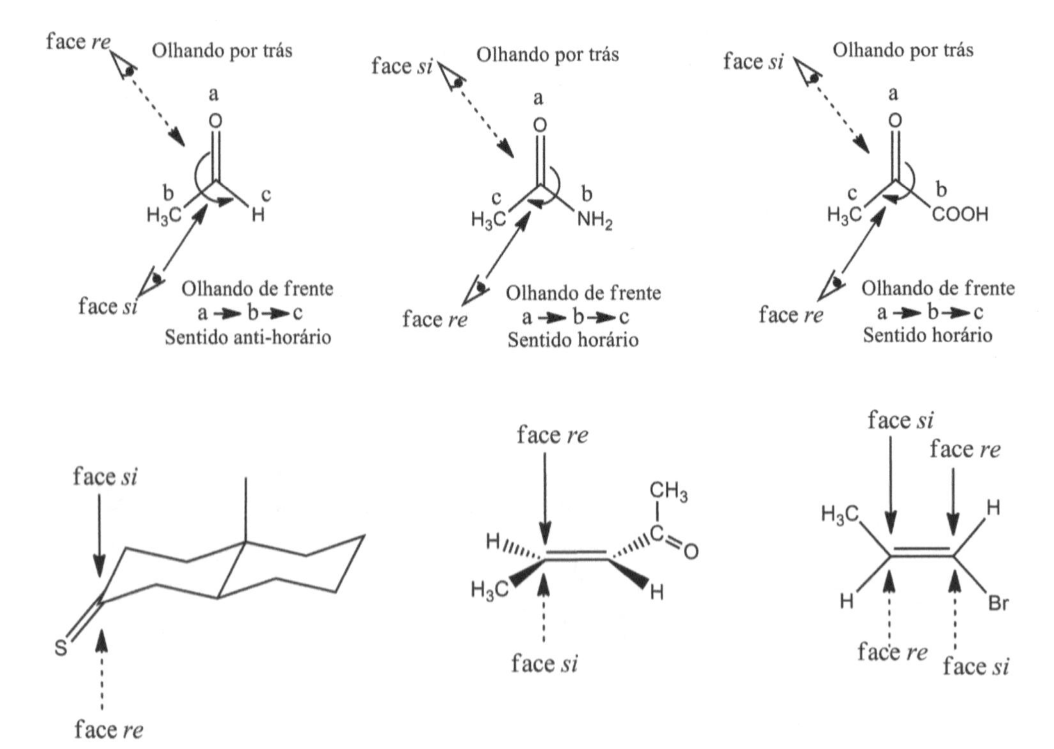

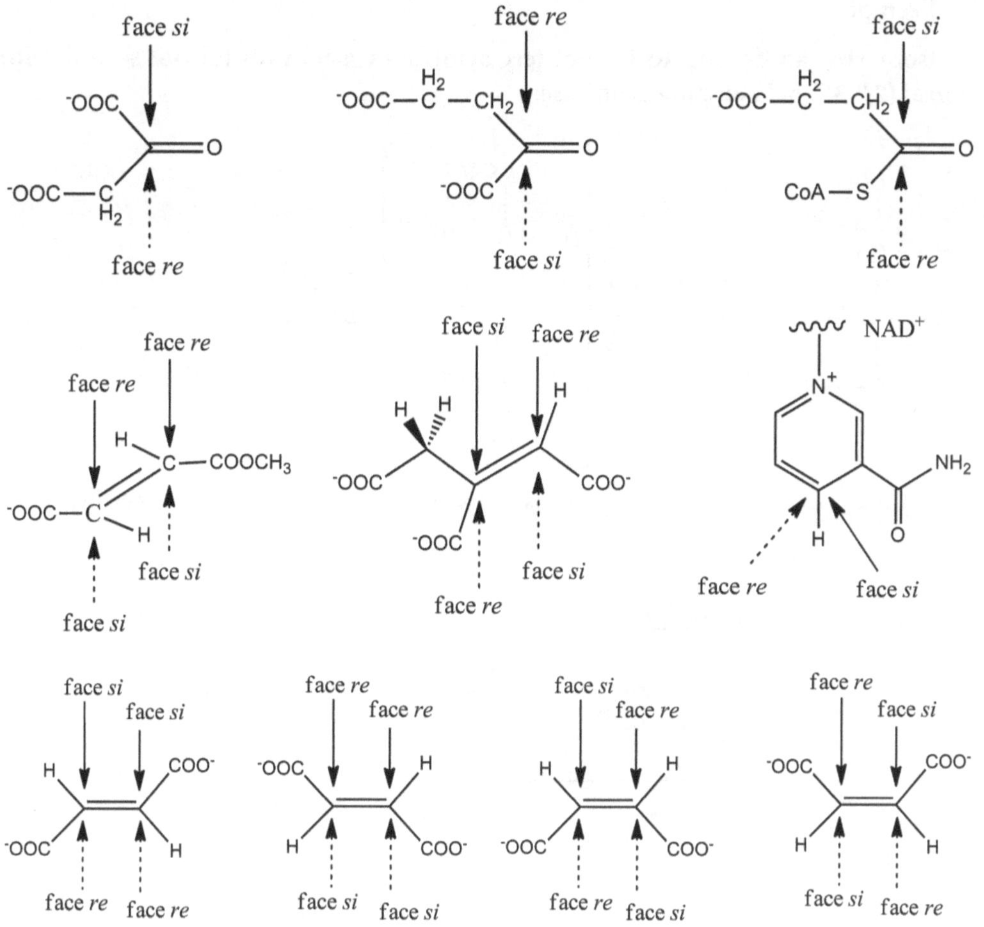

Estereoespecificidade das enzimas

As enzimas distinguem os dois grupos idênticos de uma molécula proquiral. O conhecimento sobre proquiralidade é fundamental em bioquímica.

Na estrutura do substrato a seguir, c' e c correspondem a grupos idênticos.

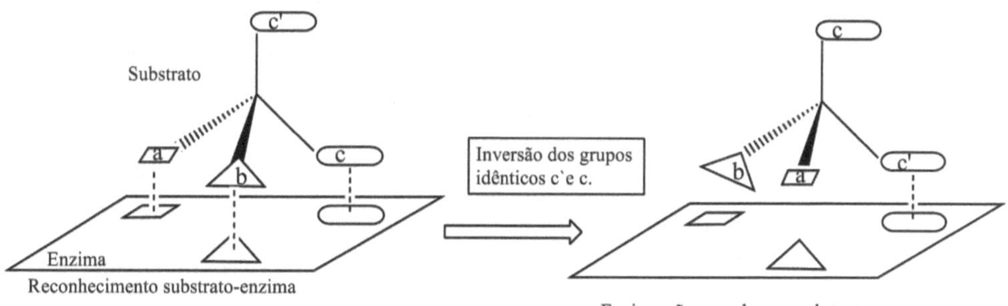

Exemplo

Isomerização do citrato (álcool terciário) para isocitrato (álcool secundário) quiral (2*R*,3*S*) pela enzima aconitase.

COO^- | H—C—H | HO—C—COO^- | H—C—H | COO^-

Aconitase

[COO^- | H—C—H | C—COO^- ‖ C—H | COO^-]

Aconitase
H_2O

COO^- | H—C—H | H—C—COO^- | HO—C—H | COO^-

Citrato | *cis*-aconitato | Isocitrato

pro-S
CH_2COO^-
Citrato
pro-R
CH_2COO^-
HO
COO
Aconitase
Reconhecimento citrato-enzima (aconitase)

Inversão dos grupos carboximetileno idênticos.

pro-R
CH_2COO^-
pro-S
CH_2COO^-
COO
HO
Enzima
Não há interação citrato-enzima

6.4 APLICAÇÃO COMPLETA DE *PRO-R*, *PRO-S*, FACE *RE*, FACE *SI* E CONFIGURAÇÃO *R/S*

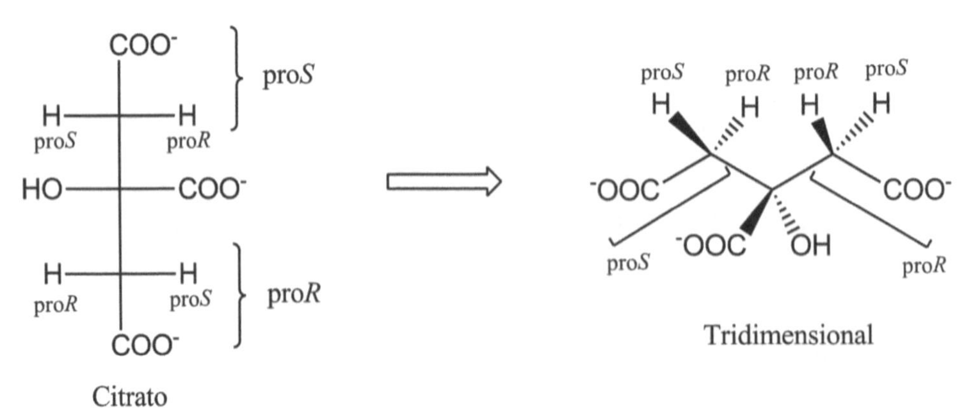

Citrato
Representação de Fischer

A desidratação do citrato ocorre especificamente sobre o grupo carboximetileno *pro-R* e a base de uma serina da enzima retira o hidrogênio *pro-R* desse mesmo grupo. O centro ferro-enxofre ligado à cisteína funciona como um ácido de Lewis durante o processo de desidratação do citrato. Nota-se que a eliminação que envolve o hidrogênio *pro-R* e a hidroxila é *trans*.

Eliminação *trans* que envolve o hidrogênio *pro-R* e a hidroxila em Newman:

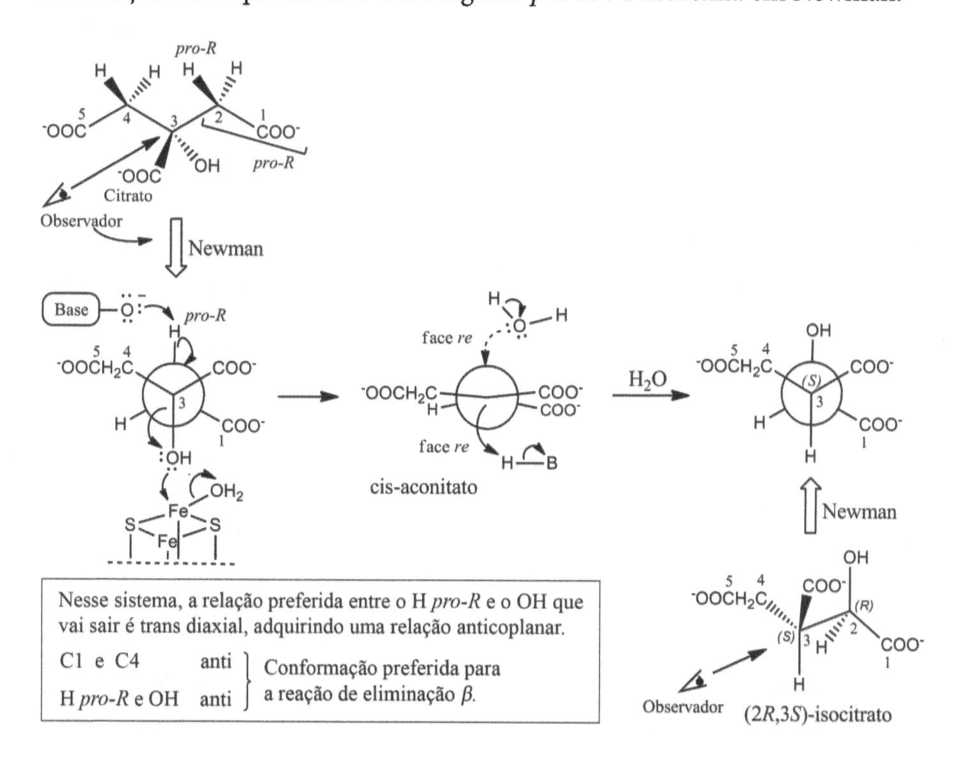

Numa outra parte do ciclo do ácido cítrico, a desidrogenação estereoespecífica do succinato é catalisada pela succinato-desidrogenase, que está ligada covalentemente a coenzima flavina-adenina-dinucleotídeo (FAD). Essa enzima elimina um hidrogênio *pro-R* de um carbono e um *pro-S* do outro carbono. A hidratação da ligação dupla do fumarato ocorre pela adição de OH^- sobre a face *si* de um dos carbonos para formar o *S*-malato. Essa reação é catalisada pela enzima fumarase.

Visão em Newman

CAPÍTULO 7
CLASSIFICAÇÃO DE COMPOSTOS EM SÉRIES *D*/*L*

7.1 DESCRITORES *D*/*L* (CONVENÇÃO DE FISCHER-ROSANOFF)

A classificação dos carboidratos em série *D* e *L* foi feita, inicialmente, pelo químico Martin André Rosanoff e ficou conhecida como convenção de Fischer-Rosanoff. Nessa convenção, o (+)-gliceraldeído (*R*-2,3-di-hidroxipropanal) foi designado *D*-gliceraldeído e o (-)-gliceraldeído (*S*-2,3-di-hidroxipropanal) foi designado *L*-gliceraldeído. O racemato foi designado *DL*-gliceraldeído. Depois, essa descrição passou a ser usada para designar a configuração de aminoácidos.

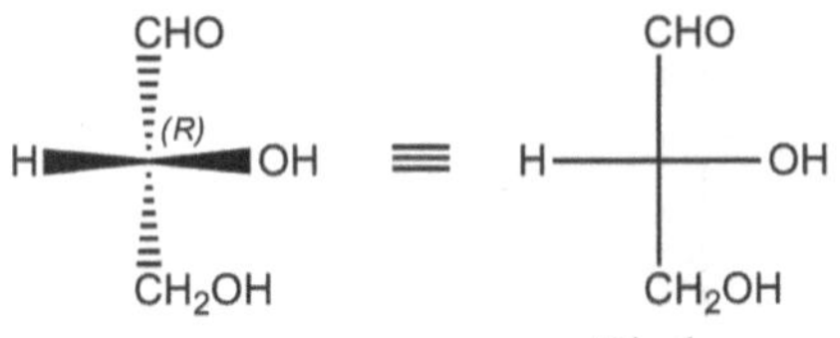

CHO, H, (R), OH ≡ CHO, H, OH, CH_2OH — CH_2OH

Fischer

D(+)-Gliceraldeído

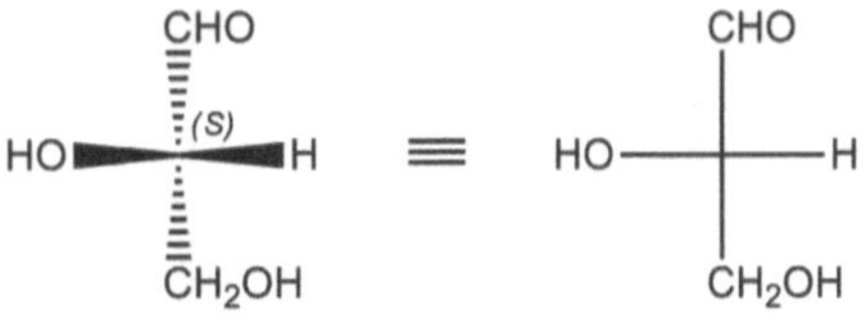

CHO, HO, (S), H ≡ CHO, HO, H, CH_2OH — CH_2OH

Fischer

L(-)-Gliceraldeído

CARBOIDRATOS: SÉRIES D E L

Em analogia ao gliceraldeído, definiu-se para os carboidratos uma série *D* e uma série *L*. Um carboidrato pertence à série *D* quando a hidroxila do carbono assimétrico mais afastado do grupo carbonila está "à direita" na projeção de Fischer e pertence à série *L*, quando a hidroxila está "à esquerda".

Exemplos

D-eritrose

D-glicose

D-manose

L-arabinose

L-gulose

7.2 CORRESPONDÊNCIA DA CONFIGURAÇÃO *D/L* COM A CONFIGURAÇÃO ABSOLUTA *R/S*

Observa-se nos carboidratos em projeção de Fischer que, quando o grupo OH do centro estereogênico estiver à direita do eixo vertical (configuração *D*), o centro é de configuração absoluta *R*. Similarmente, se o grupo OH estiver à esquerda (configuração *L*), a configuração absoluta será *S*. Veja os exemplos a seguir:

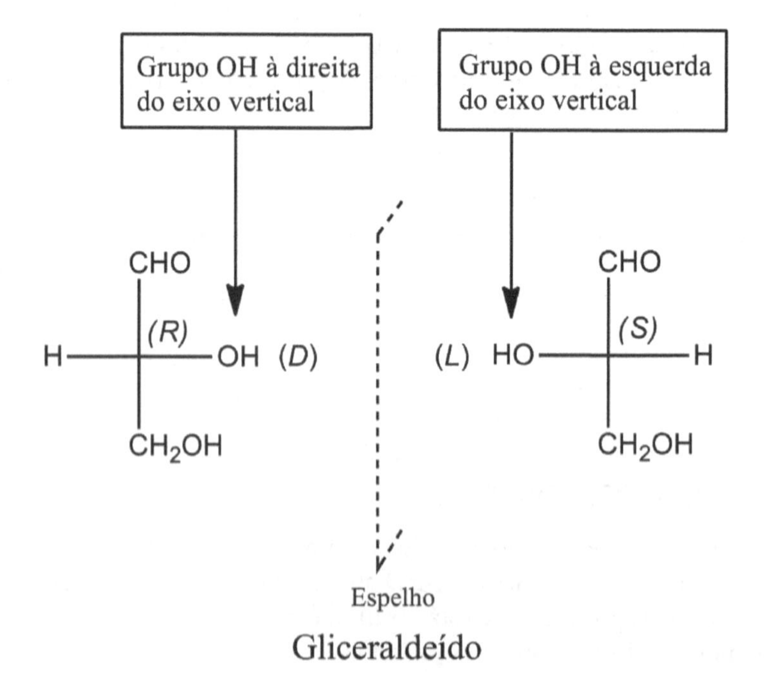

Gliceraldeído

Exemplos

Aldoses

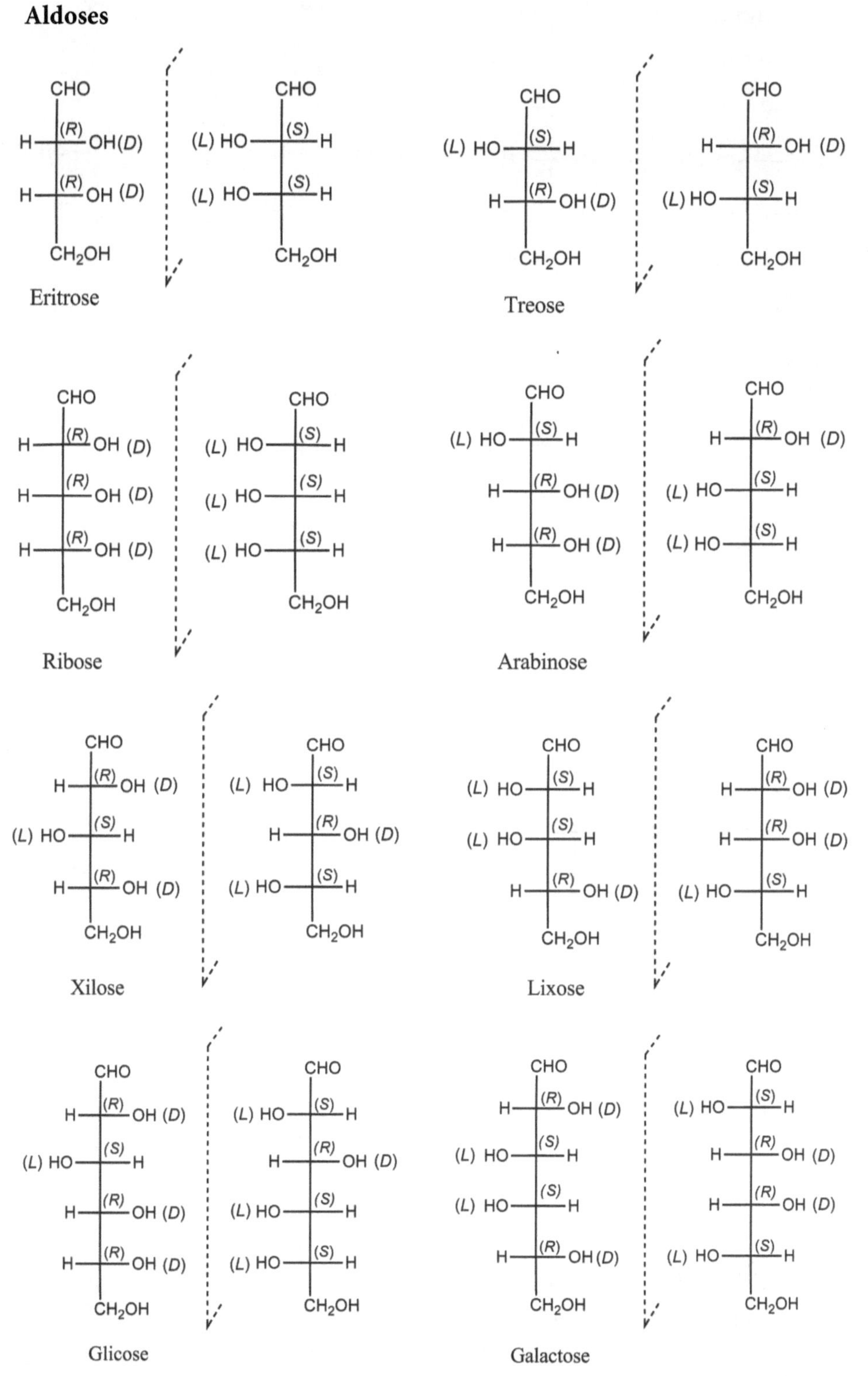

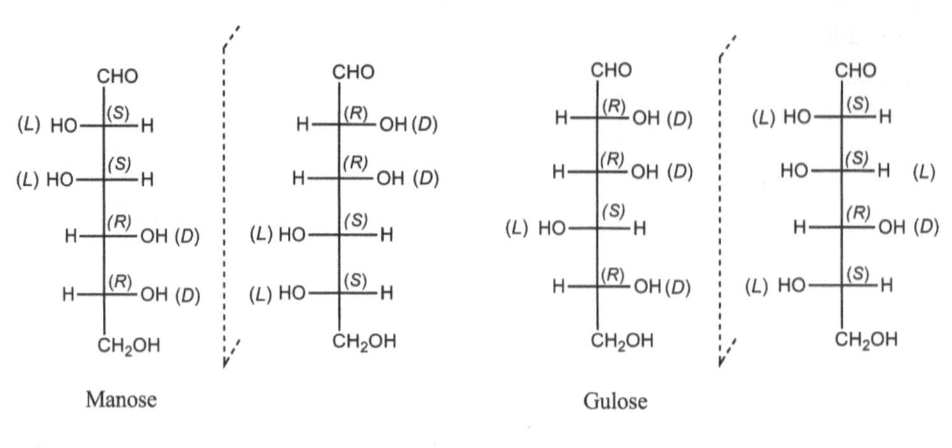

Manose

Gulose

Cetoses

CH_2OH | C=O | H (R) OH (D) | CH_2OH ⋮ CH_2OH | O=C | (L) HO (S) H | CH_2OH

Glicero-tetrulose

CH_2OH | C=O | H (R) OH (D) | H (R) OH (D) | CH_2OH ⋮ CH_2OH | O=C | (L) HO (S) H | (L) HO (S) H | CH_2OH

Eritro-pentulose

CH_2OH | C=O | (L) HO (S) H | H (R) OH (D) | CH_2OH ⋮ CH_2OH | O=C | H (R) OH (D) | (L) HO (S) H | CH_2OH

Treo-pentulose

CH_2OH | C=O | (L) HO (S) H | H (R) OH (D) | H (R) OH (D) | CH_2OH ⋮ CH_2OH | O=C | H (R) OH (D) | (L) HO (S) H | (L) HO (S) H | CH_2OH

Frutose

CH_2OH | C=O | (L) HO (S) H | (L) HO (S) H | H (R) OH (D) | CH_2OH ⋮ CH_2OH | O=C | H (R) OH (D) | H (R) OH (D) | (L) HO (S) H | CH_2OH

Tagatose

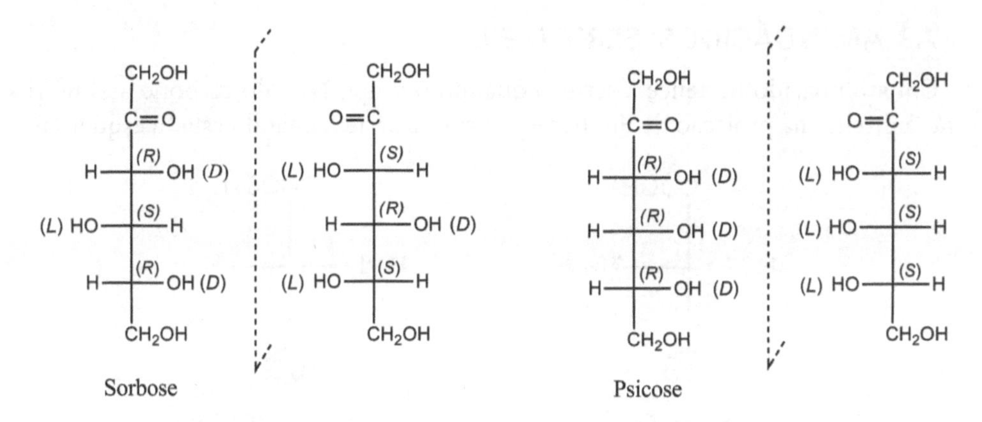

Sorbose

Psicose

Exercício resolvido

1) Dado o carboidrato hipotético (a) a seguir, determine a configuração absoluta *R*/*S* e a configuração *D*/*L* de cada centro estereogênico e de seu enantiômero.

CHO
H — OH
HO — H
H — OH
HO — H
H — OH
H — OH
HO — H
CH$_2$OH

(a)

Resposta

CHO
H — (R) — OH (D)
(L) HO — (S) — H
H — (R) — OH (D)
(L) HO — (S) — H
H — (R) — OH (D)
H — (R) — OH (D)
(L) HO — (S) — H
CH$_2$OH

(a)

Espelho

CHO
(L) HO — (S) — H
H — (R) — OH (D)
(L) HO — (S) — H
H — (R) — OH (D)
(L) HO — (S) — H
(L) HO — (S) — H
H — (R) — OH (D)
CH$_2$OH

(b)

(b) é enantiômero de (a)

7.3 AMINOÁCIDOS: SÉRIE *D* E *L*

Um aminoácido pertence à série *D* quando o grupo NH_2 do carbono assimétrico está "à direita" na projeção de Fischer e pertence à serie *L* quando está "à esquerda".

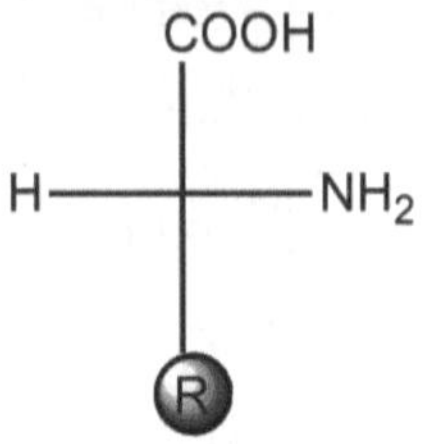

Série *D* 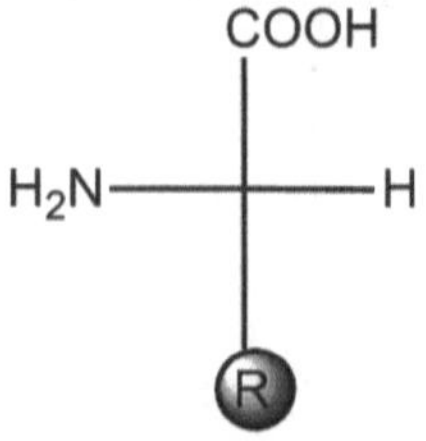 Série *L*

Existe uma relação entre as configurações *D*/*L* e *R*/*S* para os aminoácidos. Observe nos exemplos a seguir que, quando um aminoácido é de configuração *D*, ele é de configuração absoluta *R*, e quando for *L*, será *S*.

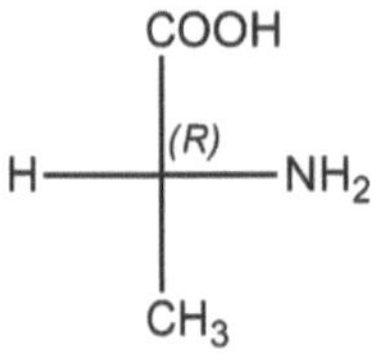

D-alanina 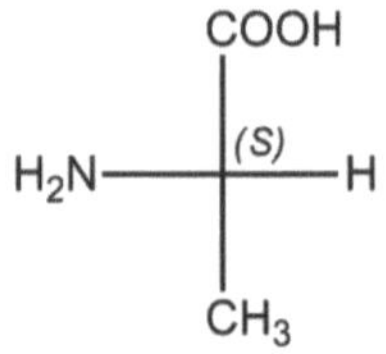 *L*-alanina 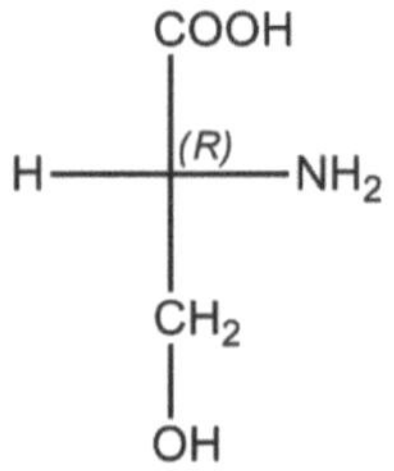 *D*-serina 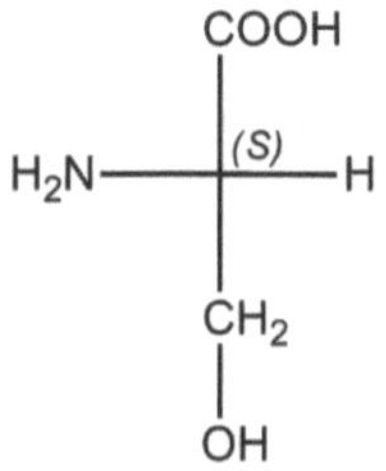 *L*-serina

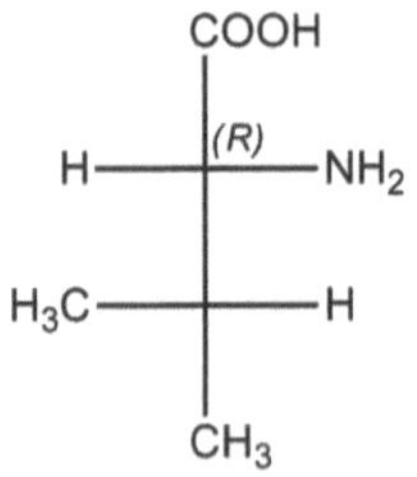

D-valina 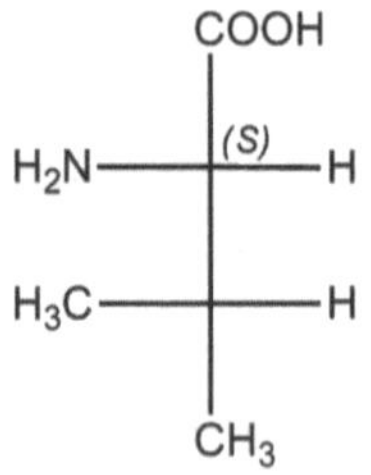 *L*-valina 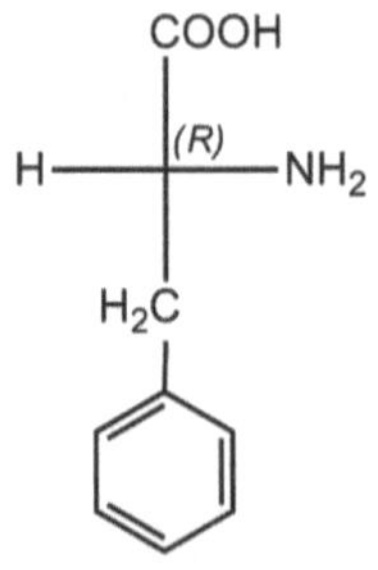 *D*-fenilalanina 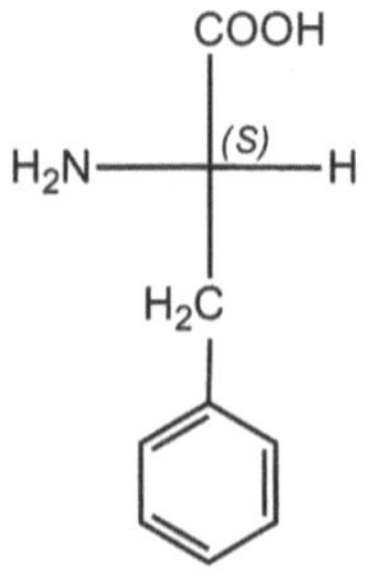 *L*-fenilalanina

Entretanto, a cisteína é uma exceção. Quando for de configuração *D*, será de configuração absoluta *S*, e quando for *L*, será *R*. Essa mudança é devida à posição do átomo de enxofre (número atômico 16) prioritário em relação ao átomo de oxigênio (número atômico 8) do grupo ácido.

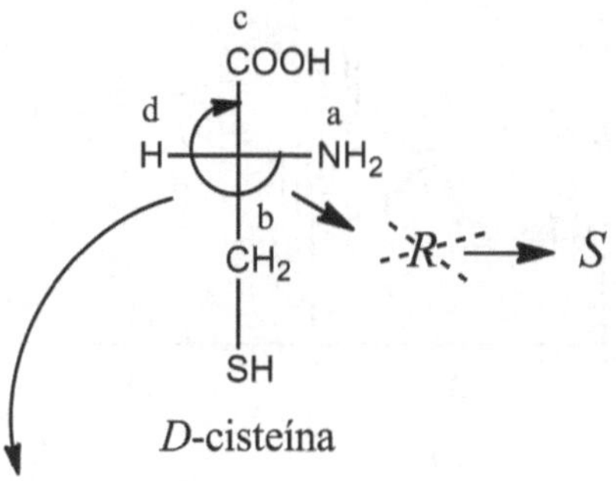

D-cisteína

A sequência **a** → **b** → **c** é no sentido horário. Porém, como o H está na posição horizontal, a configuração é *S*.

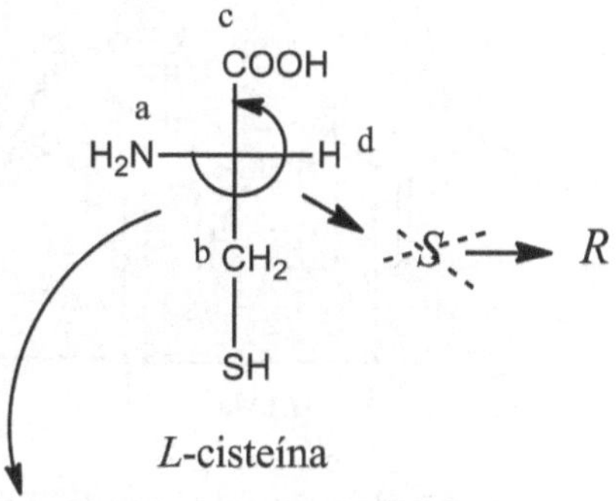

L-cisteína

A sequência **a** → **b** → **c** é no sentido anti-horário. Porém, como o H está na posição horizontal, a configuração é *R*.

No caso da metionina, o átomo de enxofre, devido a sua distância do centro estereogênico (um CH_2 a mais do que a cisteína), não é prioritário em relação ao átomo de oxigênio do grupo ácido. Logo, a metionina de configuração *D* tem a configuração absoluta *R*, e a *L* será *S*.

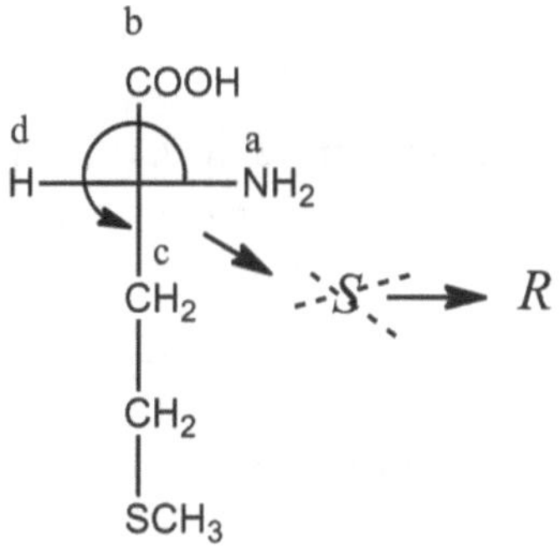

D-metionina

A sequência **a** → **b** → **c** é no sentido anti-horário. Porém, como o H está na posição horizontal, a configuração é *R*.

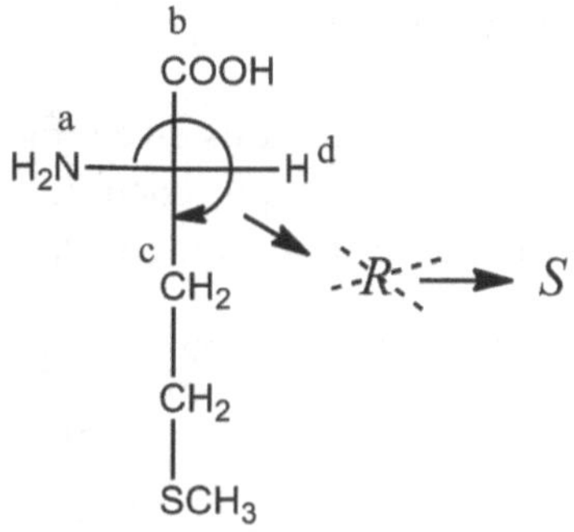

L-metionina

A sequência **a** → **b** → **c** é no sentido horário. Porém, como o H está na posição horizontal, a configuração é *S*.

Os vinte α-aminoácidos presentes nas proteínas dos seres humanos, com exceção da glicina (que não apresenta carbono assimétrico), têm a configuração *L*. α-Aminoácidos de configuração *D*, que são também importantes, são constituintes de alguns polipeptídeos bacterianos. Um exemplo é a bactéria *Staphylococcus aureus*, que apresenta no seu tetrapeptídeo da parede celular um fragmento de (*D*)-alanina e (*D*)-isoglutamina. A sequência do tetrapeptídeo é: **R**-(L)Ala-(D)Isoglu-(L)Lys-(D) Ala, em que **R** é dissacarídeo (N-acetilglicosamina e N-acetilmurâmico).

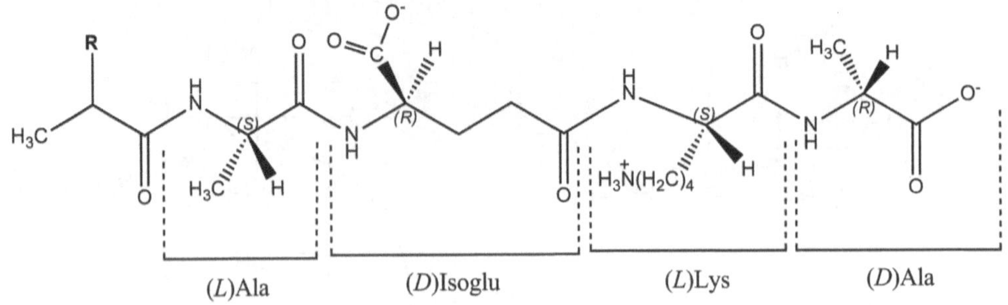

(*L*)Ala (*D*)Isoglu (*L*)Lys (*D*)Ala

Se pegarmos como exemplo o último fragmento *D*-Ala do tetrapeptídeo e passar para projeção de Fischer, respeitando a configuração absoluta *R*, a configuração será *D*. Lembre-se que um aminoácido pertence à série *D* quando, na projeção de Fischer (H e NH_2 sempre na horizontal), o grupo NH_2 do centro estereogênico está à direita do eixo vertical.

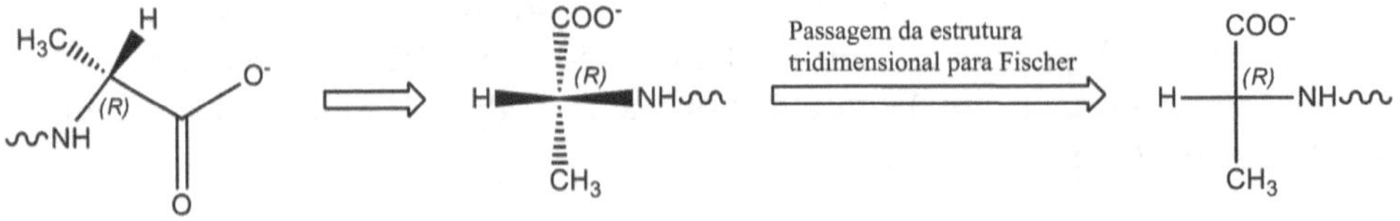

Passagem da estrutura tridimensional para Fischer

Fragmento (*R*)Ala

Fragmento *R*(*D*)Ala

α–Aminoácidos de configuração *D* também são componentes de vários antibióticos produzidos por bactérias. Um exemplo é a gramicidina A, que apresenta 15 resíduos de aminoácidos *L* e *D*.

OHC–NH—(*L*)Val—Gly—(*L*)Ala—(*D*)Leu—(*L*)Ala—(*D*)Val—(*L*)Val—(*D*)Val—(*L*)Trp—(*D*)Leu

HO—$(CH_2)_3$—NH—CO—(*L*)Trp—(*D*)Leu—(*L*)Trp—(*D*)Leu—(*L*)Trp

Gramicidina A

Aminoácidos simples da série *D* são importantes agentes terapêuticos. Um exemplo é a *D*-penicilamina, produto de hidrólise da benzilpenicilina. Observe que a *D*-penicilamina, que tem o grupo NH_2 à direita na projeção de Fischer, tem configuração (*S*). Mais uma vez, o átomo de enxofre é prioritário em relação ao átomo de oxigênio na regra de sequência CIP.

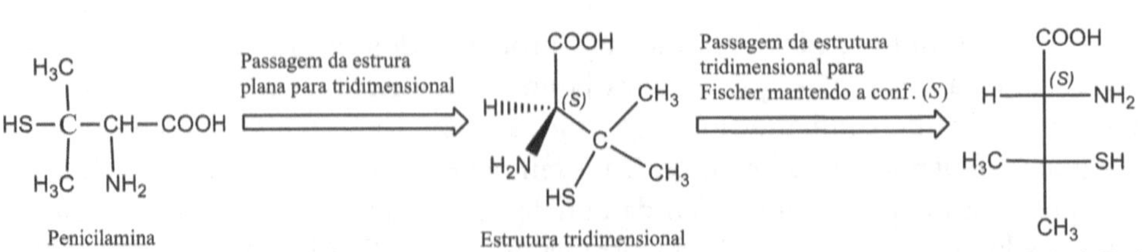

Passagem da estrura plana para tridimensional

Passagem da estrutura tridimensional para Fischer mantendo a conf. (*S*)

Penicilamina

Estrutura tridimensional

Representação de Fischer
S(*D*)-penicilamina

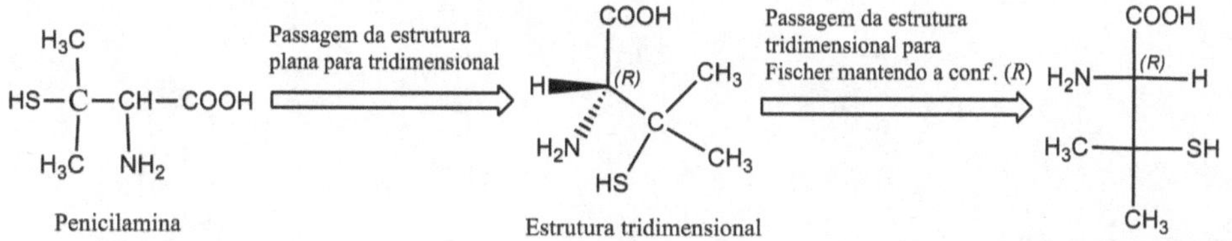

Passagem da estrutura plana para tridimensional

Passagem da estrutura tridimensional para Fischer mantendo a conf. (*R*)

Penicilamina

Estrutura tridimensional

Representação de Fischer
R(*L*)-penicilamina

A *D*-penicilamina, que tem a configuração *S*, apresenta atividade antiartrite. Já a *L*-penicilamina de configuração *R* não apresenta atividade antiartrite e é altamente tóxica.

CAPÍTULO 8

DIASTEREOISOMERIA

Dois estereoisômeros, que não são enantiômeros, são diastereoisômeros. Os diastereoisômeros podem ser quirais ou aquirais. Ao contrário de dois enantiômeros; dois diastereoisômeros não têm a mesma energia, suas constantes físicas são diferentes. Quando uma molécula acíclica contém n centros estereogênicos diferentemente substituídos, ela apresenta 2^n estereoisômeros ou configurações. A fórmula 2^{n-1} representa os pares de racematos. É importante saber que, para serem diastereoisômeras uma da outra, duas estruturas moleculares têm que apresentar as mesmas conectividades (mesma ordem de ligações dos átomos).

Exemplo

Isoleucina de fórmula molecular $C_6H_{13}NO_2$, apresenta dois centros estereogênicos (C*)

$$H_3C-CH_2-\overset{H}{\underset{CH_3}{\overset{|}{\underset{|}{C^*}}}}-\underset{NH_2}{\underset{|}{C^*H}}-COOH$$

Isoleucina

$2^2 = 4$ configurações (A, B, C e D), ou seja, 4 estereoisômeros.

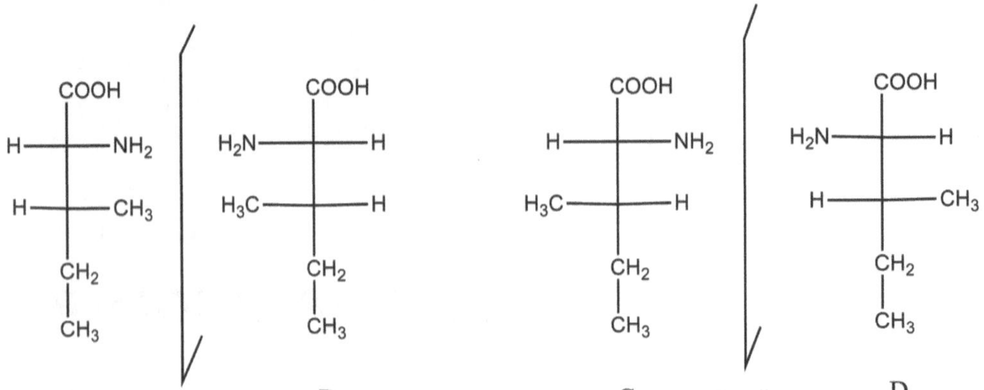

A Espelho B C Espelho D

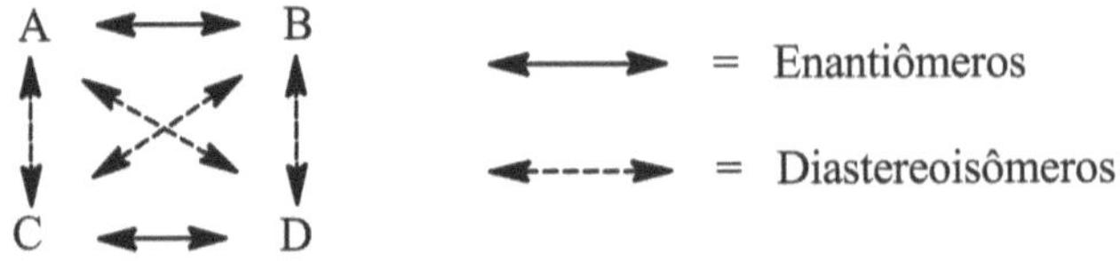

⟷ = Enantiômeros

⇠⇢ = Diastereoisômeros

As estruturas A e B, assim como C e D, são enantiômeros. As estruturas A e C, A e D, B e C e B e D são diastereoisômeros. Observe que essas estruturas apresentam as mesmas conectividades. Os diastereoisômeros não são imagens especulares uns dos outros.

No exemplo a seguir, a isoleucina e a leucina, que apresentam a mesma fórmula molecular $C_6H_{13}NO_2$, são diastereoisômeras?

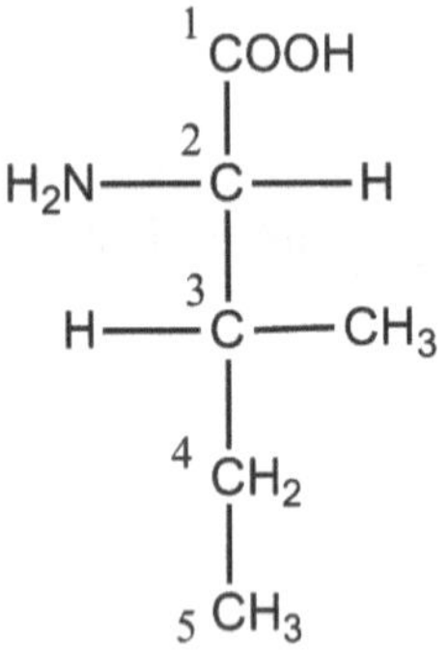

Isoleucina 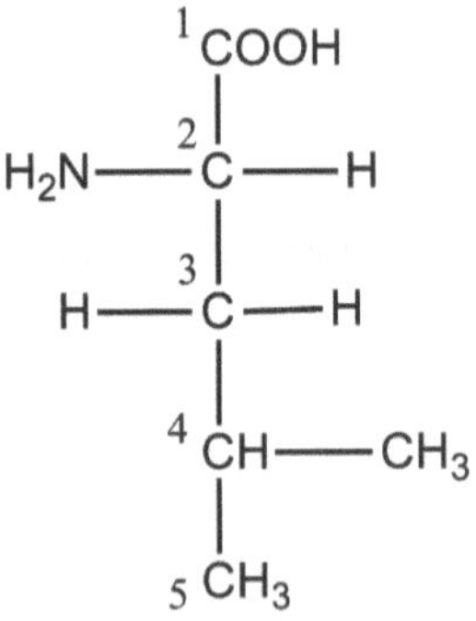 Leucina

A resposta é não. Observe que o metil que está ligado ao carbono 3 da isoleucina está no carbono 4 da leucina, ou seja, elas apresentam conectividades diferentes. Observa-se também que o carbono 3 da isoleucina é terciário, enquanto o carbono 3 da leucina é secundário. **Conclusão:** elas são isômeras constitucionais, porque apresentam a mesma fórmula molecular, mas não são diastereoisômeras por apresentarem ordem de ligações de seus átomos diferentes.

Outros exemplos de diastereoisomeria:

Cloranfenicol

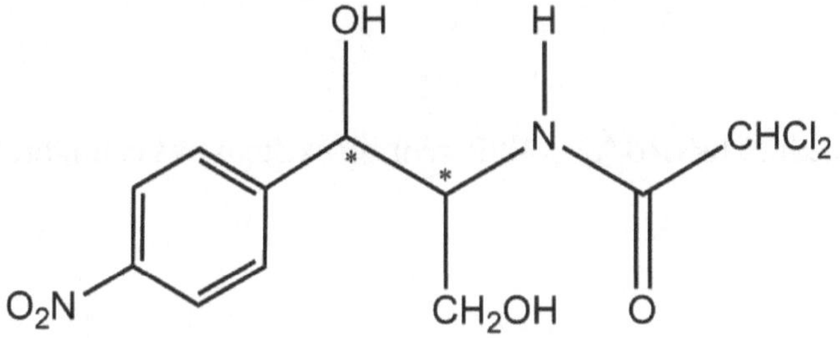

O cloranfenicol é um antibiótico de largo espectro que apresenta dois centros este--reogênicos. Logo, existem quatro estereoisômeros diferentes ($2^n = 2^2 = 4$ configurações): *R,R*; *S,S*; *R,S* e *SR*. Esses estereoisômeros se dividem em dois pares de enantiômeros *R,R-S,S* e *R,S-S,R*. Todas as outras correlações de pares entre eles são diastereoisoméricos, *R,R-R,S*, *R,R-S,R*, *S,S-R,S* e *S,S-S,R*. O estereoisômero biologicamente ativo que apresenta atividade antimicrobiana potente é o (-) *treo*-cloranfenicol.

Estruturas de Fischer:

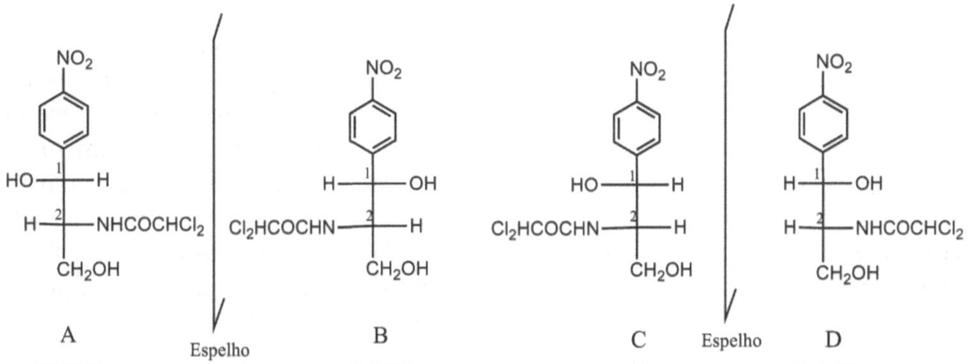

A (1*R*,2*R*) (-) *treo* — Espelho — B (1*S*,2*S*) (+) *treo*

C (1*R*,2*S*) (+) *eritro* — Espelho — D (1*S*,2*R*) (-) *eritro*

A ⟺ B, C ⟺ D; A ↔ C, B ↔ D, A ↔ D, B ↔ C

ou

(1*R*,2*R*) ⟺ (1*S*,2*S*), (1*R*,2*S*) ⟺ (1*S*,2*R*)

ou

(-) *treo* ⟺ (+) *treo*, (+) *eritro* ⟺ (-) *eritro*

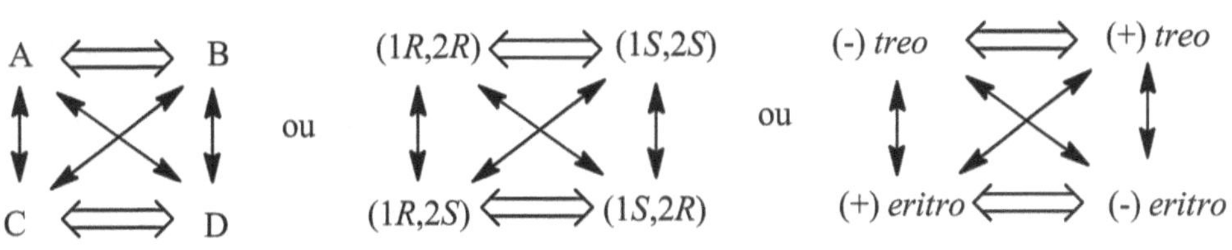

⟺ = Enantiômeros

↔ = Diastereoisômeros

Ácido tartárico

$$HO_2C-\overset{H}{\underset{OH}{C^*}}-\overset{H}{\underset{OH}{C^*}}-CO_2H$$

Número máximo teórico ($2^2 = 4$). Porém, só existem três configurações (A, B e C). Veja a seguir.

A (*R*, *R*) B (*S*, *S*) C (*R*, *S*) D (*S*,*R*)

As estruturas A e B são dois estereoisômeros enantiômeros oticamente ativos. O estereoisômero A (*R*,*R*) tem $[\alpha]_D$ = +12 e o B (*S*,*S*) tem $[\alpha]_D$ = -12. Já o diastereoisômero C não é oticamente ativo ($[\alpha]_D$ = 0) e, consequentemente, aquiral. Quando desenhamos a estrutura C e sua imagem especular D, observa-se que após um giro de 180° de D no plano da página, as duas estruturas são superponíveis. Existe um plano de simetria perpendicular entre a ligação C2-C3 que divide a molécula em duas metades, que são imagens especulares uma da outra. Portanto, as duas estruturas C e D representam duas orientações diferentes do mesmo composto. Esse tipo de molécula é chamado de forma meso ou composto meso (ácido meso-tartárico). A forma meso, embora contenha estereocentro, é oticamente inativa por natureza.

1,2,3-Triclorociclopropano

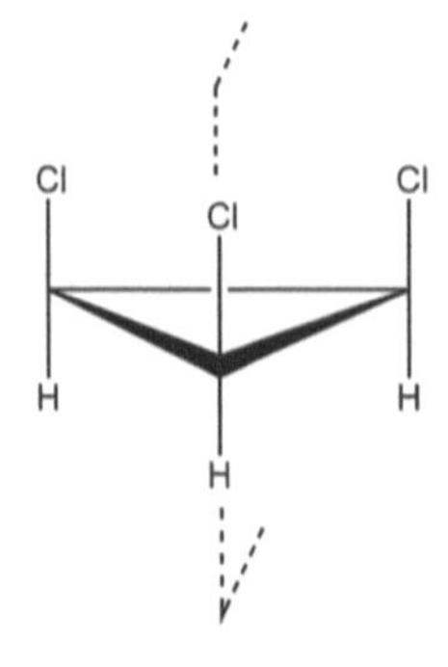

plano de simetria
cis-cis

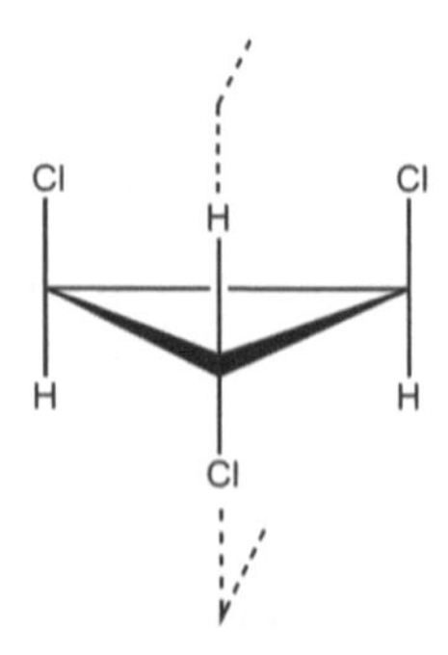

plano de simetria
tran-trans

A estrutura apresenta duas configurações diastereoisoméricas: *cis-cis* e *trans-trans*. Essas duas configurações são aquirais, porque apresentam plano de simetria, e são do tipo meso.

1,2-Diclorociclopropano

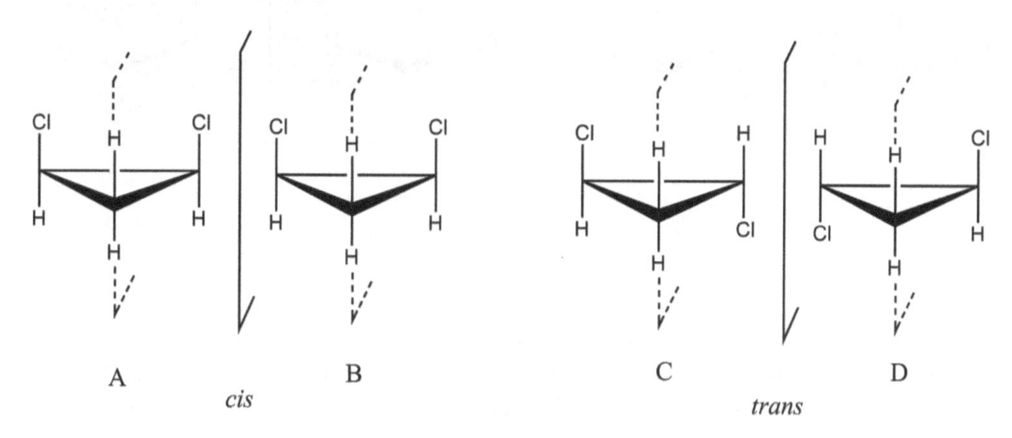

As estruturas A e B (*cis*) são idênticas (plano de simetria). O isômero *cis* A ou B é um composto meso e aquiral. C e D (*trans*) são enantiômeros. Os isômeros *cis* e *trans* são diastereoisômeros.

1-Bromo 2-Cloro ciclopropano

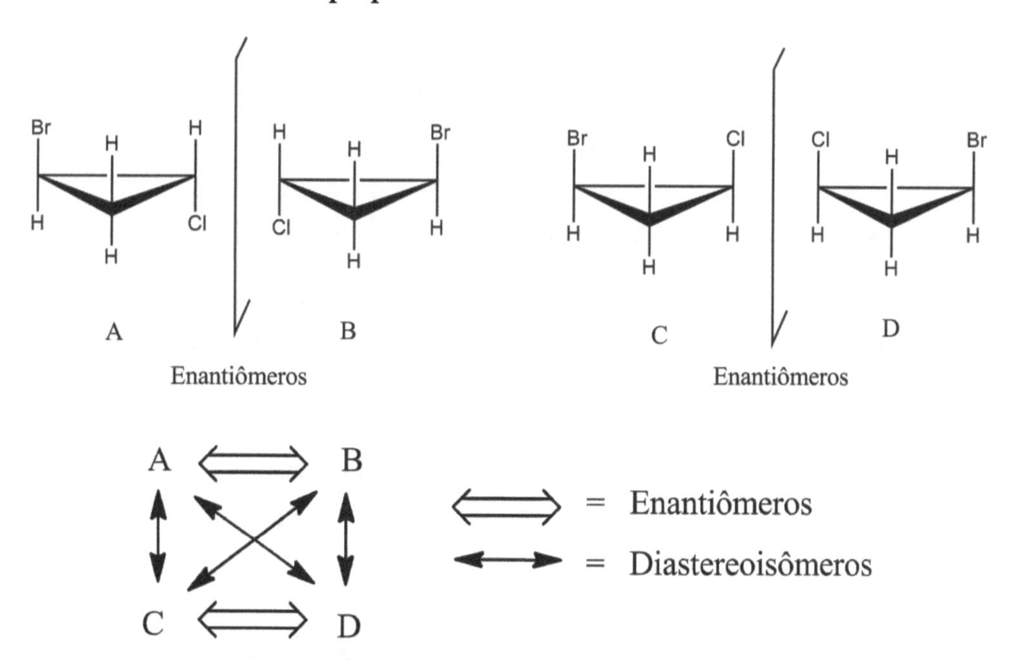

A molécula possui 2 estereocentros e $2^2 = 4$ configurações. (A, B, C e D). Essas estruturas não apresentam elementos de simetria, são quirais.

1,2-Diclorociclopentano

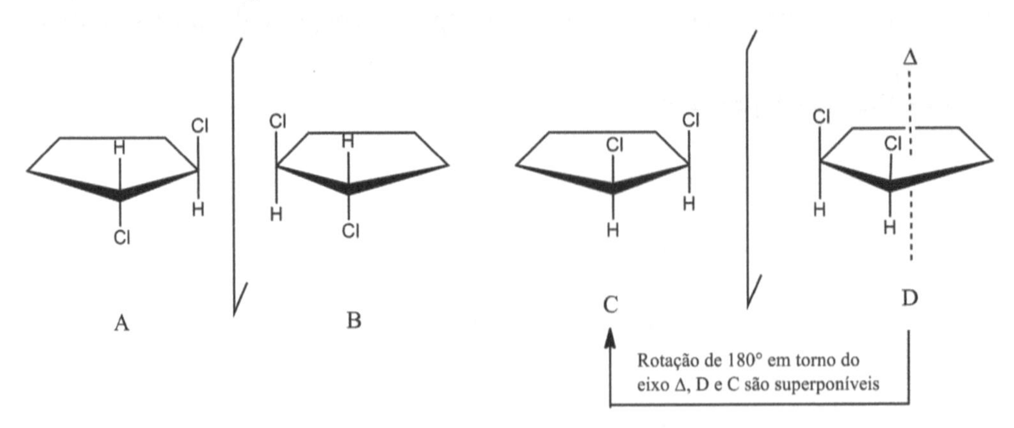

A estrutura do 1,2-Diclorociclopentano tem dois estereocentros ($2^2 = 4$ configurações), porém só existem três formas. A e B são enantiômeros e C ou D é um composto meso. Observa-se que, após um giro de 180° de D em torno do eixo Δ, as duas estruturas C e D são superponíveis.

3-Bromociclohexanol

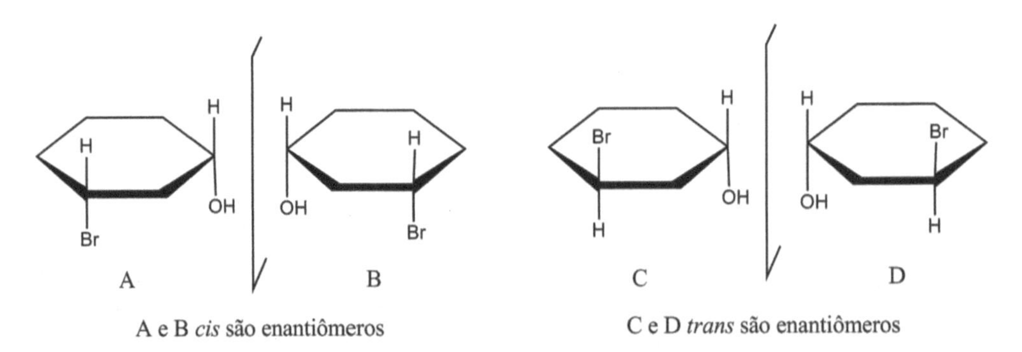

A estrutura do 3-Bromociclohexanol tem dois estereocentros ($2^2 = 4$ configurações), duas formas *cis* e duas formas *trans*. Entre uma forma *cis* e uma forma *trans* existe uma relação de diastereoisomeria, ou seja:

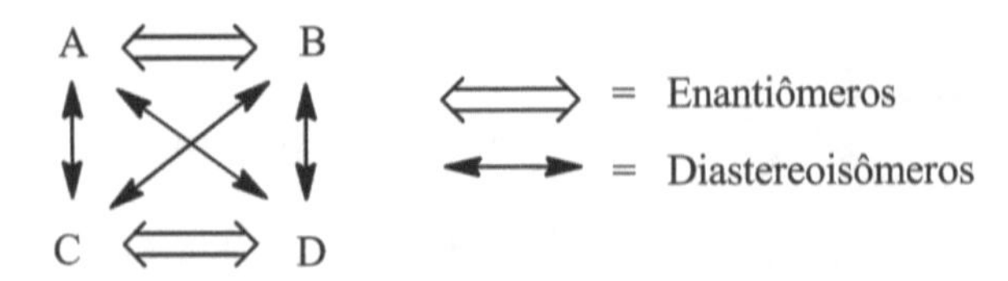

8.1 DIASTEREOISOMERIA *CIS E TRANS* DE ALQUENOS

A antiga nomenclatura *cis* e *trans* ainda é usada em alquenos. Outra aplicação dessa denominação encontra-se nos ácidos graxos e nas gorduras insaturadas. Nos ácidos graxos e gorduras insaturadas naturais, as ligações duplas têm o arranjo natural *cis*.

Os alquenos *cis* e *trans* apresentam as mesmas conectividades, mas não são imagens especulares um do outro. Logo, esses estereoisômeros são diastereoisômeros. Quanto à classificação, o isômero *cis* tem a cadeia carbônica mais longa do mesmo lado onde a ligação dupla é o eixo (mostrada pela linha tracejada). Já o isômero *trans* tem cadeias carbônicas em lados opostos.

cis *trans*

Exemplos

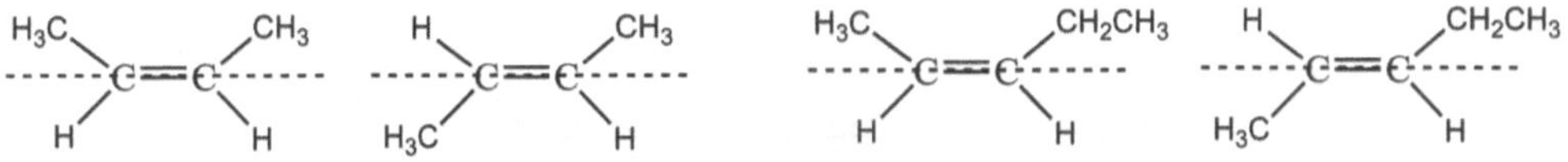

cis *trans* *cis* *trans*

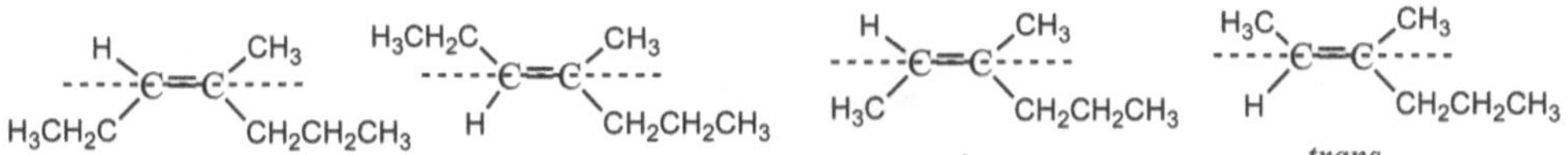

cis *trans* *cis* *trans*

É importante saber que um alqueno *cis* é polar, enquanto um alqueno *trans* não é. Em um alqueno *cis* as forças intermoleculares são maiores. Os alquenos *trans* são mais estáveis do que os *cis*. A tensão estérica entre os grupos em *cis* aumenta a energia de tensão de van der Waals.

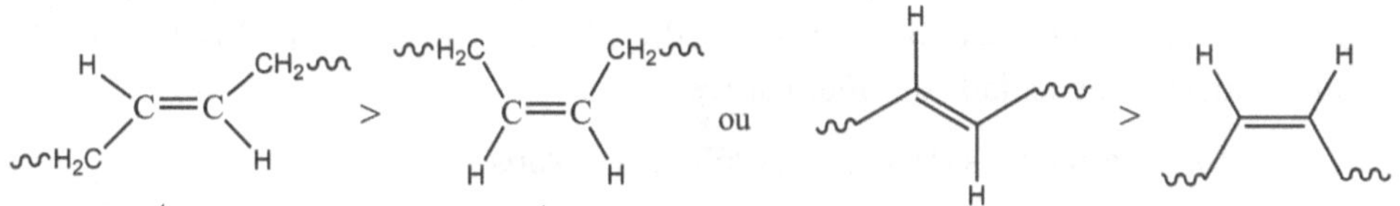

trans > *cis* ou *trans* > *cis*

Exemplo

2-Buteno

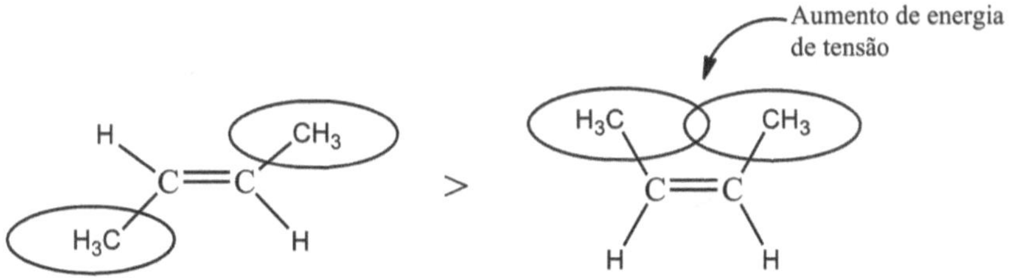

Aumento de energia de tensão

trans > *cis*

Um exemplo de estabilidade é observado nas gorduras insaturadas. As gorduras *trans* não naturais são obtidas a partir da hidrogenação parcial das gorduras *cis*, porque o catalisador isomeriza partes das ligações duplas *cis* em *trans* (mais estáveis). Na indústria alimentícia, a gordura *trans* é utilizada para melhorar a consistência dos alimentos e aumentar sua durabilidade. Recomenda-se, entretanto, que o consumo de gordura *trans* seja o menor possível, porque ela é muito nociva para o organismo.

Exemplos de ácidos graxos *cis*

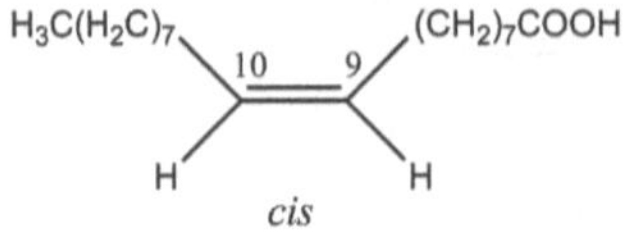

Ácido oleico 18:1(9)
(ômega 9 ou ϖ–9)

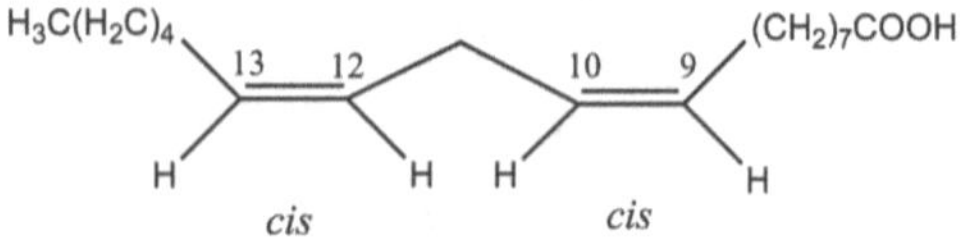

Ácido linoleico 18:2(9,12)
(ômega 6 ou ϖ–6)

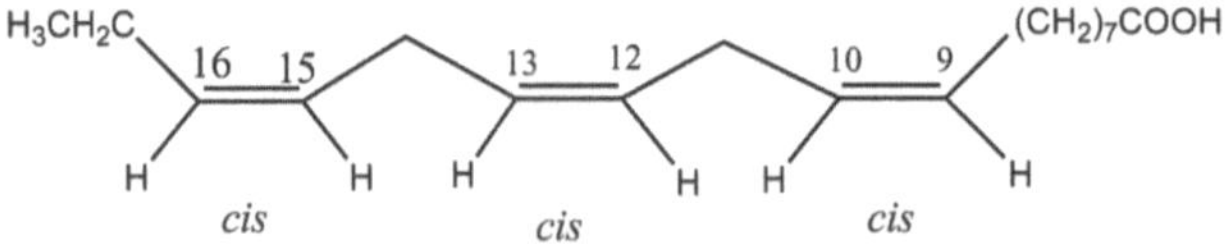

Ácido linolênico 18:3(9,12,15)
(ômega 3 ou ϖ–3)

Nota: As ligações duplas em um ácido graxo também podem ser contadas a partir do carbono do grupo metila terminal, que é chamado de carbono ômega (ϖ). Observe que, no ácido oleico, do grupo metil para o carbono 10 a diferença é de 9 carbonos. Por isso, o ácido oleico pode também ser chamado de ômega 9. No ácido linoleico, do grupo metil para o carbono 13 a diferença é de 6 carbonos. Logo, ele é conhecido como ômega 6. No ácido linolênico, a diferença é de 3 carbonos, portanto ele é conhecido como ômega 3. Os ácidos graxos ϖ-3 e ϖ–6 são importantes na dieta humana e são chamados de essenciais, devido à nossa incapacidade de sintetizá-los.

Exemplos de gorduras (triacilgliceróis) *cis* e *trans*

Gordura *cis*

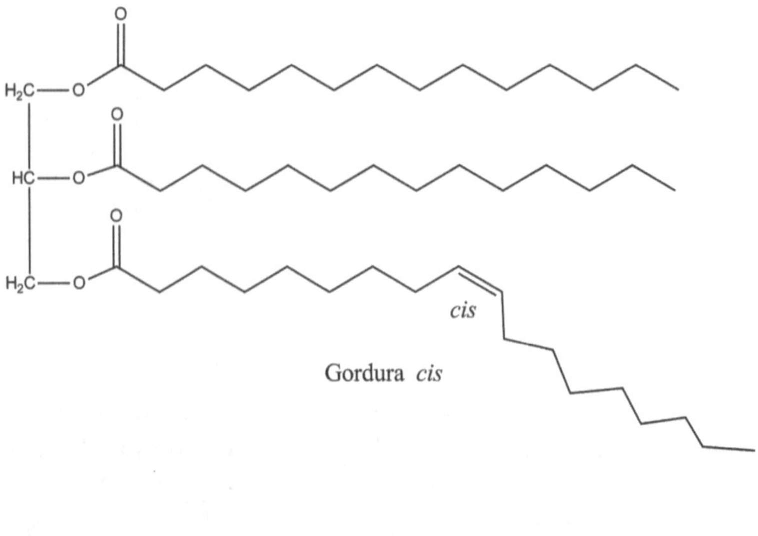

Gordura *cis*

Gordura *trans*

trans

Gordura *trans*

A nomenclatura *cis* e *trans* não se aplica em caso de estruturas que apresentam grupos substituintes diferentes em torno da ligação dupla.

Exemplo

Devido a essa indefinição entre as duas possibilidades, foram criadas as nomenclaturas *Z* (do alemão *Zusammen*, que significa "juntos" ou "do mesmo lado") e *E* (do alemão *Entgegen*, que significa "de lados opostos"). Essa denominação funciona atribuindo prioridades (aplicação das regras de sequências CIP) aos substituintes em cada átomo da ligação dupla e é aplicada para todos os tipos de alquenos. Logo, essa regra deve ser preferida em relação à regra *cis*/*trans*.

8.2 DIASTEREOISOMERIA *Z* E *E*

Essa configuração *Z* e *E* também é classificada de acordo com as regras de sequências CIP. A configuração na qual os dois substituintes prioritários estão do mesmo lado é nomeada *Z*, e a outra é nomeada *E*.

O átomo que tem o número atômico maior será o nº 1 e o outro será o nº 2. A dupla ligação é o eixo da molécula. Então, se os átomos de nº 1 estão do mesmo lado do eixo, o composto será nomeado *Z*; se estão em lados opostos, será nomeado *E*.

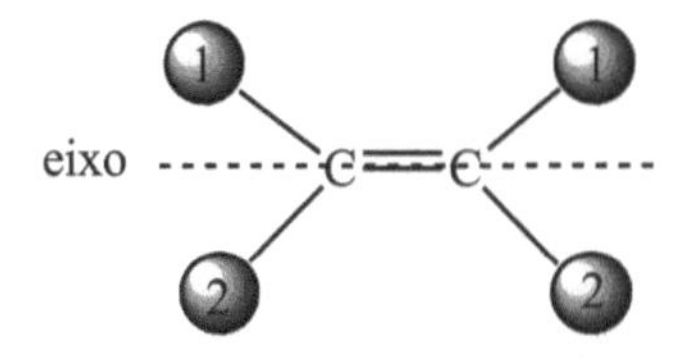

É ***Z*** porque 1,1 estão do mesmo lado do eixo

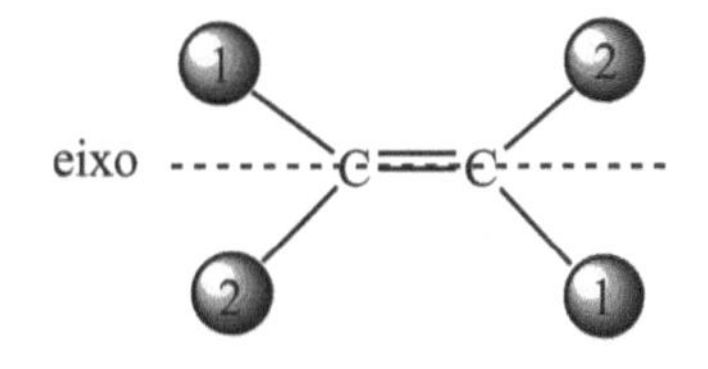

É ***E*** porque 1,1 estão em lados opostos do eixo

Exemplos

No exemplo a seguir, o número atômico do carbono é 6 e o do hidrogênio é 1, então C é prioritário em relação ao H. Assim, o C recebe o n° 1 e o H o n° 2 (C > H). Da mesma forma, o Cl recebe o n° 1 e o O o n° 2 (Cl > O). Então, 1,1 e 2,2 estão do mesmo lado e a configuração do composto é *Z*. No outro exemplo, 1,1 e 2,2 estão em lados opostos e a configuração do composto é *E*.

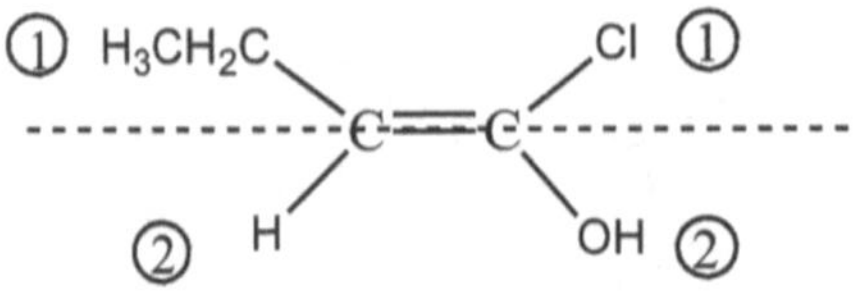

① H_3CH_2C Cl ①
② H OH ②
(*Z*)

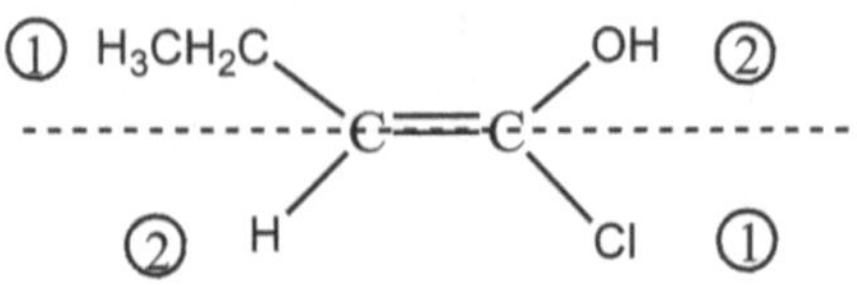

① H_3CH_2C OH ②
② H Cl ①
(*E*)

No exemplo a seguir, do 2-Buteno, o C é prioritário em relação ao H, então o C recebe o n° 1 e o H o n° 2. Então, 1,1 e 2,2 estão do mesmo lado e a configuração do composto é *Z*. No outro exemplo do 2-Buteno, 1,1 e 2,2 estão em lados opostos e a configuração do composto é *E*.

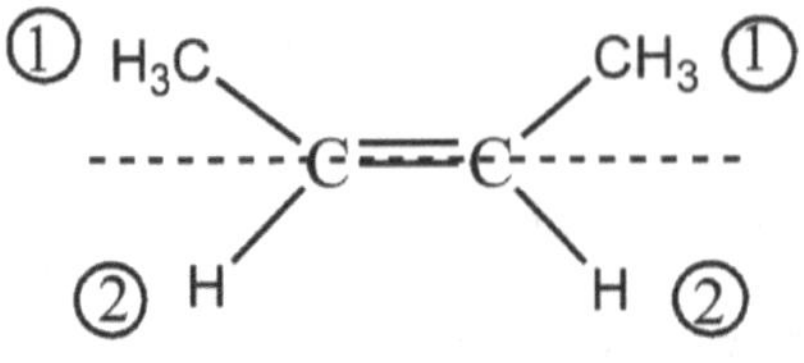

① H_3C CH_3 ①
② H H ②
(*Z*)

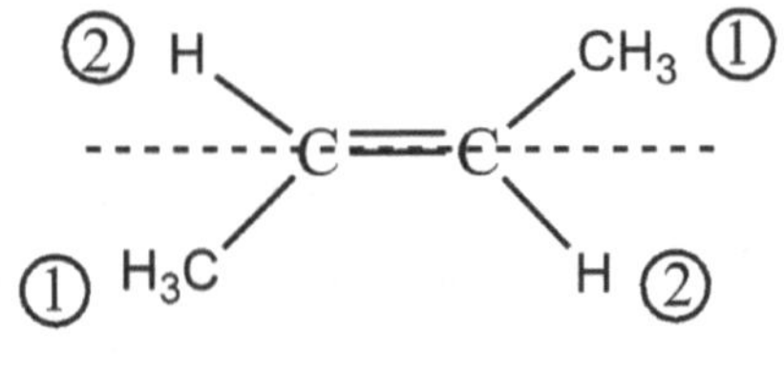

② H CH_3 ①
① H_3C H ②
(*E*)

No primeiro exemplo a seguir, o fenil é prioritário em relação ao etil, então o fenil recebe o n° 1 e o etil recebe o n° 2. No segundo carbono da dupla, o grupo isopropil é prioritário em relação ao metil, logo, o grupo isopropil recebe o n° 1 e o metil recebe o n° 2. Então, 1,1 e 2,2 estão em lados opostos. Logo, a configuração do composto é *E*. Na segunda molécula, 1,1 e 2,2 estão do mesmo lado. Logo, a configuração do composto é *Z*.

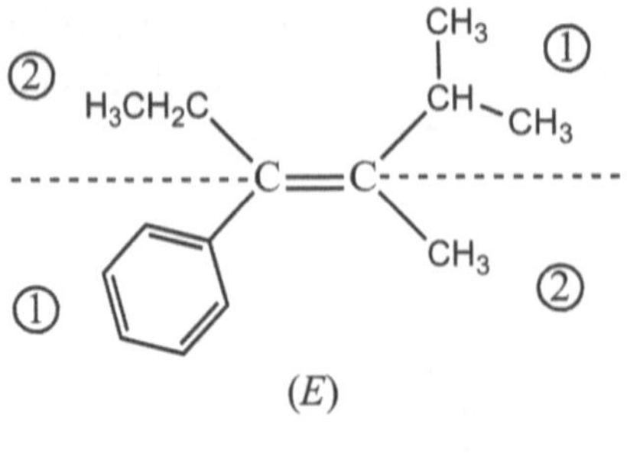

② H_3CH_2C CH_3–CH–CH_3 ①
① (fenil) CH_3 ②
(*E*)

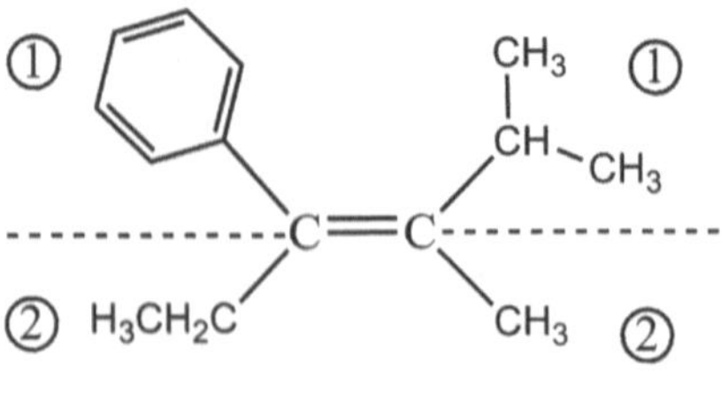

① (fenil) CH_3–CH–CH_3 ①
② H_3CH_2C CH_3 ②
(*Z*)

No exemplo a seguir, o F é prioritário em relação ao H e o Cl é prioritário em relação ao H. Assim, 1,1 e 2,2 estão do mesmo lado e a configuração do composto é *Z*. No outro exemplo, 1,1 e 2,2 estão em lados opostos e a configuração do composto é *E*.

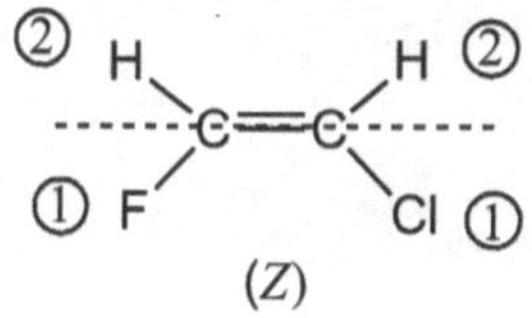

(*Z*) 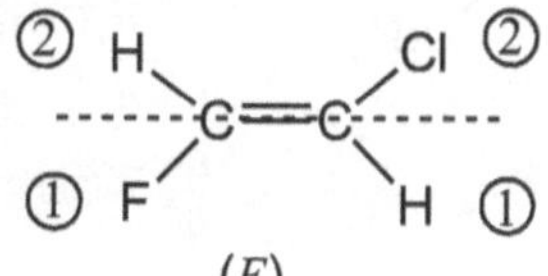 (*E*)

Os alquenos que contêm dois substituintes idênticos no mesmo carbono sp^2 não são, portanto, nem *Z* nem *E*.

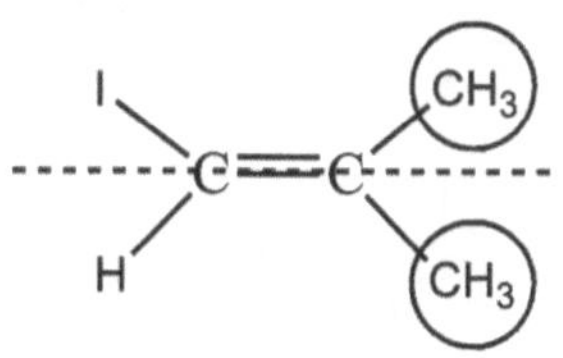

Nem *Z* nem *E* 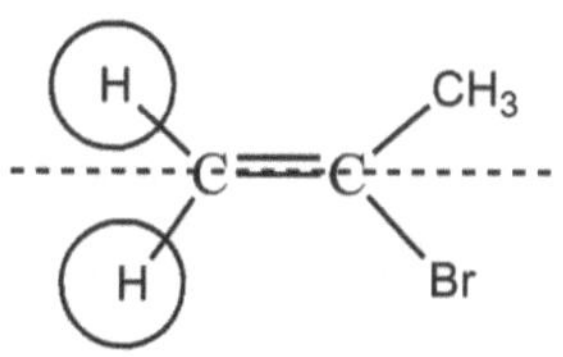 Nem *Z* nem *E*

Na regra de sequência CIP, o par de elétrons não ligado é o de menor prioridade depois do hidrogênio H > : (par de elétrons não ligado). No exemplo a seguir, o oxigênio é prioritário em relação ao par de elétrons não ligado do nitrogênio. O grupo etil é prioritário em relação ao grupo metil. Então, 1,1 e 2,2 estão do mesmo lado e a configuração do composto é *Z*.

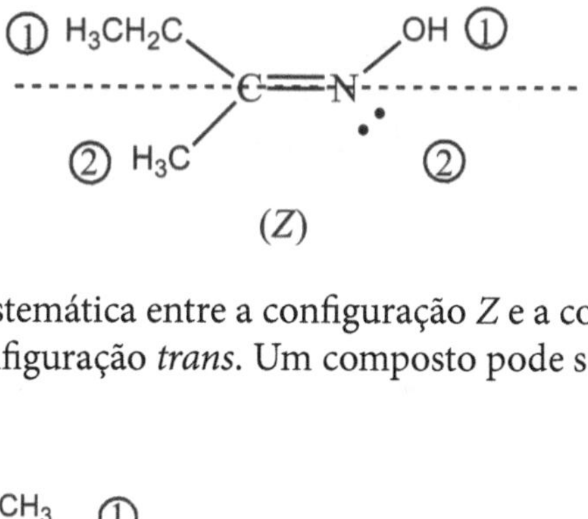

(*Z*)

Não existe relação sistemática entre a configuração *Z* e a configuração *cis*, ou entre a configuração *E* e a configuração *trans*. Um composto pode ser *Z*, porém *trans*, ou *E*, porém *cis*.

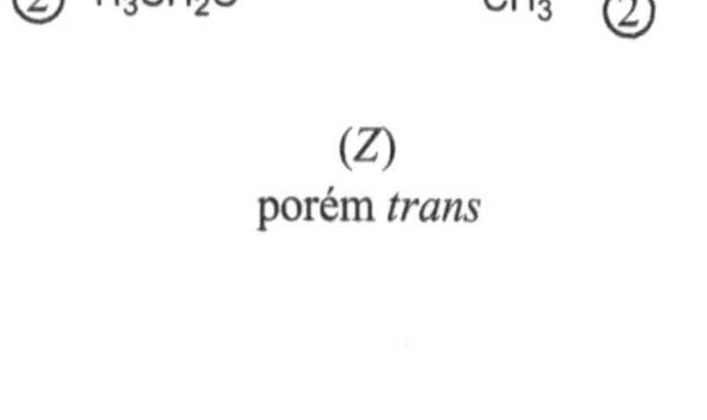

(*Z*)
porém *trans*

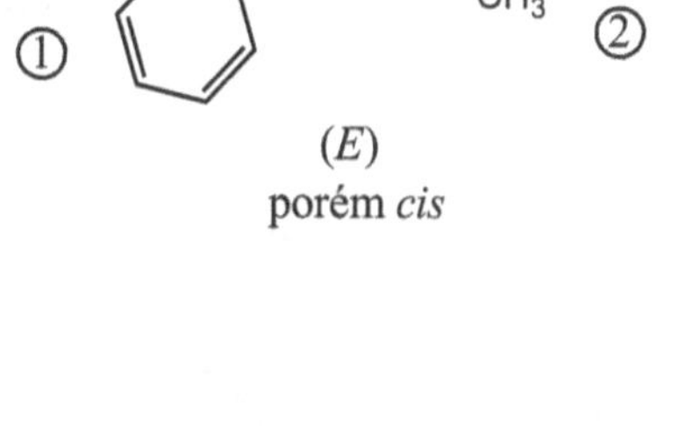

(*E*)
porém *cis*

Exemplos

(*E*) (*Z*) (*Z*)

(*Z*) (2*E*,4*Z*) (2*E*,4*E*)

(*Z*) (*E*)

(2*E*,4*E*,6*E*,8*E*)

Vitamina A

8.3 DIASTEREOISOMERIA *CIS* E *TRANS* DE COMPOSTOS CÍCLICOS

Essa nomenclatura é muito usada em sistemas cíclicos. Os diastereoisômeros *cis* e *trans* são diferenciados pela posição relativa dos átomos ou grupos de átomos prioritários ligados ao ciclo. Então, o isômero *cis* indica que os dois átomos ou grupos de átomos prioritários estão do mesmo lado do ciclo ou de um plano de referência comum aos isômeros, e *trans* quando eles estão de lados opostos.

Exemplos

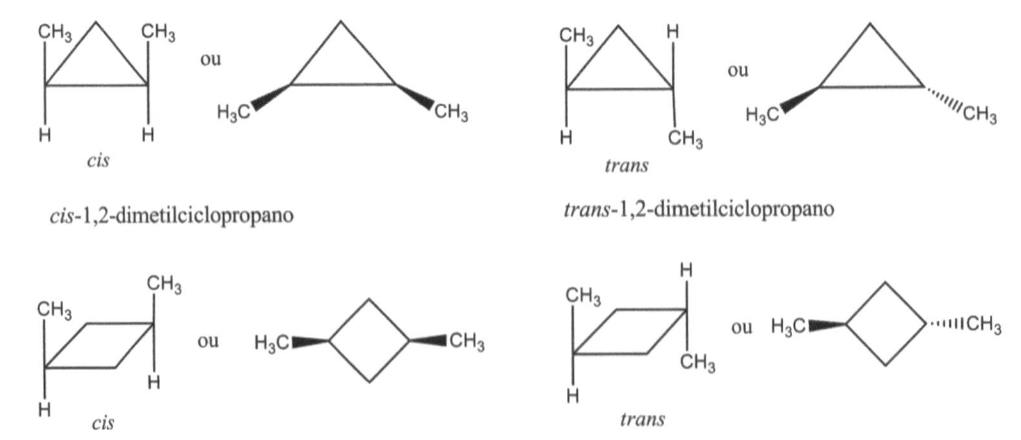

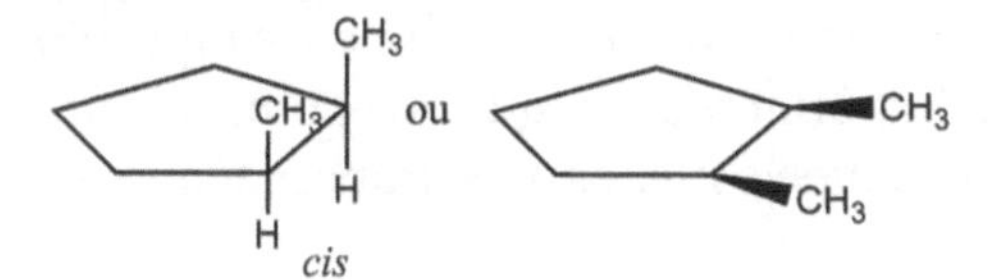

cis-1,2-dimetilciclopentano

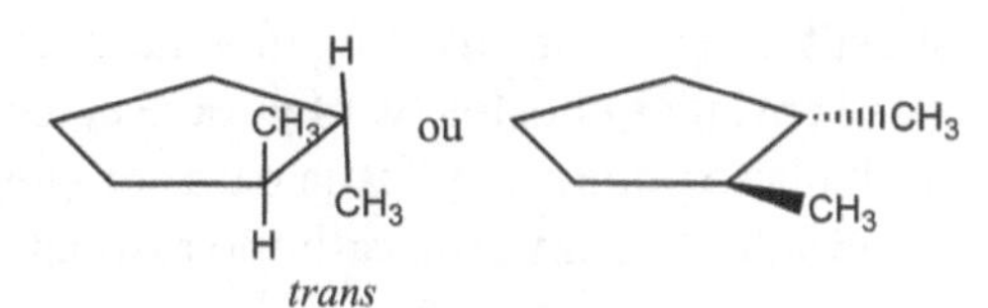

trans-1,2-dimetilciclopentano

cis

cis-3-metilciclopentanol

trans

trans-3-metilciclopentanol

cis

cis-3-metilciclopentilamina

trans

trans-3-metilciclopentilamina

cis

cis-1,4-dimetilcicloexano

trans

trans-1,4-dimetilcicloexano

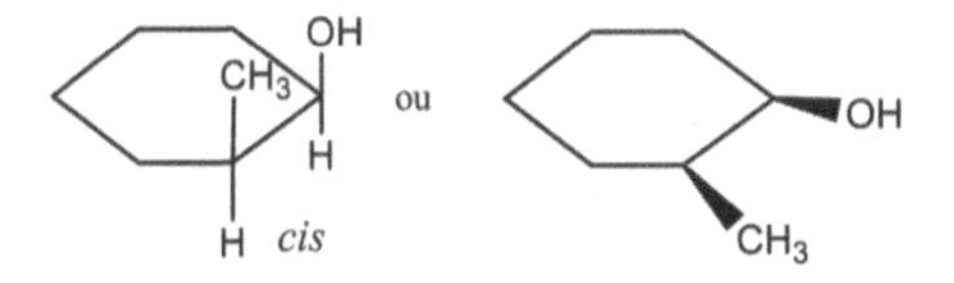

cis-2-metilcicloexanol

trans

trans-2-metilcicloexanol

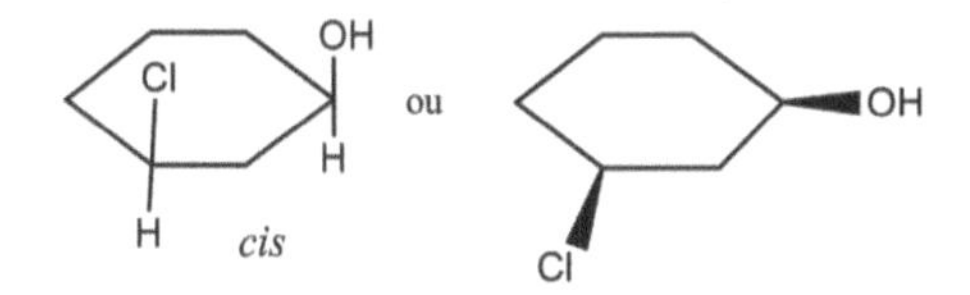

cis-3-clorocicloexanol

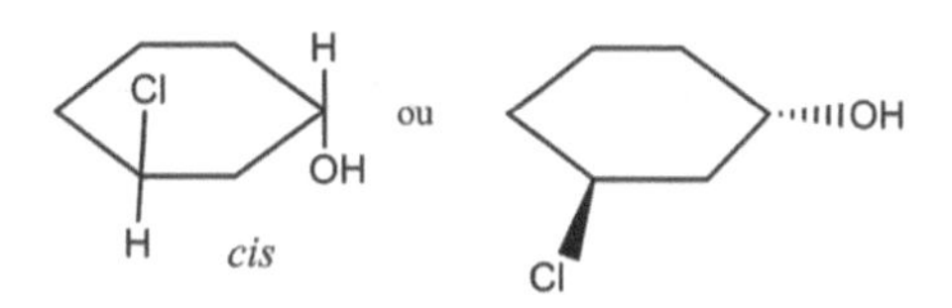

trans-3-clorocicloexanol

8.4 DIASTEREOISOMERIA *ERITRO* E *TREO*

Essa denominação define os isômeros em sistemas lineares contendo dois centros estereogênicos, vizinhos ou não, e deriva das tetroses (eritroses e treoses). Nas eritroses, os dois grupos hidroxilas estão do mesmo lado em relação ao eixo vertical e nas treoses, em lados opostos. Assim, a denominação de um composto é *eritro* quando os dois substituintes prioritários ligados na horizontal estão do mesmo lado e *treo* quando estão em lados opostos (ver figura a seguir). É importante saber que essa nomenclatura limitada só pode ser aplicada para compostos com pelo menos dois grupos idênticos e localizados um em cada carbono assimétrico.

Representação em Cram das eritroses e treoses

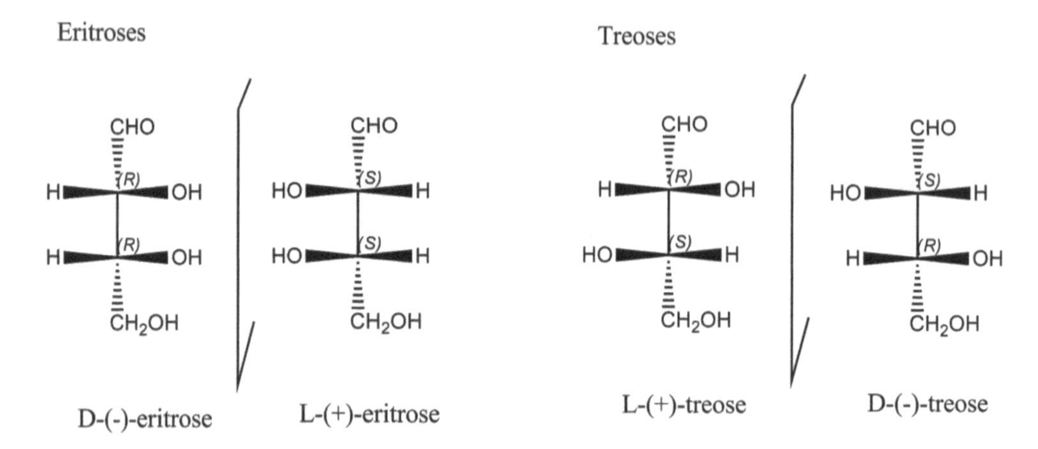

Representação em Fischer das eritroses e treoses

D-(-)-eritrose L-(+)-eritrose L-(+)-treose D-(-)-treose

Representação em Newman das eritroses e treoses na conformação anti

D-(-)-eritrose L-(+)-eritrose L-(+)-treose D-(-)-treose

Representação em Fischer das estruturas *eritro* e *treo*

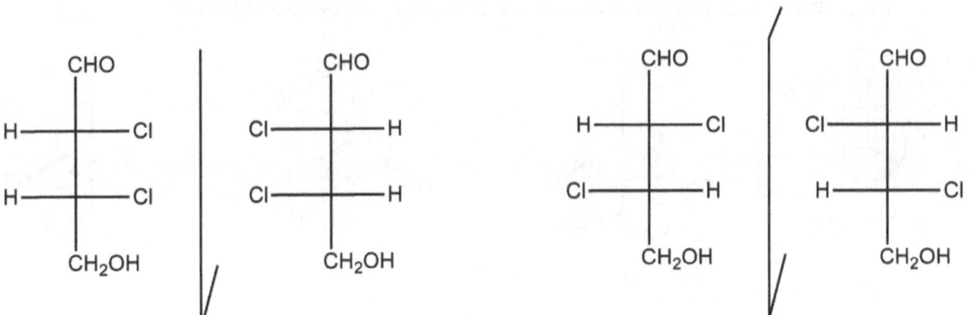

CHO | CHO | CHO | CHO
H—Cl | Cl—H | H—Cl | Cl—H
H—Cl | Cl—H | Cl—H | H—Cl
CH_2OH | CH_2OH | CH_2OH | CH_2OH

eritro *eritro* *treo* *treo*

Representação em Newman das estruturas *eritro* e *treo* na conformação anti:

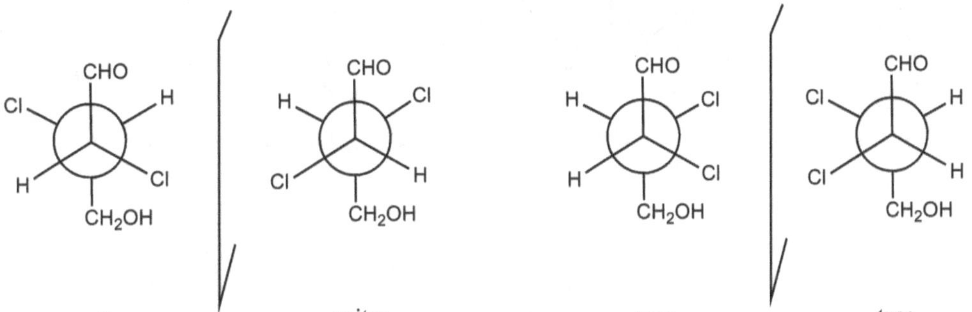

CHO Cl H H Cl CH_2OH | CHO H Cl Cl H CH_2OH | CHO H Cl H Cl CH_2OH | CHO Cl H Cl H CH_2OH

eritro *eritro* *treo* *treo*

Para saber se um composto na projeção de Newman é *eritro* ou *treo*, inicialmente classificamos os dois carbonos segundo os critérios baseado nas regras de sequências CIP. O isômero será *eritro* se os sentidos das rotações a → b → c e a' → b' → c' forem os mesmos e *treo* se os sentidos forem inversos.

Exemplo

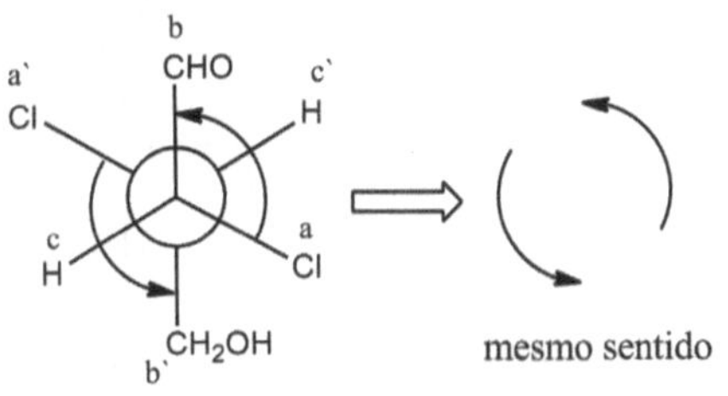

b CHO, a' Cl, c' H, a Cl, c H, CH_2OH b' ⇨ mesmo sentido

eritro

b CHO, c' H, a' Cl, a Cl, c H, CH_2OH b' ⇨ sentido inverso

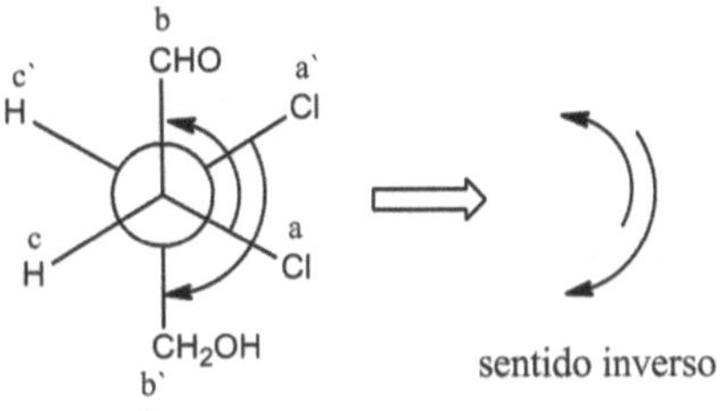

treo

Exercício resolvido

1) Determinar a denominação *eritro* e *treo* dos compostos a seguir:

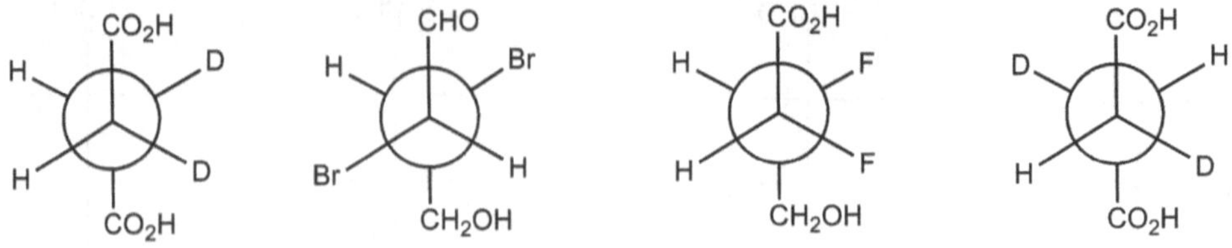

(a) (b) (c) (d)

Resposta

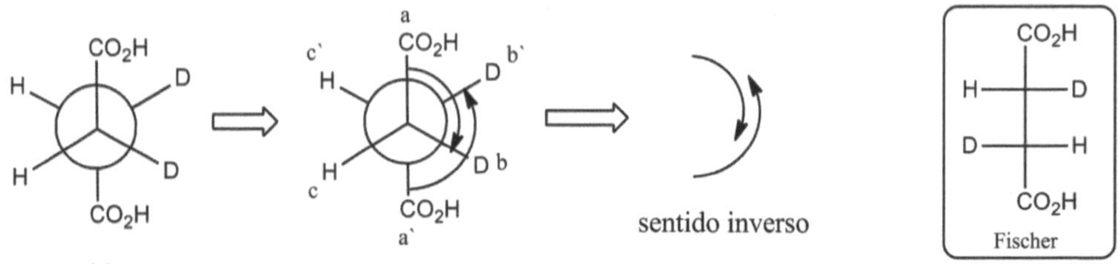

(a) *treo* sentido inverso Fischer

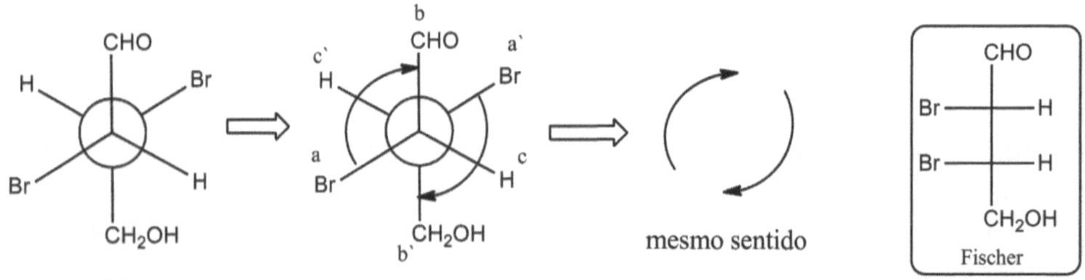

(b) *eritro* mesmo sentido Fischer

(c) *treo* sentido inverso Fischer

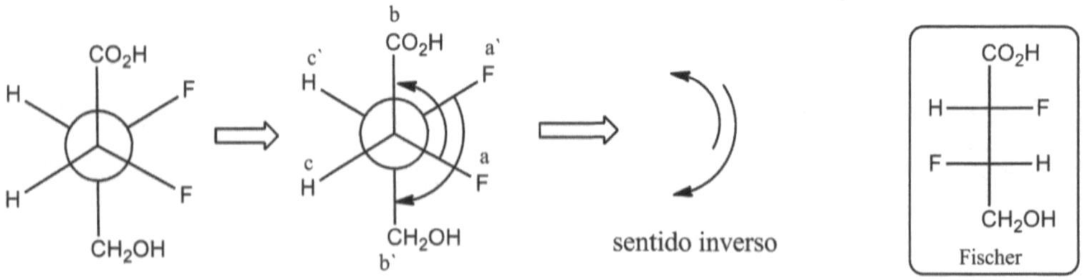

CO_2H D H H D CO_2H (d) ⟹ a CO_2H b` D H c` c H D b CO_2H a` *eritro* ⟹ mesmo sentido

CO_2H H—D H—D CO_2H Fischer

8.5 DIASTEREOISOMERIA DE SISTEMAS BICÍCLICOS COM PONTES (DESCRITORES *ENDO, EXO, SIN* E *ANTI*)

Antes de entrarmos no assunto, é importante você saber sobre o significado do sistema bicíclico $[x_1.x_2.x_3]$:

Significado do sistema $[x_1.x_2.x_3]$:

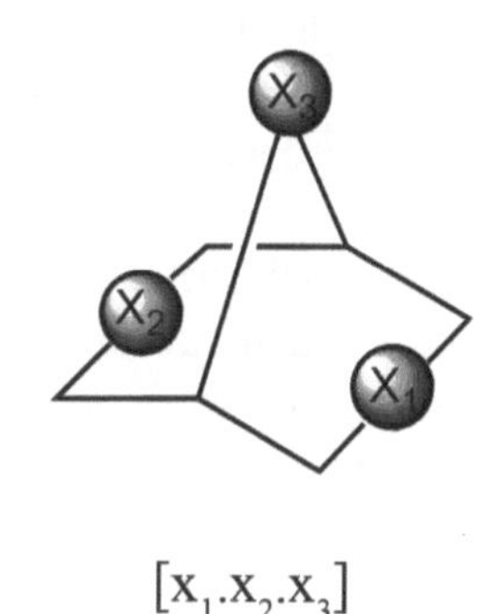

$[x_1.x_2.x_3]$

Exemplos

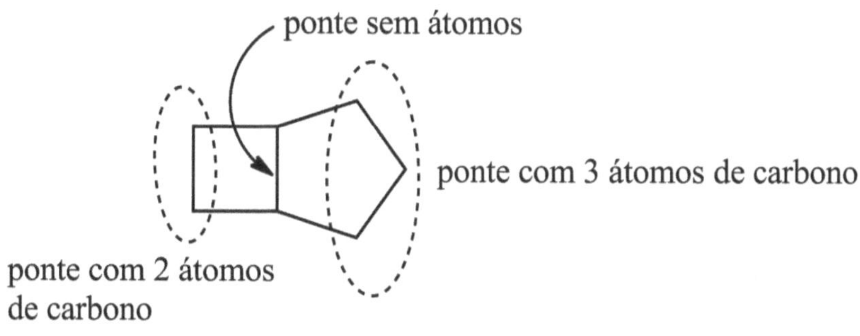

Este sistema bicíclico é do tipo [3.2.0]

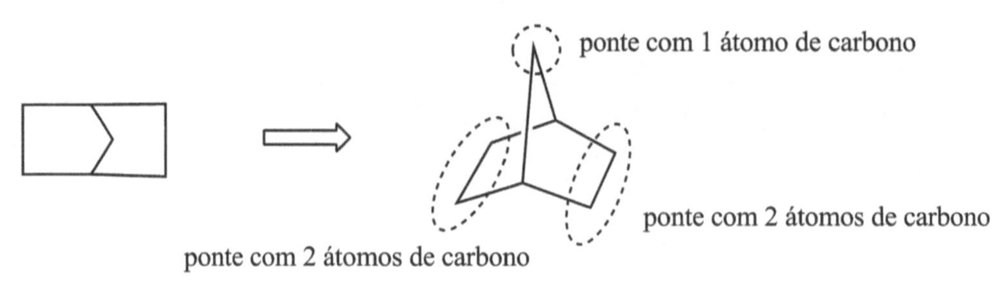

Este sistema bicíclico é do tipo [2.2.1]

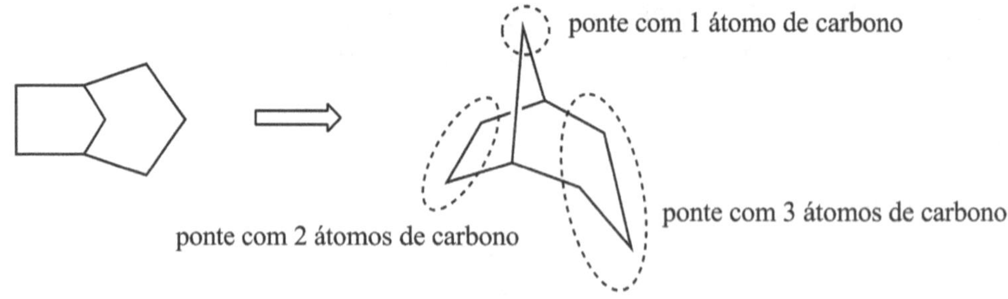

Este sistema bicíclico é do tipo [3.2.1]

Endo e ***exo*** descrevem a configuração de um centro estereogênico presente em uma grande ponte em relação àquela da pequena ponte. Se um sistema bicíclico é do tipo [3.2.1], por exemplo, a grande ponte é o lado que tem três átomos de carbono e a pequena ponte é a que tem um átomo de carbono.

Sin e ***anti*** descrevem a configuração de um centro estereogênico presente em uma pequena ponte x_3 em relação àquela da grande ponte prioritária.

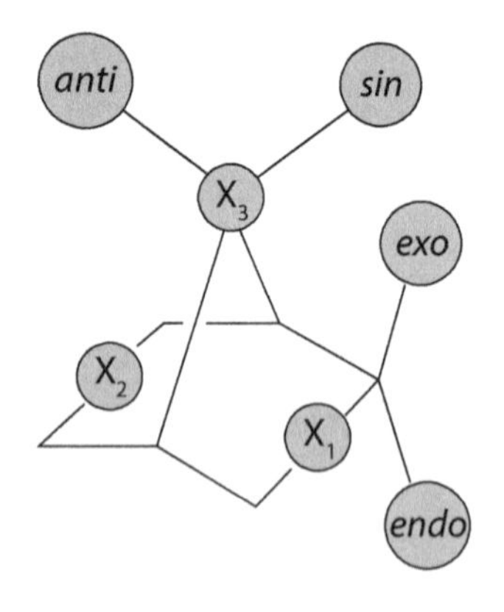

[x1≥x2>x3>0]

Ordem das pontes: $\mathbf{x_1 \geq x_2 > x_3 > 0}$. Seguindo essa ordem, os sistemas bicíclicos $[x_1.x_2.x_3]$ que podem ser usados para as descrições são do tipo [2.2.1], [3.2.1], [3.3.1], [3.3.2], [4.2.1] etc.

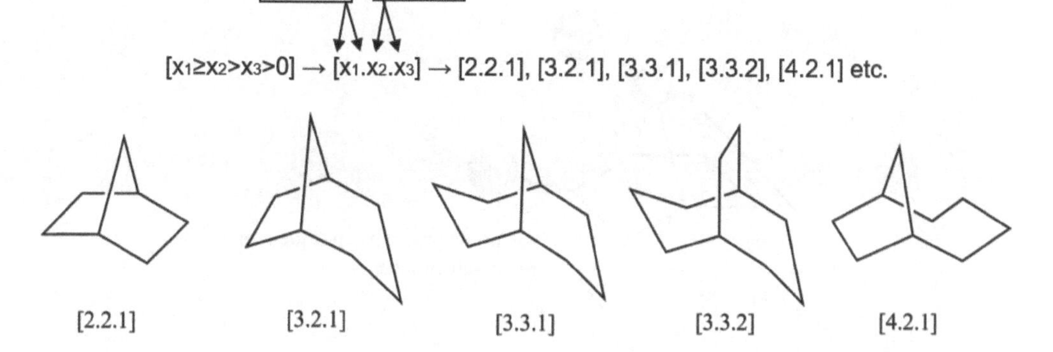

Os sistemas que não podem ser usados são [1.1.1], [3.1.1], [4.1.1], [2.2.2], [3.3.3] etc.

Isso acontece porque, nesses sistemas, o valor de x_2 deveria ser maior que o valor de x_3 dentro dos colchetes [x1≥x2>x3], mas eles são iguais.

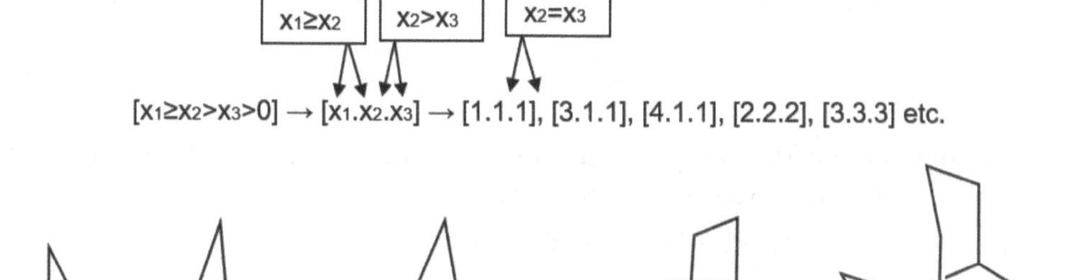

Sin: designa o isômero cujo substituinte prioritário da ponte $\mathbf{x_3}$ está do lado da maior ponte $\mathbf{x_1}$ ou, se $\mathbf{x_1} = \mathbf{x_2}$, do lado da ponte substituída.

Anti: designa o lado oposto.

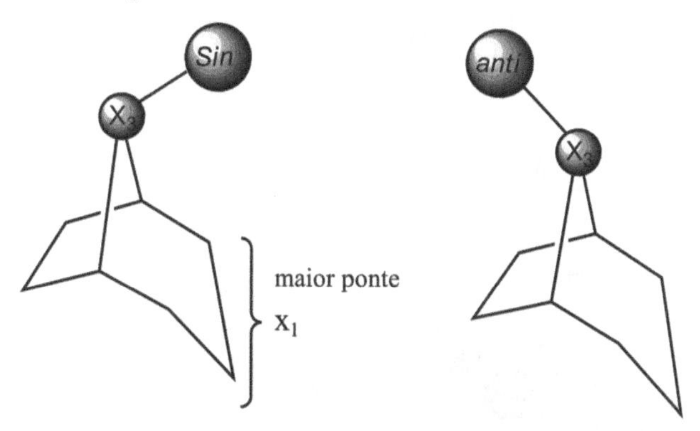

Quando $x_1 = x_2$:

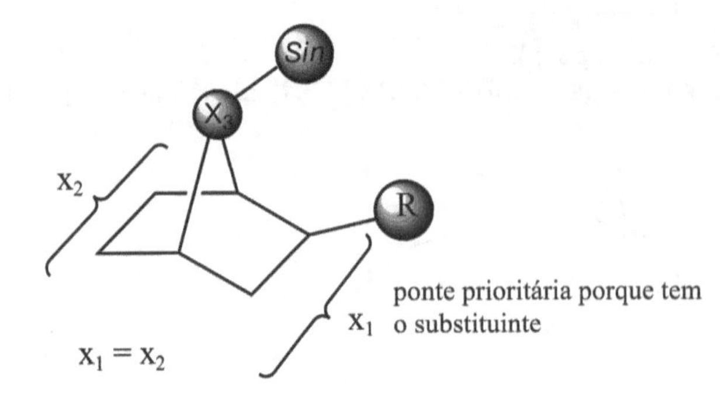

Exemplos

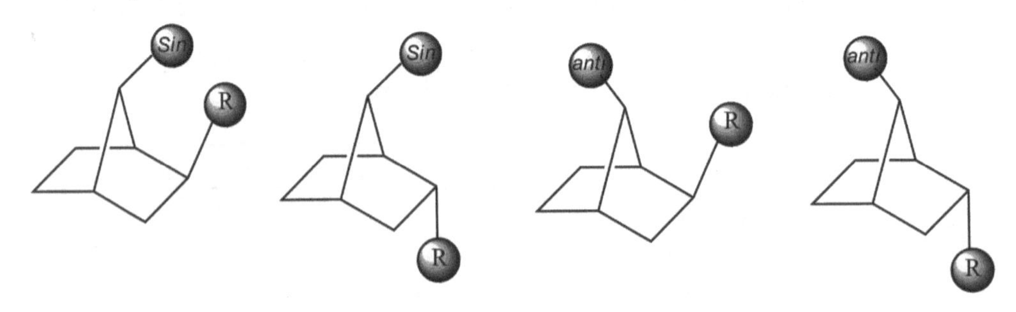

Exo: designa o isômero cujo substituinte prioritário sobre a ponte $\mathbf{x_1}$ (ou sobre a ponte $\mathbf{x_2}$) está do mesmo lado que a ponte $\mathbf{x_3}$.

Endo: o substituinte prioritário está do lado oposto à ponte $\mathbf{x_3}$.

Exemplos

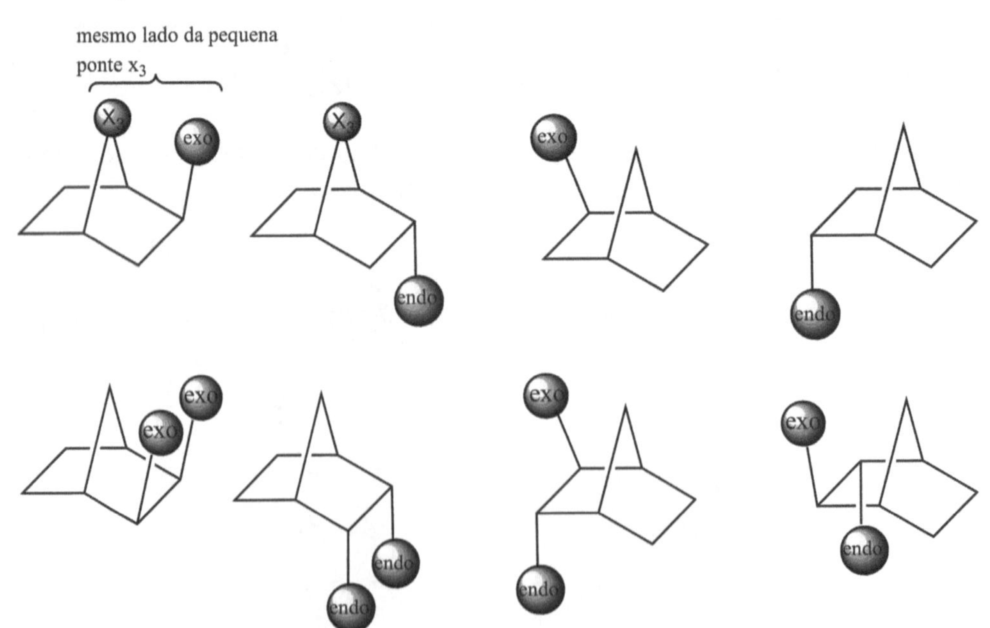

diendo diexo exo-endo endo-exo

exo endo diexo endo-exo

sin-exo sin-endo anti-exo anti-endo

endo exo endo exo

Existem alcalóides naturais que contém o sistema [3.2.1] como unidade estrutural: cocaína levógira de configuração 2*R*, 3*S*, exo-exo, o alcalóide atropina de configuração endo que é constituída oficialmente da mistura racêmica e da hiosciamina de configuração endo. Esta última corresponde ao enantiômero (-), *S* da atropina.

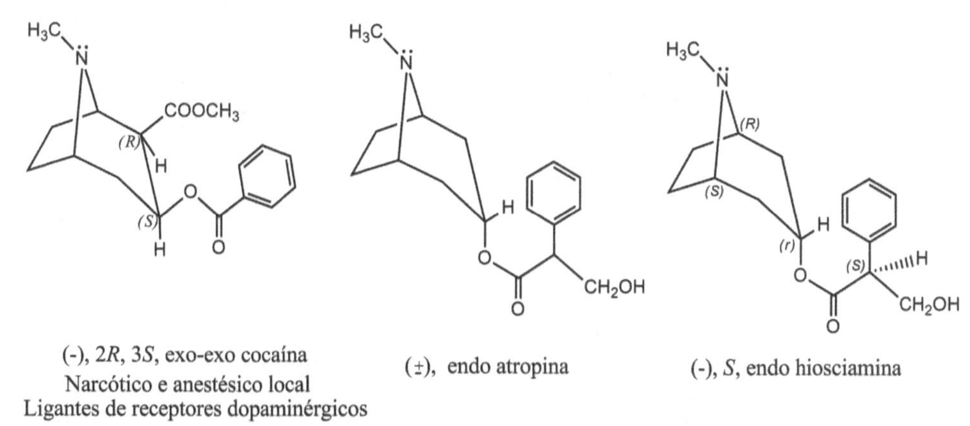

(-), 2*R*, 3*S*, exo-exo cocaína
Narcótico e anestésico local
Ligantes de receptores dopaminérgicos

(±), endo atropina

(-), *S*, endo hiosciamina

Um exemplo de um produto natural que contem o sistema [2.2.1] é a epibatidina isolada da *Epipedobates tricolour*.

Exo epibatidina
Agonista dos receptores nicotínicos
Atividade analgésica

8.6 DIASTEREOISOMERIA DE DOIS OU MAIS CICLOS COLADOS

SISTEMA DE DOIS ANÉIS

Teoricamente, a junção de dois ciclos pode ocorrer pela junção *cis* ou pela junção *trans*, o que leva a formação de dois diastereoisômeros.

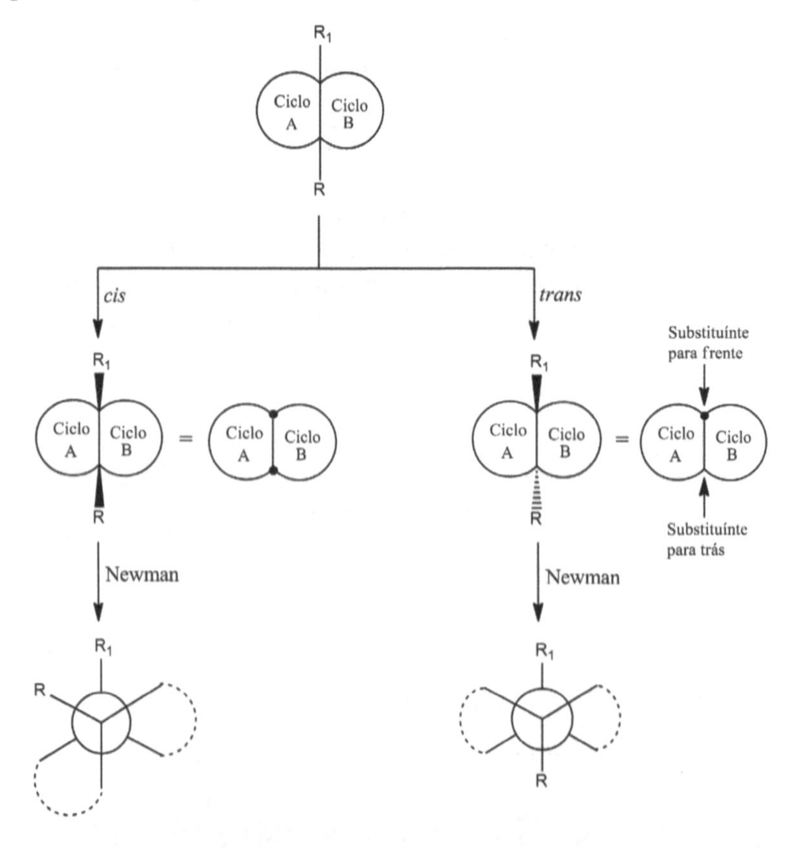

Exemplo

Decalina (dois Ciclo-Hexanos colados)

A decalina apresenta dois diastereoisômeros *cis* e *trans*. Estudos mostram que a conformação privilegiada da *cis*-decalina é constituída de duas formas de cadeiras, sendo que uma é imagem especular da outra. Em razão da fácil e rápida interconversão dos ciclos à temperatura ambiente, a *cis*-decalina não é desdobrável em enantiômeros. Se a estrutura fosse rígida, ela seria quiral. Já a *trans*-decalina é rígida, porém apresenta um centro de simetria. A *trans*-decalina é mais estável do que a *cis*-decalina.

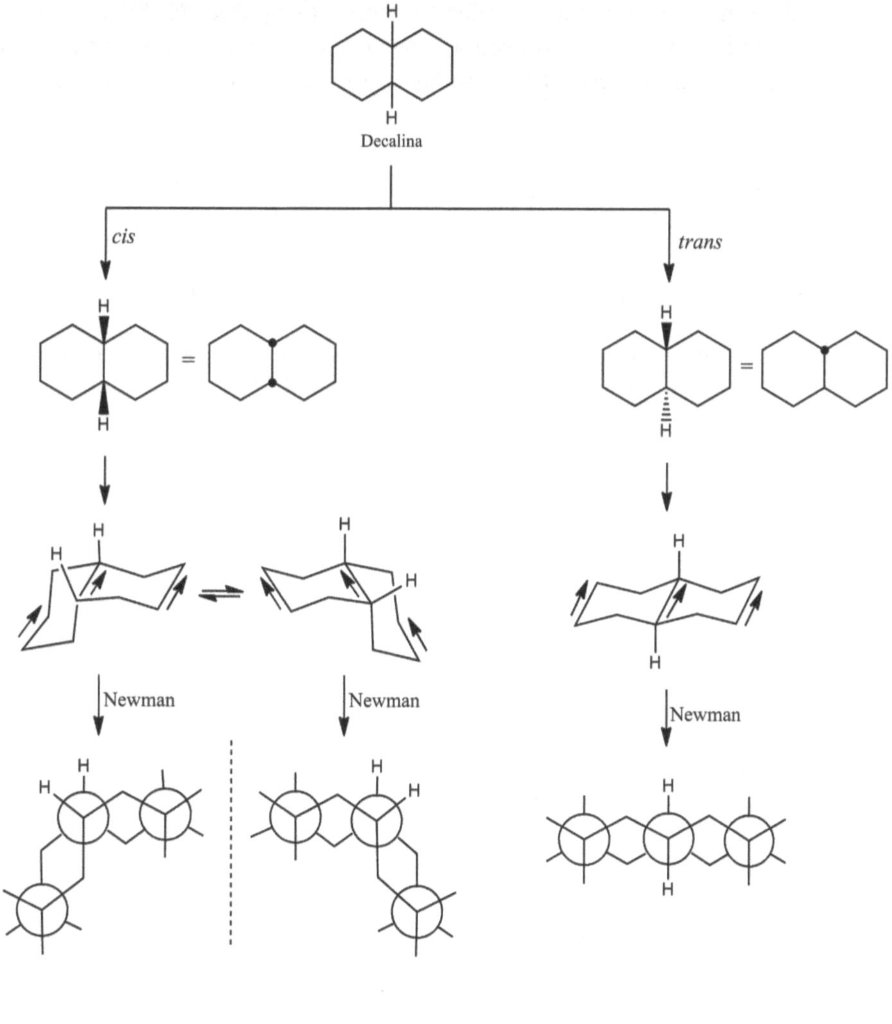

Decalina

SISTEMA DE QUATRO ANÉIS: PERIDROCICLOPENTANOFENANTRENO (CASO PARTICULAR DOS ESTEROIDES)

No caso dos esteroides que têm como esqueleto carbônico o sistema peridrociclopentanofenantreno, os ciclos BC e CD têm junções *trans*. Já as junções dos ciclos A e

B podem ser *cis* ou *trans*. A junção *trans* dos ciclos leva a uma estrutura com menos tensão. Os átomos ou grupos que estão acima do plano médio da estrutura molecular são denominados β, e os que estão abaixo, α.

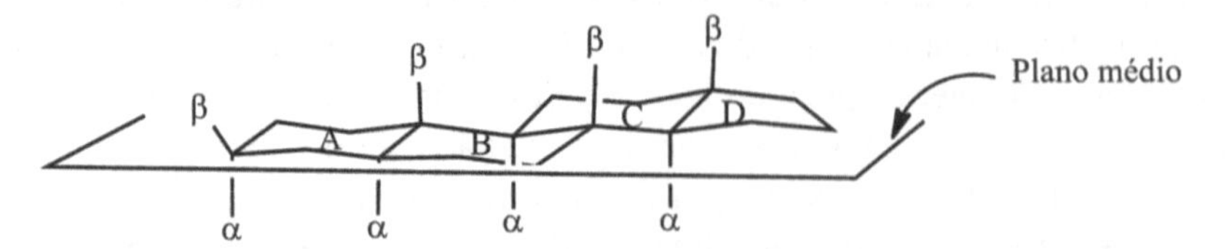

Existem duas grandes séries conhecidas de esteroides, 5β e 5α. Na 5β, o substituinte 5 está acima do plano médio da molécula, e na 5α ele está abaixo do plano médio da molécula. Vale ressaltar que na série 5α todas as junções dos ciclos são *trans*.

Série 5β

Série 5α

O esquema a seguir mostra outras formas de representar o esqueleto do sistema peridrociclopentanofenantreno.

Sistema peridrociclopentanofenantreno

Junção A-B-*cis* ou 5 β

Junção A-B-*trans* ou 5 α

ou

ou

Nos exemplos a seguir, o coprostanol e o ácido cólico pertencem à série 5β e o colestanol e a androsterona à série 5α.

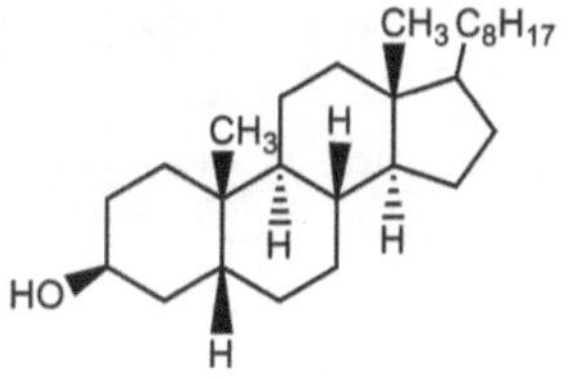

Coprostanol (série 5β)

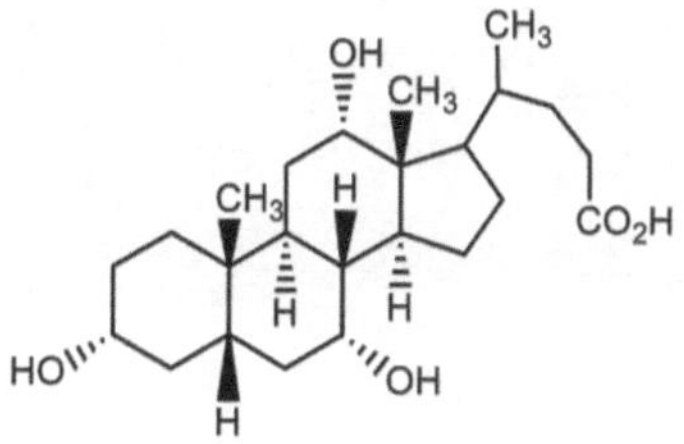

ou

Ácido cólico (série 5β)

ou

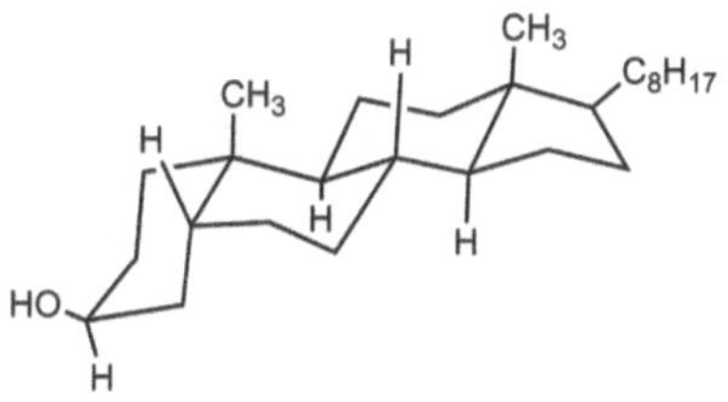

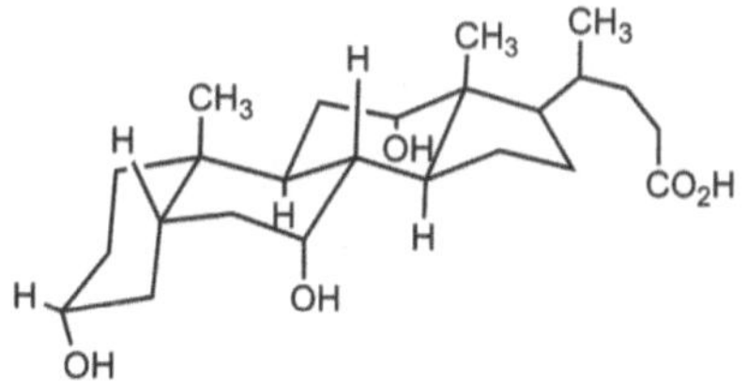

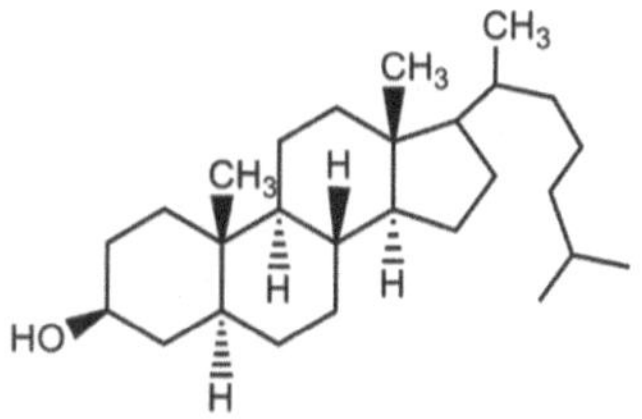

Colestanol (série 5α)

ou

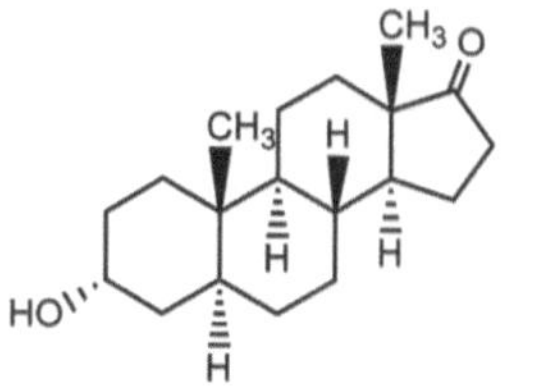

Androsterona (série 5α)

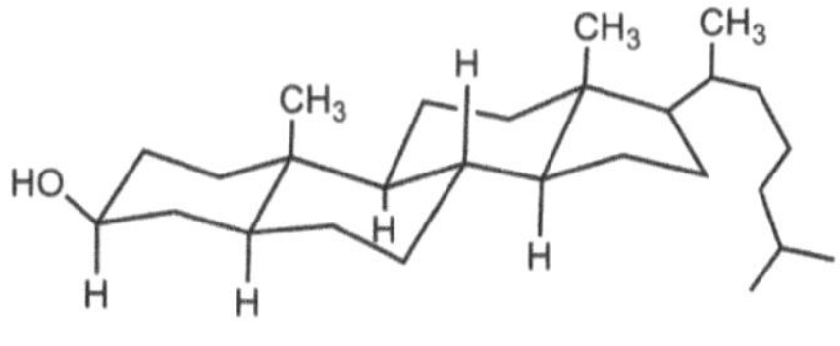

ou

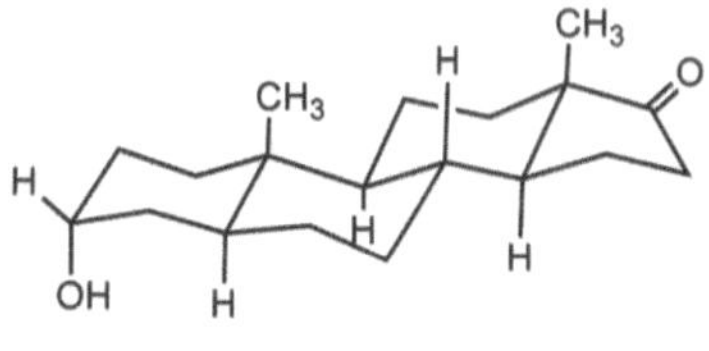

CAPÍTULO 9

CARBOIDRATOS: REPRESENTAÇÕES E NOMENCLATURAS DO CARBONO ANOMÉRICO

9.1 REPRESENTAÇÕES CÍCLICAS DE FISCHER (FORMA LINEAR) E NOMENCLATURA *α, β*

Os descritores *α* e *β* indicam a orientação relativa do grupo OH de C1 (carbono anomérico) em relação ao grupo OH do último carbono estereogênico que designa as séries *D* e *L*. Então, o anômero é *β* quando o OH de C1 está do lado oposto do OH do último carbono estereogênico e é *α* quando o OH está do mesmo lado do OH do último carbono estereogênico. Essa análise é feita na representação de Fischer.

Forma aberta e forma cíclica: Série *D*

Reação do grupo OH do carbono 4 com o grupo carbonila:

A reação do grupo OH do carbono 4 com o grupo carbonila forma um ciclo de 5 átomos (4 carbonos e 1 oxigênio).

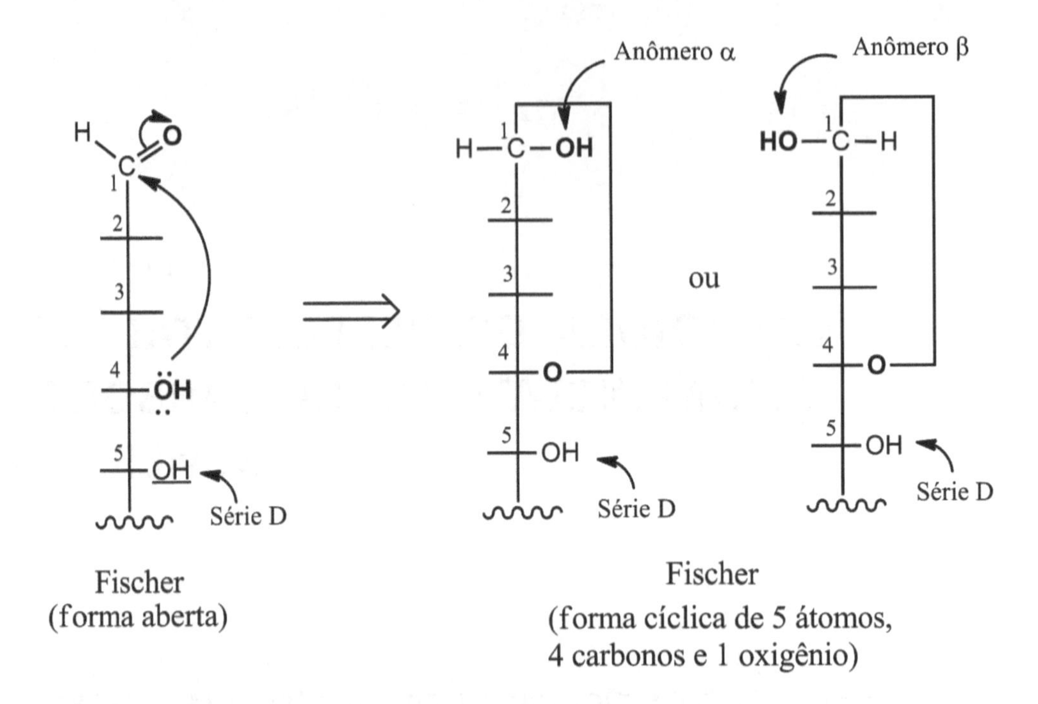

Fischer
(forma aberta)

Fischer
(forma cíclica de 5 átomos,
4 carbonos e 1 oxigênio)

Reação do grupo OH do carbono 5 com o grupo carbonila

A reação do grupo OH do carbono 5 com o grupo carbonila forma um ciclo de 6 átomos (5 carbonos e 1 oxigênio).

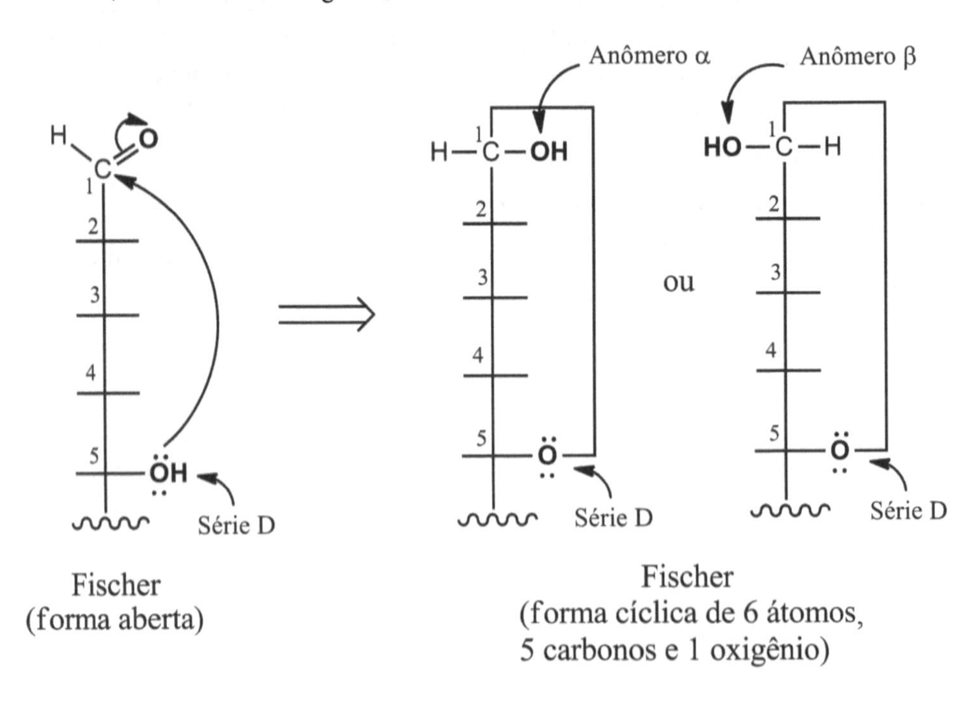

Fischer
(forma aberta)

Fischer
(forma cíclica de 6 átomos,
5 carbonos e 1 oxigênio)

Forma aberta e forma cíclica: Série *L*

Reação do grupo OH do carbono 5 com o grupo carbonila:

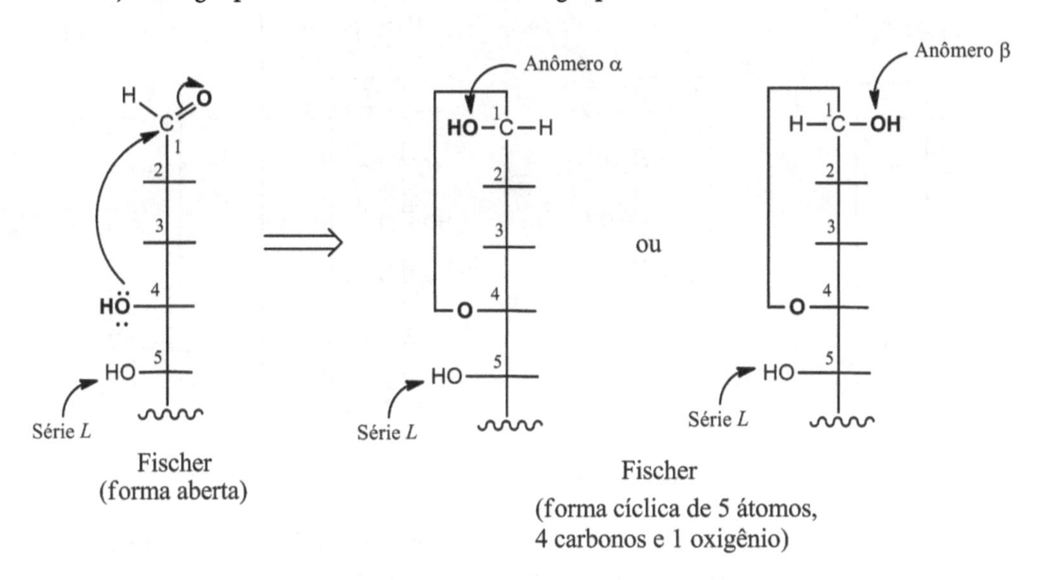

Reação do grupo OH do carbono 5 com o grupo carbonila:

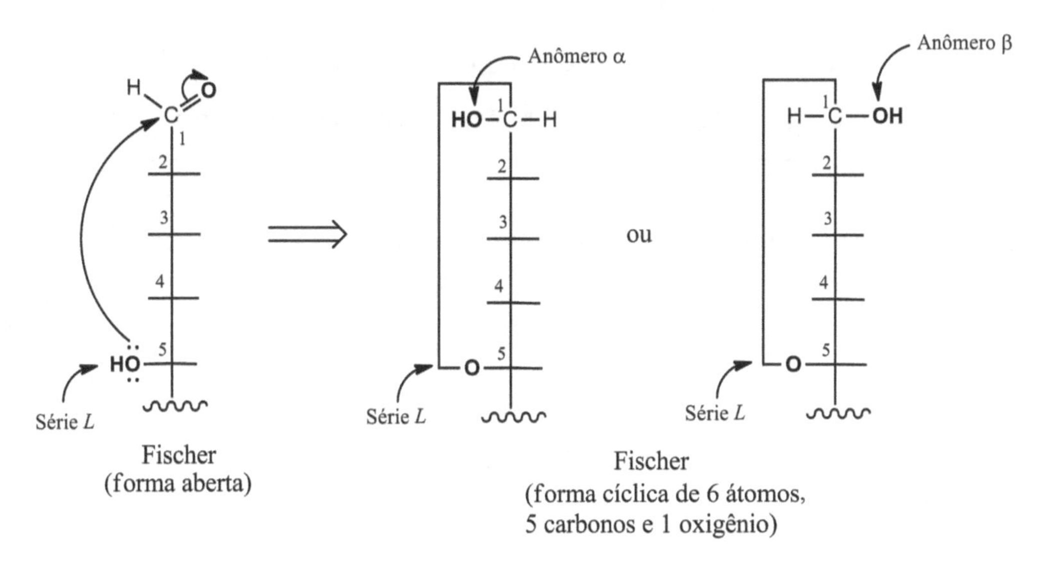

Exemplos: *β-D*-glicofuranose, *β-L*-glicofuranose, *α-D*-glicofuranose, *α-L*-glicofuranose

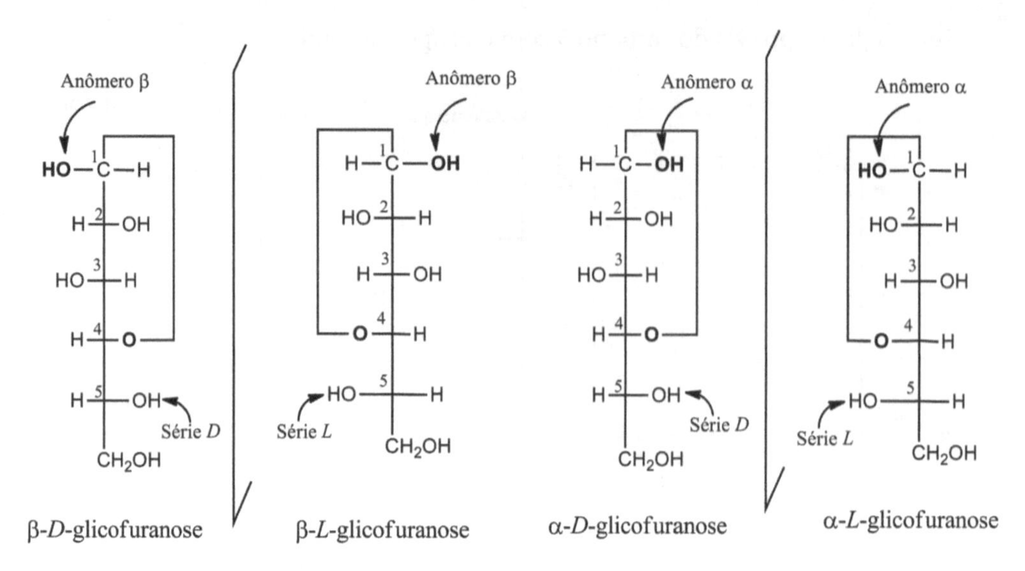

Observe que *β-D*-glicofuranose é a imagem especular da *β-L*-glicofuranose, assim como a *α-D*-glicofuranose é imagem da *α-L*-glicofuranose.

β-D ⟺ *β-L*

α-D ⟺ *α-L*

⟺ = Enantiômeros

⟷ = Diastereoisômeros

Exemplos: *β-D*-glicopiranose, *β-L*-glicopiranose, *α-D*-glicopiranose, *α-L*-glicopiranose

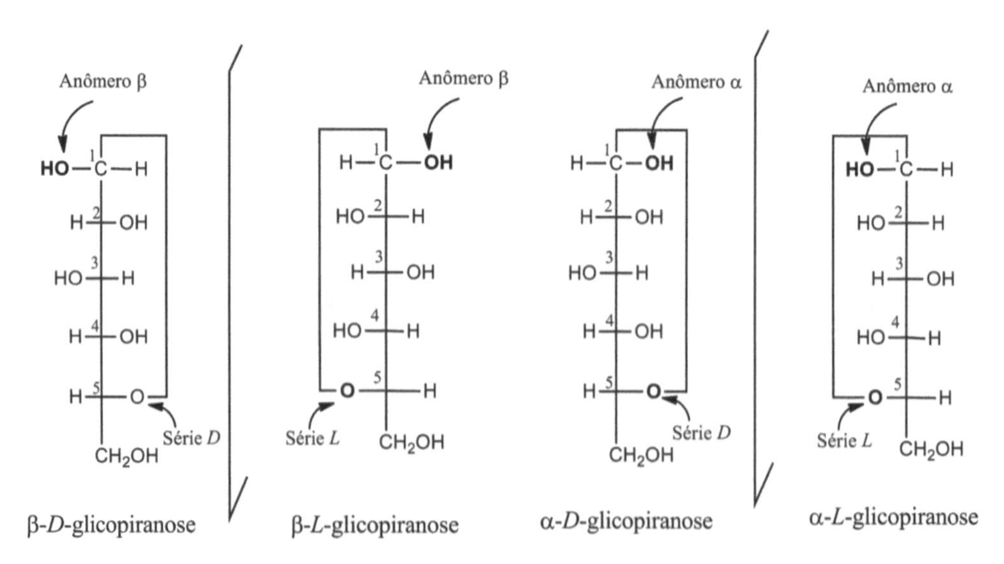

A *β-D*-glicopiranose é imagem especular da *β-L*-glicopiranose, assim como a *α-D*-glicopiranose é imagem da *α-L*-glicopiranose.

β-D ⟺ *β-L*

α-D ⟺ *α-L*

⟺ = Enantiômeros

⟷ = Diastereoisômeros

Observação: A maioria dos estudantes pergunta por que é o OH de C4 ou de C5, que está longe, na projeção de Fischer, que reage com o carbono da carbonila. Na realidade, eles estão próximos, e mais próximo ainda está o OH de C5. Como se sabe, a representação de Fischer com a fórmula de cruz é uma convenção. Ela se traduz na fórmula de cunha-linha-cunha tracejada e é equivalente de um carbono tetraédrico. Logo, uma rotação da ligação entre C4 e C5 para que o OH de C5 fique para trás do plano da página, e, com os dobramentos dos carbonos C2, C3 e C4, o OH fica mais próximo de C1 da carbonila, o que favorece a reação entre esses grupos.

Exemplo

Rotação da ligação entre C-4 e C-5 para que o **OH** de C-5 fique na vertical

Dobramento de C2, C3, C4 para que o OH de C-5 fique próximo a carbonila

Fischer
(forma aberta)

9.2 PASSAGEM DA FORMA DE FISCHER (FORMA LINEAR) PARA FORMA CÍCLICA DE HAWORTH DE CINCO ÁTOMOS (FURANOSES) E SEIS ÁTOMOS (PIRANOSES)

Quando o nome do carboidrato for, por exemplo, frutofuranose, o sufixo furanose significa que o ciclo é constituído de cinco átomos (4 carbonos e 1 oxigênio) e, se o sufixo for 'piranose', o ciclo é constituído de seis átomos (5 carbonos e 1 oxigênio).

Exemplos

Passagem da frutose na forma de Fischer para forma cíclica do tipo furanose:

Primeiramente, é importante determinar a série do carboidrato (D ou L) na projeção de Fischer; em seguida, fazer duas permutações entre os grupos (OH, CH_2OH e H)

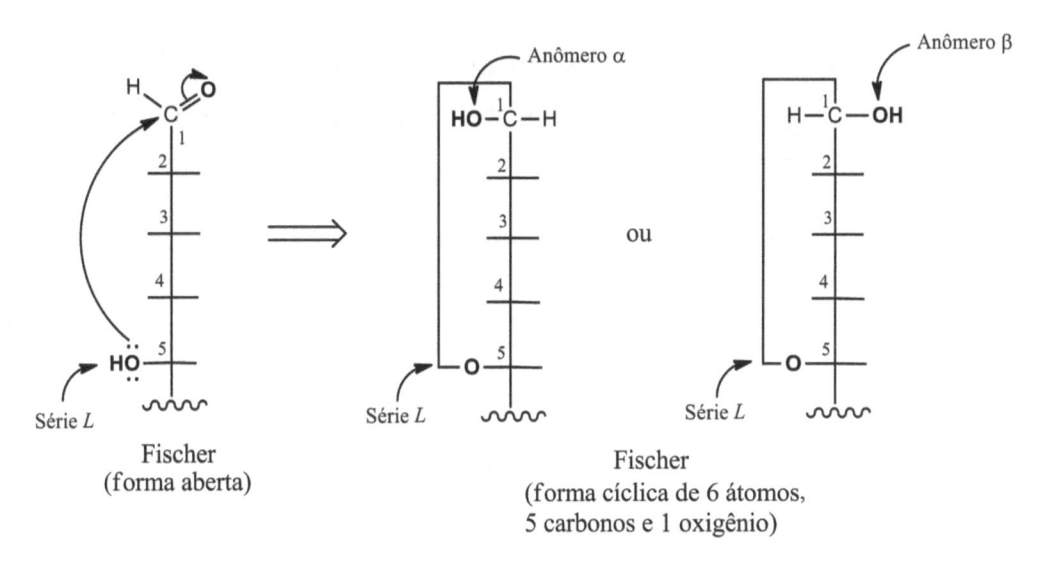

de C5 ou uma rotação da ligação entre C4 e C5 para que o OH de C5 fique na vertical, ou seja, que fique para trás do plano da página. Depois, "deitar" a estrutura por meio de uma inclinação de 90° e, em seguida, dobrar as ligações de C3 e C4 para que o OH de C5 fique próximo ao carbono da carbonila para o fechamento do anel, por meio da reação de cetalização intramolecular, resultando na formação de um hemiacetal.

Rotação da ligação entre C4 e C5 para que o **OH** de C5 fique na vertical

Inclinação de 90° da estrutura

Fischer
D-frutose

Dobramento de C3 e C4 para que o OH de C5 fique próximo da carbonila para o fechamento do ciclo, através da reação de cetalização intramolecular.

Carbono anomérico

Livre rotação

Representação de Haworth
α-D-frutofuranose

Forma aberta

Representação de Haworth
β-D-frutofuranose

Passagem da frutose na forma de Fischer para forma cíclica do tipo pirano e para conformação de cadeira

Inicialmente, é necessário fazer duas permutações entre os grupos (OH, H) de C6 ou uma rotação da ligação entre C5 e C6, para que o OH de C6 fique para trás do plano da página. Depois, "deitar" a estrutura por meio de uma inclinação de 90° e, em seguida, dobrar as ligações de C3, C4 e C5 para que o OH de C-6 fique próximo ao carbono da carbonila para que ocorra a reação entre esses dois grupos com a formação do ciclo piranose.

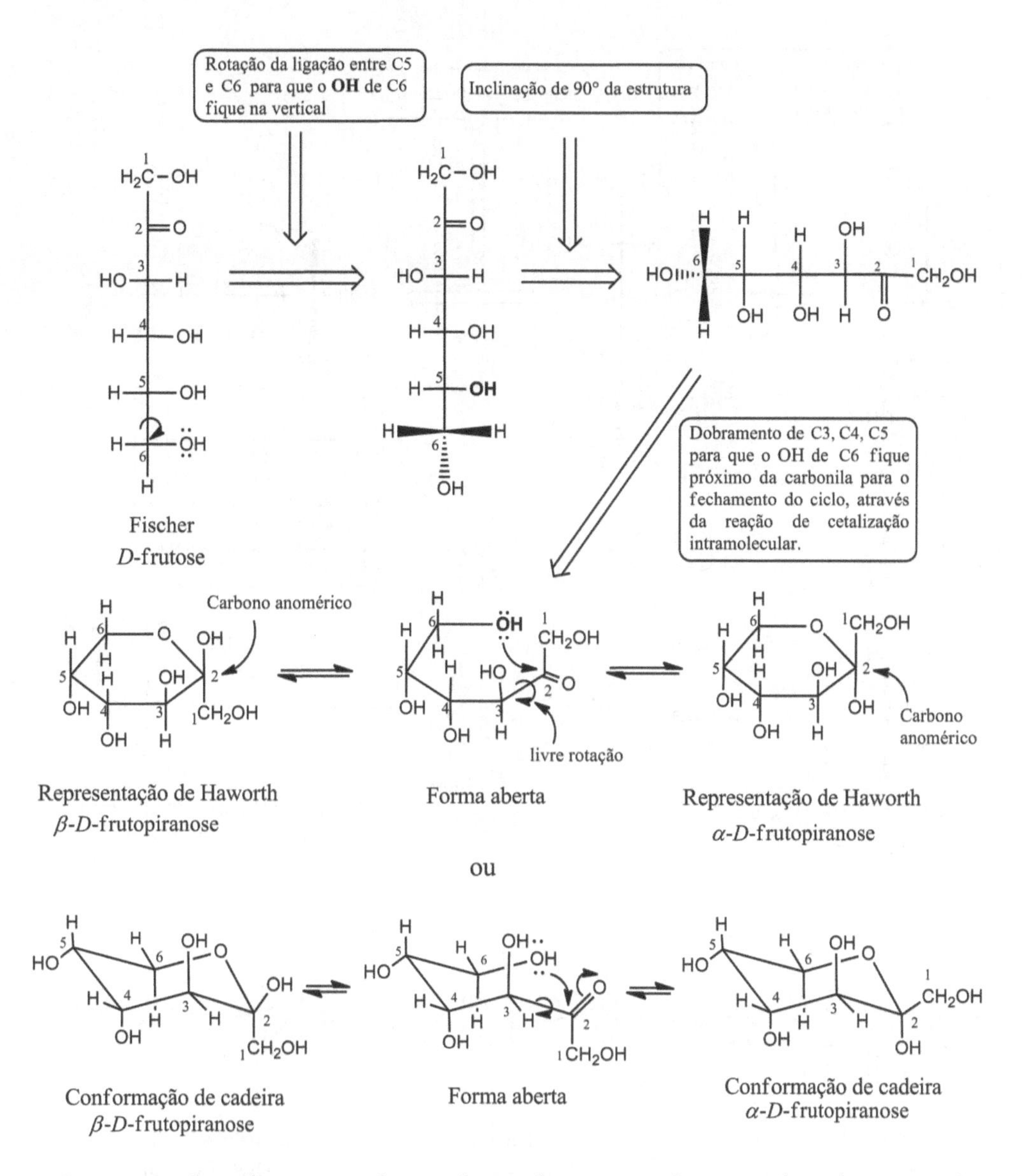

Representação de Haworth
β-*D*-frutopiranose

Forma aberta

Representação de Haworth
α-*D*-frutopiranose

Conformação de cadeira
β-*D*-frutopiranose

Forma aberta

Conformação de cadeira
α-*D*-frutopiranose

Passagem da galactose na forma de Fischer para a forma cíclica de Haworth e para conformação de cadeira

Primeiramente, devem-se fazer duas permutações entre os grupos (OH, CH_2OH e H) de C5 ou uma rotação da ligação entre C4 e C5, para que o OH de C5 fique para trás do plano da página. Depois, "deitar" a estrutura em uma inclinação de 90° e dobrar as ligações de C2, C3 e C4 para que o OH de C5 fique próximo ao carbono da carbonila para ocorrer a reação entre esses dois grupos.

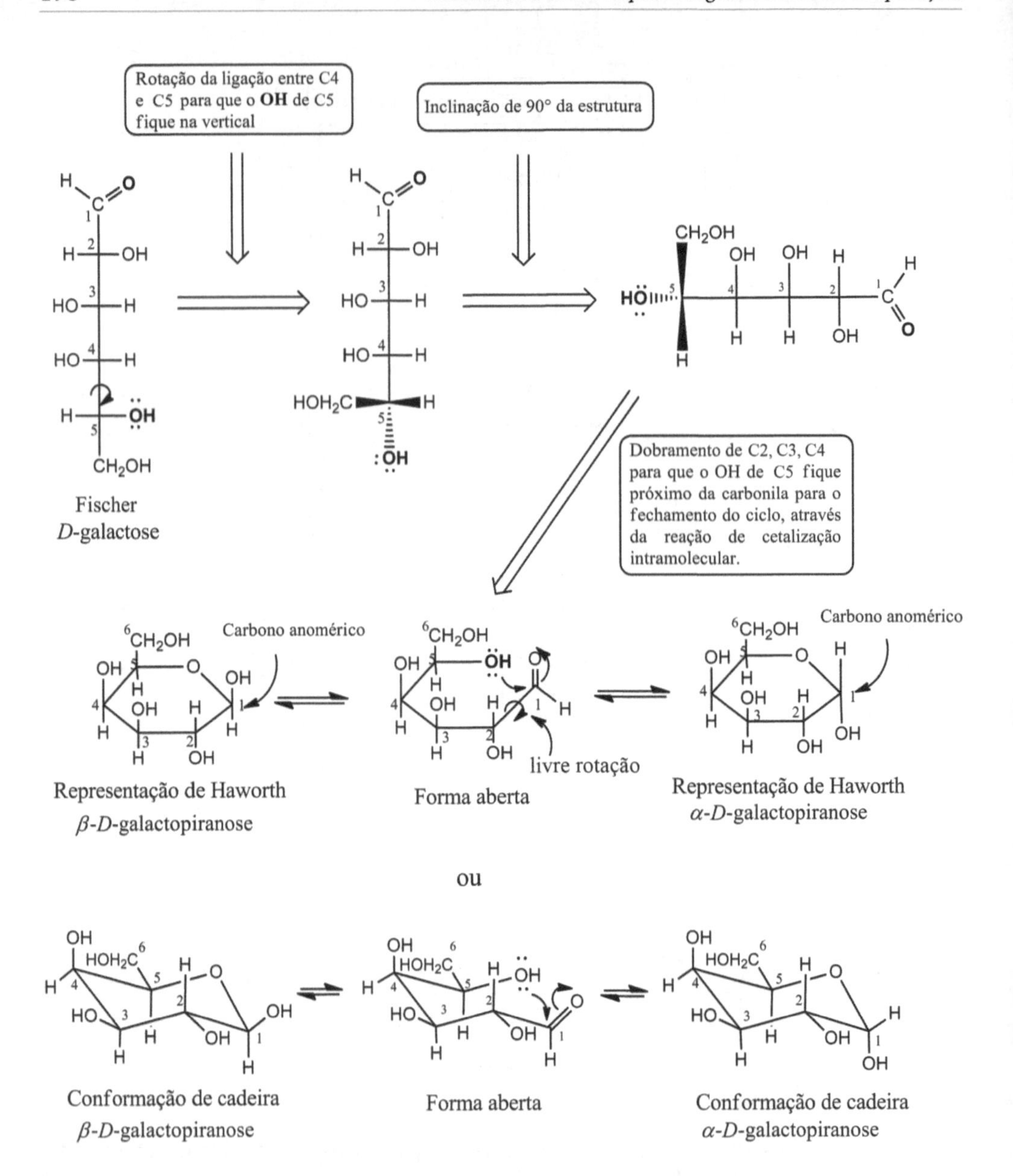

Devido à livre rotação da ligação entre C1 e C2 da forma aberta, e pelo fato da carbonila ser plana (hibridação sp^2), os pares de elétrons não ligados do OH de C5 podem atacar o carbono da carbonila de um lado ou de outro, tendo como resultado as formas cíclicas α e β . Essa reação de cetalização intramolecular resultará na formação de um hemiacetal.

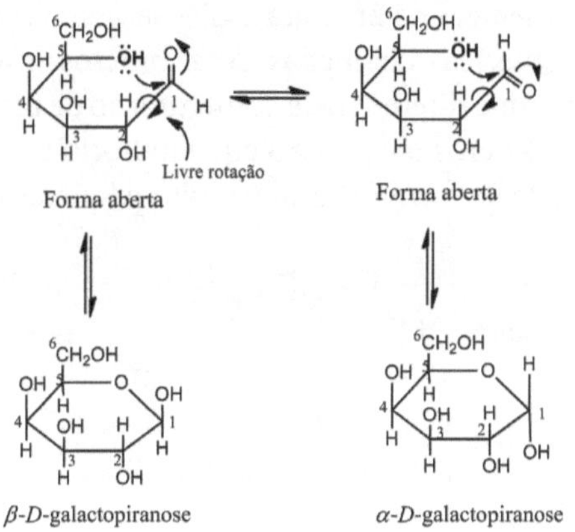

Livre rotação

Forma aberta

Forma aberta

β-D-galactopiranose

α-D-galactopiranose

Passagem da glicose na forma de Fischer para forma cíclica de Haworth e para a conformação de cadeira:

Rotação da ligação entre C4 e C5 para que o **OH** de C5 fique na vertical

Inclinação de 90° da estrutura

Fischer
D-glicose

Dobramento de C2, C3, C4 para que o OH de C5 fique próximo da carbonila para o fechamento do ciclo, através da reação de cetalização intramolecular.

Carbono anomérico

Representação de Haworth
β-D-glicopiranose

Livre rotação

Forma aberta

Carbono anomérico

Representação de Haworth
α-D-glicopiranose

ou

Conformação de cadeira
β-D-glicopiranose

Forma aberta

Conformação de cadeira
α-D-glicopiranose

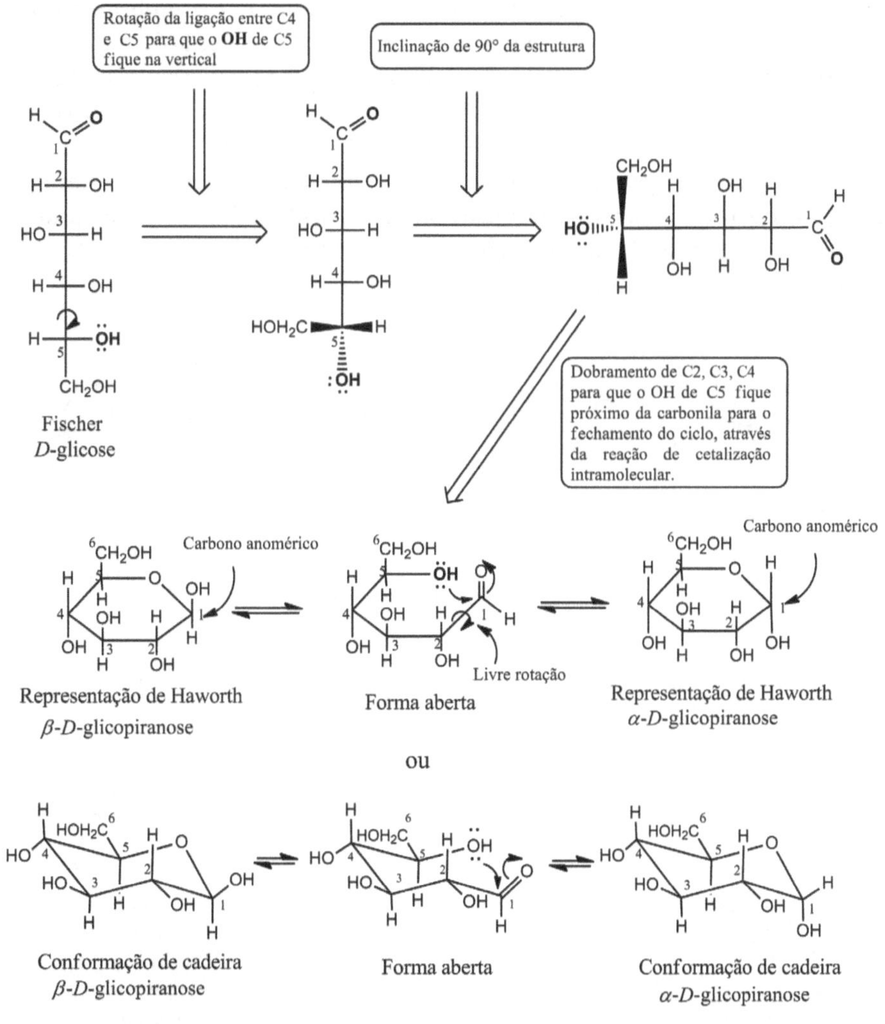

Como vimos anteriormente, existem para a glicose, assim como para outros açúcares, duas formas diastereoisoméricas chamadas de anômeros α e β. Esses anômeros são chamados de epímeros porque diferem pela configuração de um só centro estereogênico. Em solução, esses dois anômeros α e β estão em equilíbrio tendo como intermediário a forma aberta. A quantidade da forma aberta é muito pequena, menor que 0,1%.

β-*D*-(+)-glicopiranose

Forma aberta
< 0,1%

α-*D*-(+)-glicopiranose

Fenômeno de mutarrotação:

É uma variação do poder rotatório que ocorre com o tempo quando um anômero puro em solução se interconverte em uma mistura em equilíbrio. No caso da *D*-glicose, quando o anômero α no estado sólido ($[\alpha]_D$ = +112,6°) é dissolvido em água, a rotação muda lentamente, diminuindo até chegar ao valor constante de +52,7°, enquanto a rotação do anômero β ($[\alpha]_D$ = +18,9°) aumenta para +52,7°. No equilíbrio dos anômeros, cerca de 63,8% das moléculas estão na forma β e 36,2% na forma α. Essa quantidade maior para a forma β é devida aos grupos volumosos estarem todos em posição equatorial, inclusive o do carbono hemiacetal (C1), tornando a forma β a conformação mais estável. Observe que, em Newman, se vê melhor esses grupos na posição equatorial. Na forma α, o OH de C1 está em posição axial.

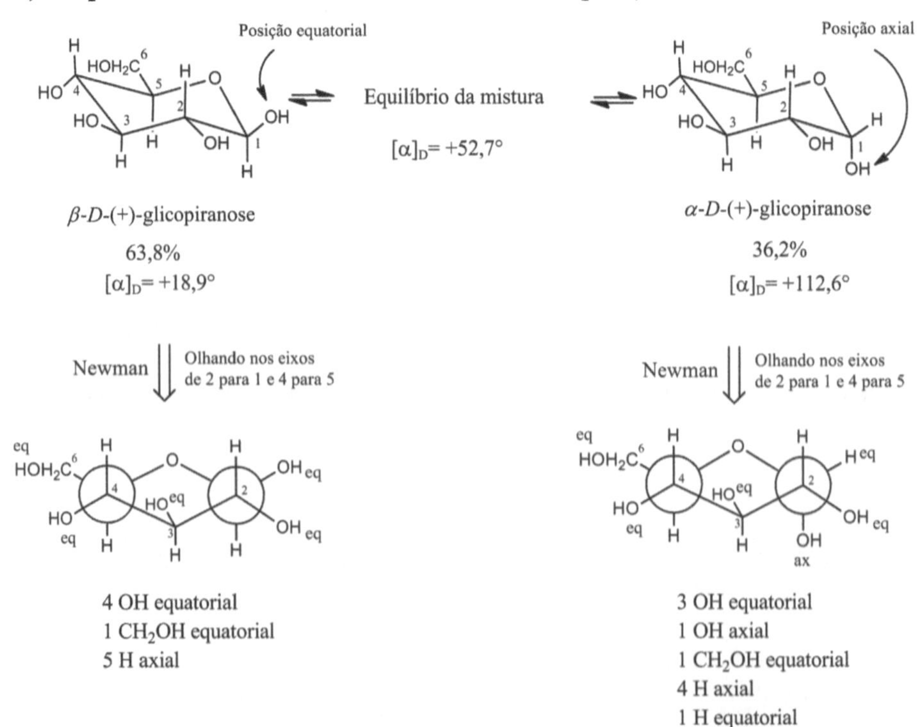

Cada forma α e β apresenta um equilíbrio com as seguintes conformações:

Forma α

A conformação à esquerda é mais estável porque a maioria dos grupos volumosos está em posição equatorial (baixa energia, grupos mais afastados um do outro), enquanto na conformação à direita a maioria está em posição axial (grupos mais próximos um do outro). Logo, o equilíbrio conformacional é deslocado para a conformação mais estável (para a esquerda). Observa-se que as ligações equatoriais são direcionadas para o exterior do ciclo (menos interação estérica), enquanto nas ligações axiais os grupos estão para cima, aumentando a interação entre o CH_2OH, OH e H. A projeção de Newman mostra com mais clareza os arranjos dos grupos em equatorial e axial.

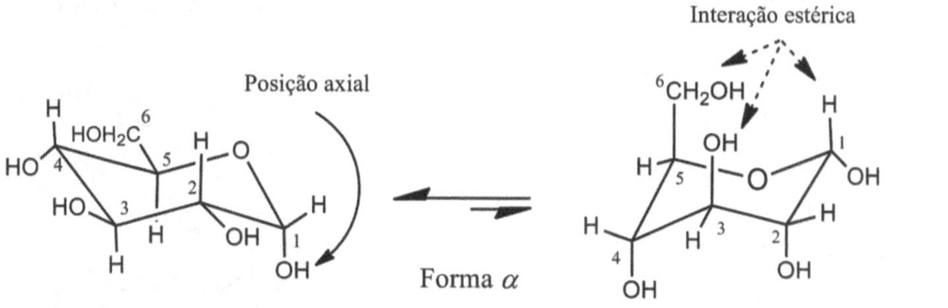

Posição axial

Interação estérica

Forma α

Conformação estável

Conformação instável

Newman — Olhando nos eixos de 2 para 1 e 4 para 5

Newman — Olhando nos eixos de 2 para 1 e 4 para 5

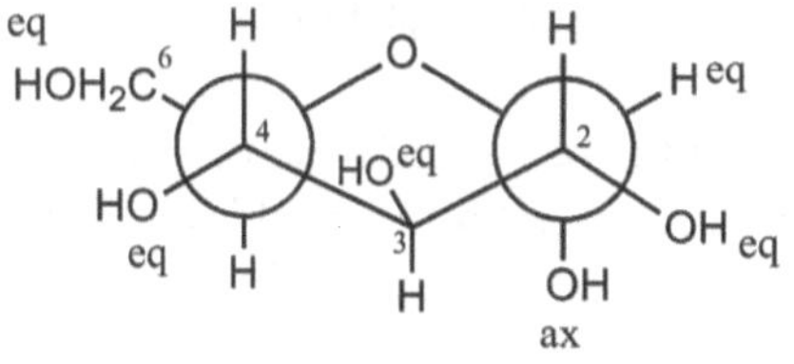

3 OH equatorial
1 OH axial
1 CH_2OH equatorial
4 H axial
1 H equatorial

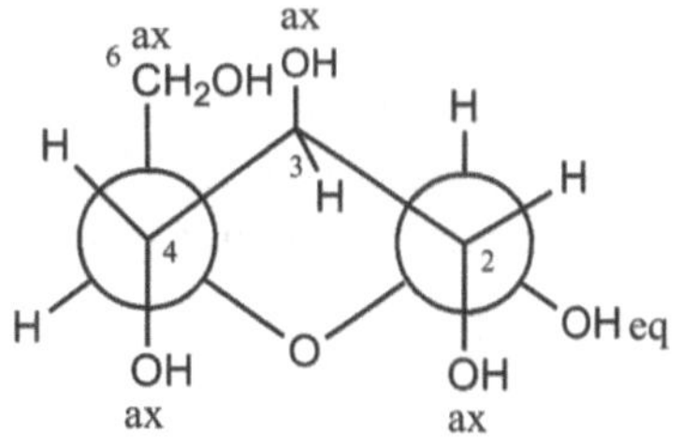

3 OH axial
1 OH aquatorial
1 CH_2OH axial
4 H aquatorial
1 H axial

Forma β

A conformação da esquerda é mais estável pelo mesmo motivo da forma anterior: grupos volumosos em posição equatorial (baixa energia). O equilíbrio conformacional é deslocado para a conformação mais estável (para a esquerda).

Interação estérica

Conformação estável

Forma β

Conformação instável

Newman — Olhando nos eixos de 2 para 1 e 4 para 5

Newman — Olhando nos eixos de 2 para 1 e 4 para 5

4 OH equatorial
1 CH_2OH equatorial
5 H axial

4 OH axial
1 CH_2OH axial
5 H aquatorial

Dependendo da posição dos substituintes, uma das formas de cadeira é privilegiada. Um grupo axial em C5 (x = CH_2OH) e um grupo em y axial em C1 ou z em C3 (z = y = OH) é um fator de desestabilização.

Exemplo

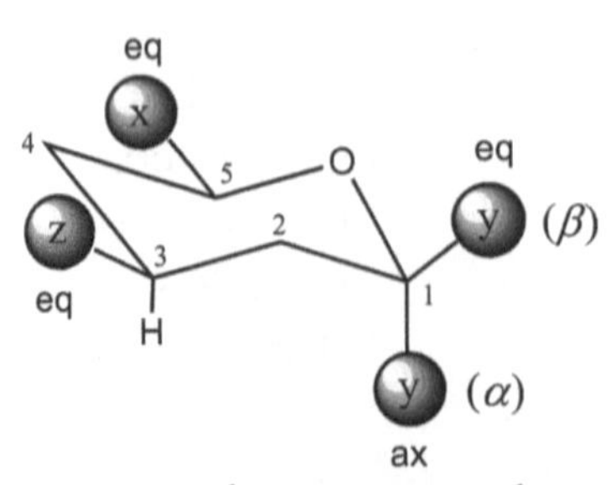

Forma normalmente encontrada

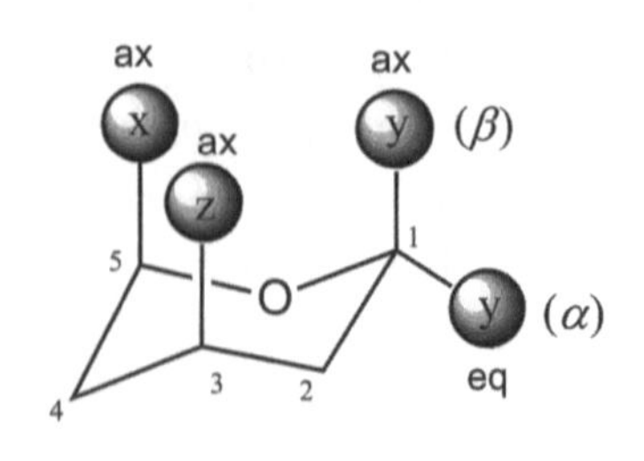

Forma raramente encontrada

Outro fator de instabilidade é quando existe um OH axial em C2 e essa ligação fica entre as duas ligações C1-OH e C1-OR (o OH de C2 bissecciona o ângulo de C1-OH e C1-OR), em que o oxigênio do carbono anomérico é equatorial.

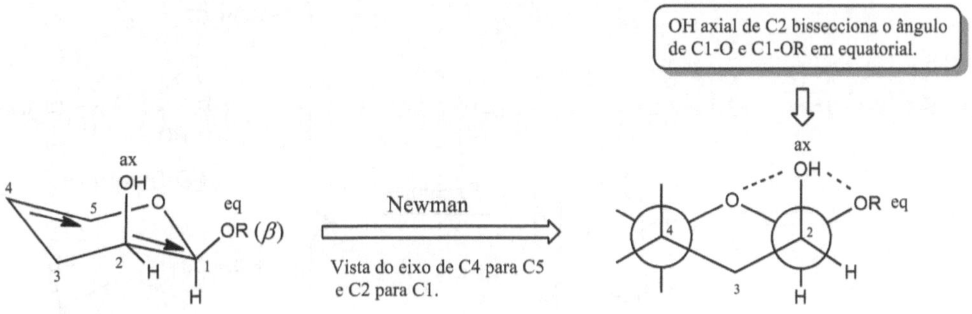

OH axial de C2 bissecciona o ângulo de C1-O e C1-OR em equatorial.

Newman

Vista do eixo de C4 para C5 e C2 para C1.

Exemplo

***D*-manose**

Nem sempre a forma β de uma piranose é a mais estável. Um exemplo é a *D*-manose, em que a α-*D*-manose é mais estável do que a β-*D*-manose.

α-*D*-manose
~70%

β-*D*-manose
~30%

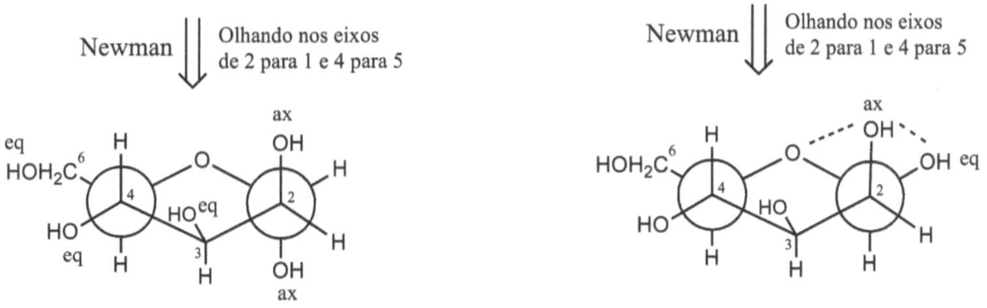

Newman — Olhando nos eixos de 2 para 1 e 4 para 5

Newman — Olhando nos eixos de 2 para 1 e 4 para 5

2 OH equatorial
2 OH axial
1 CH_2OH equatorial
3 H axial
2 H equatorial

3 OH equatorial
1 OH axial
1 CH_2OH equatorial
4 H axial
1 H equatorial

9.3 REPRESENTAÇÃO EM PERSPECTIVA PLANA DE HAWORTH

Os heterociclos de cinco e de seis átomos contendo oxigênio, como os ciclos dos açúcares que são chamados de furanoses e piranoses, se assemelham aos heterociclos do tetra-hidrofurano e tetra-hidropirano, respectivamente, e que podem ser relacionados aos heterociclos furano e pirano.

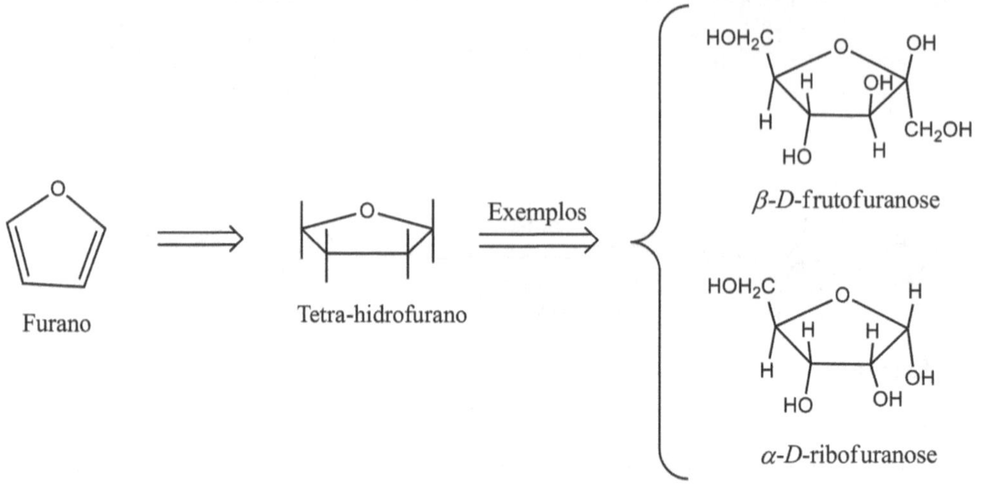

Furano

Tetra-hidrofurano

Exemplos

β-D-frutofuranose

α-D-ribofuranose

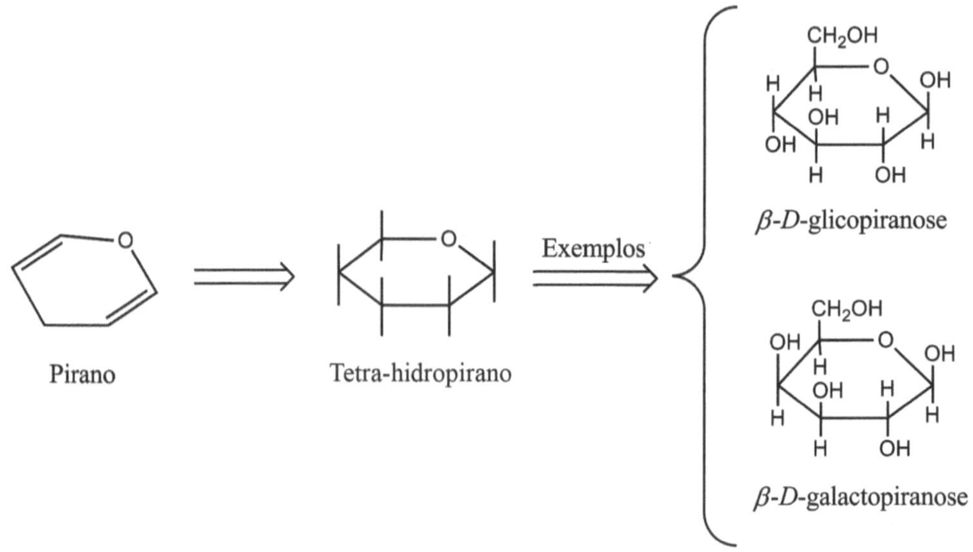

Pirano

Tetra-hidropirano

Exemplos

β-D-glicopiranose

β-D-galactopiranose

9.4 REPRESENTAÇÃO DE HAWORTH: SÉRIE D E SÉRIE L; ANÔMERO β E ANÔMERO α

Dois carboidratos são chamados de anômeros quando eles diferem pelas configurações absolutas do carbono hemiacetal C1 (carbono anomérico).

Na série *D*, o anômero é *β* quando o OH de C1 está acima do plano médio da fórmula plana de Haworth, e *α* quando o OH está abaixo do plano. Já na série *L*, o anômero é *β* quando o OH de C1 está abaixo do plano, e *α* quando OH está acima do plano.

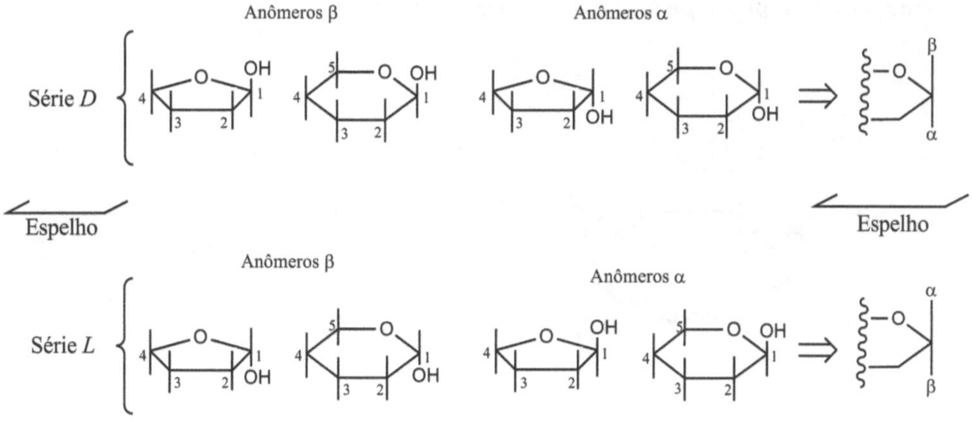

Anômeros β Anômeros α

Série *D*

Espelho Espelho

Anômeros β Anômeros α

Série *L*

Resumo:

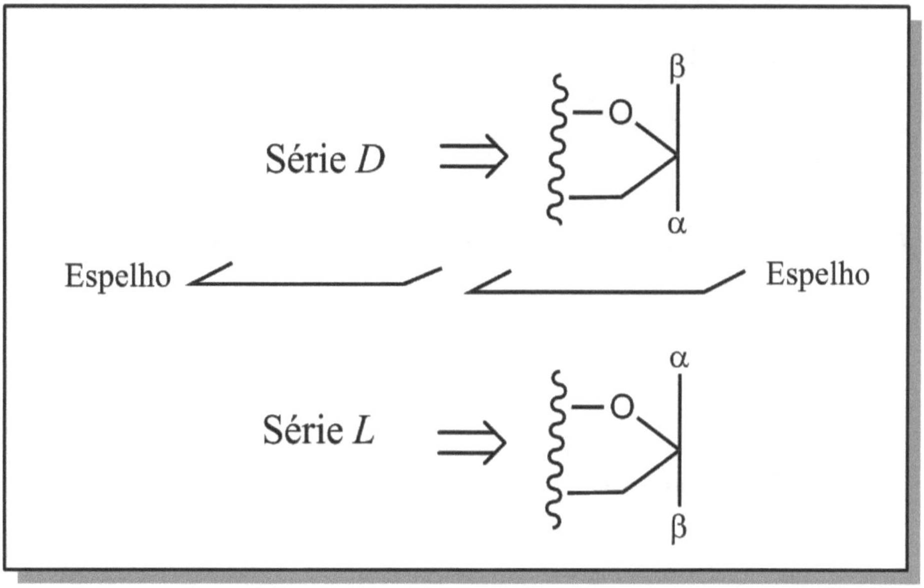

Série *D* ⇒ β α

Espelho Espelho

Série *L* ⇒ α β

9.5 IMAGEM NO ESPELHO DE β-*D* E β-*L*-GLICOPIRANOSE E α-D E α-L-GLICOPIRANOSE

Na fórmula de Haworth, por exemplo, para visualizar a imagem especular da *D*-glicopiranose, é conveniente colocar o plano especular abaixo da estrutura; além de ser mais prático, pode-se ver com mais clareza as inversões das configurações.

Imagem no espelho de *β-D* e *β-L*-glicopiranose

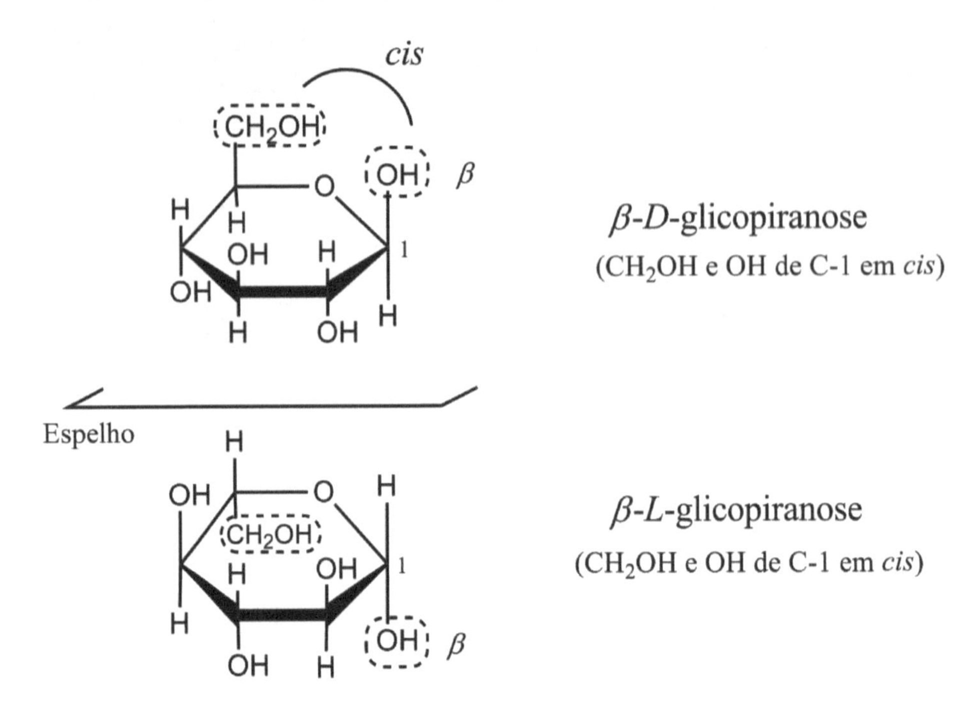

Imagem no espelho de *α-D*-glicopiranose e *α-L*-glicopiranose

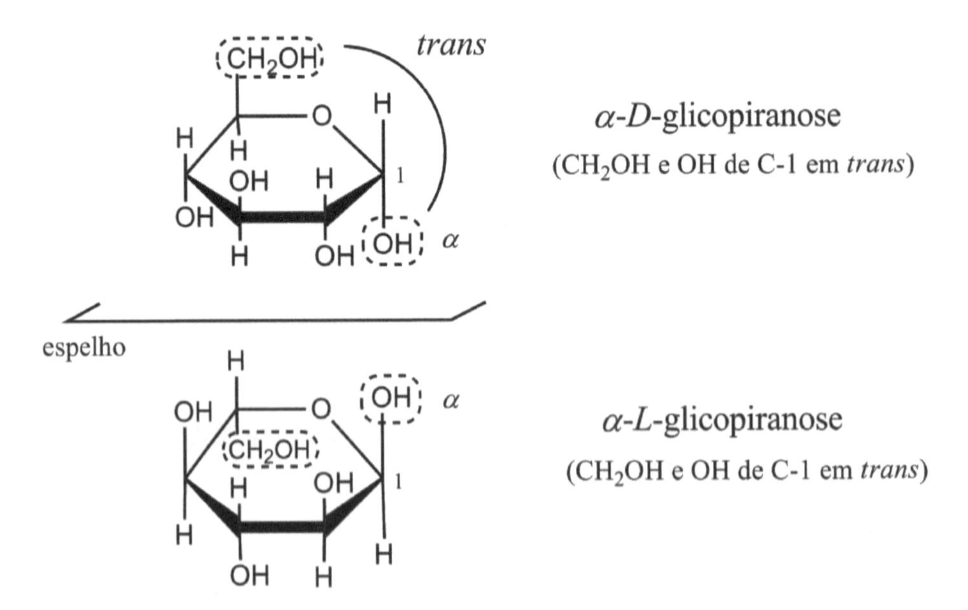

A figura a seguir mostra um resumo geral das nomenclaturas *β-D* ou *β-L*, *α-D* ou *α-L* de um determinado carboidrato. Observa-se que, no *β-D* ou *β-L*, o grupo $-CH_2OH$ e o OH de C1 estão em *cis* e que, no *α-D* ou *α-L*, o grupo $-CH_2OH$ e o OH de C1 estão em *trans*.

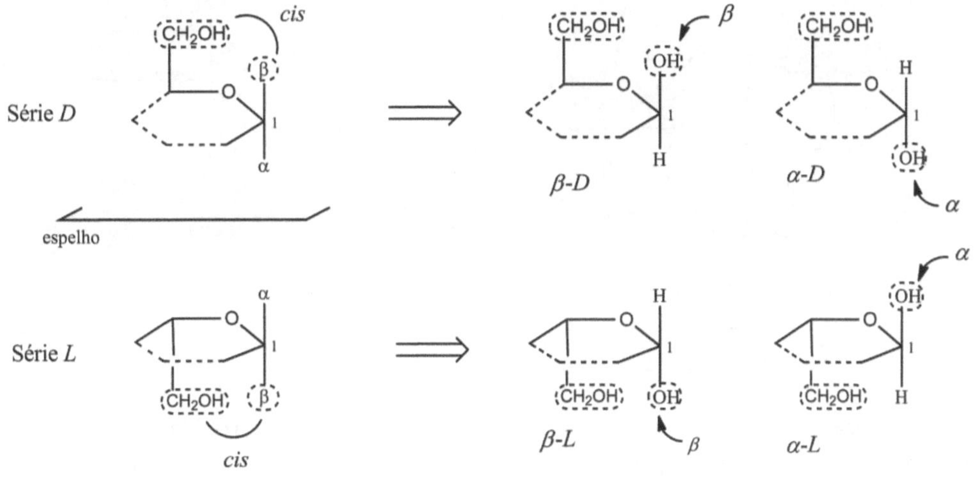

Série *D* / espelho / Série *L* — *β-D*, *α-D*, *β-L*, *α-L* (*cis*)

9.6 AVALIAÇÃO DA CONFIGURAÇÃO RELATIVA DE CARBOIDRATOS NA PROJEÇÃO DE FISCHER

Avaliar a configuração relativa de um centro estereogênico significa fazer correlação com um composto de referência. Nos carboidratos, os compostos de referência são os gliceraldeídos *D* e *L*. Essa correlação normalmente inclui algumas reações químicas que não mudam a configuração do centro estereogênico analisado.

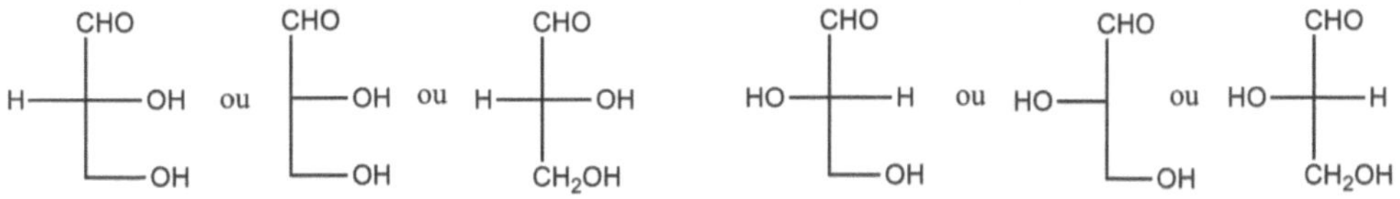

D-gliceraldeído   *L*(-)-gliceraldeído

Ao determinar a configuração relativa de um centro estereogênico, é necessário fazer, inicialmente, uma "quebra oxidativa imaginária" de dois vicinais nos pontos-chave da cadeia carbônica e, em seguida, uma redução imaginária. Cada passo do processo teórico envolve reações de oxidação e redução seletiva cujo objetivo é de chegar aos compostos de referência. Vejamos nos exemplos a seguir.

Galactose:

Avaliação do carbono 2

Ao avaliarmos o carbono 2, não podemos quebrar por meio da oxidação seletiva a ligação entre C2 e C3. Se quebrarmos, a parte do CH-OH de C2 tornaria uma função aldeído e o fragmento ficaria $^{1}CHO\text{-}^{2}CHO$. Com a redução seletiva de C2, o fragmento final ficaria $^{1}CHO\text{-}^{2}CH_2OH$ e não corresponderia a estrutura do gliceraldeído.

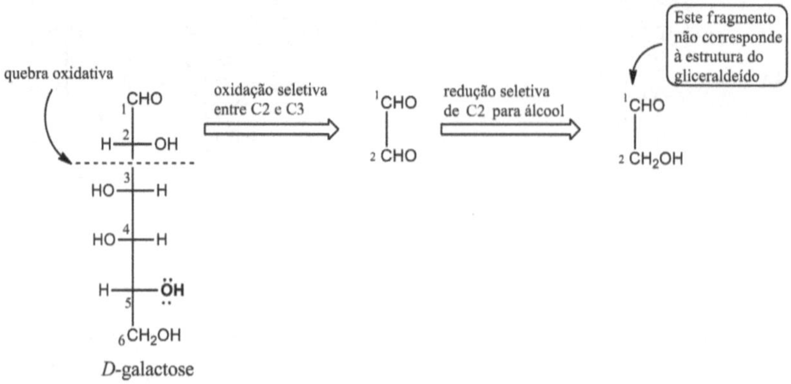

A quebra da ligação deve ser entre C3 e C4. Como a quebra é uma oxidação, C3 torna-se uma função aldeído que depois é reduzida para álcool. O fragmento final em Fischer é então comparado ao gliceraldeído. Como o OH de C2 está à direita, ele tem a mesma configuração relativa que o *D*-gliceraldeído, isto é, C2 tem a configuração relativa *D*.

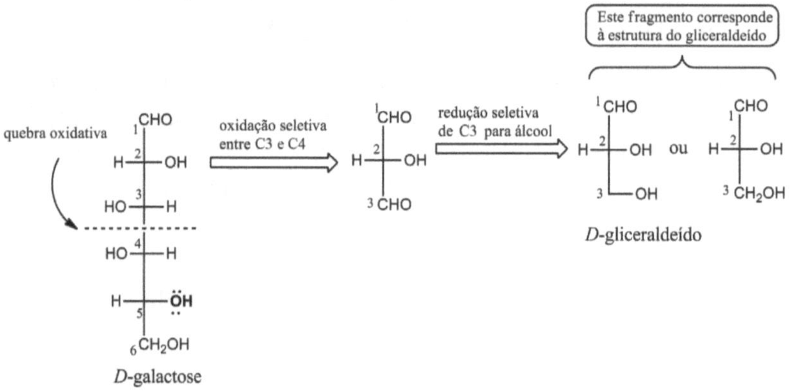

C2 tem a configuração relativa *D*.

Avaliação do carbono 3

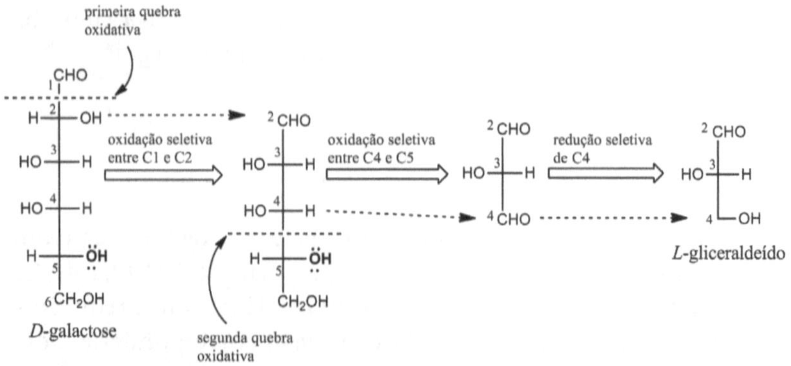

C3 tem a configuração relativa *L*.

Avaliação do carbono 4

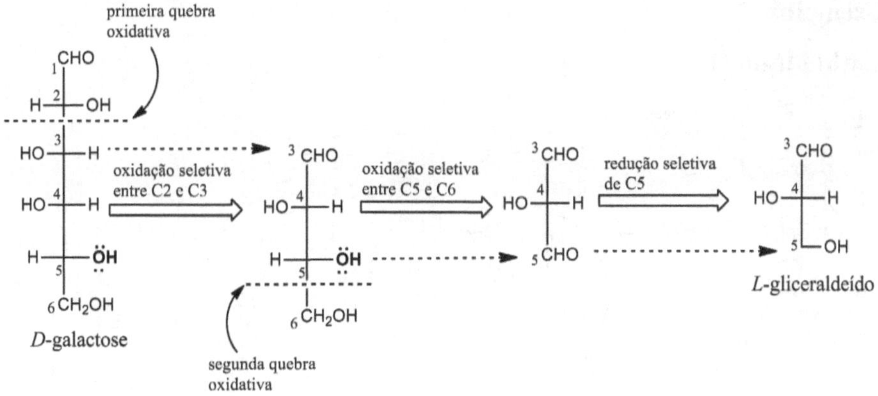

primeira quebra oxidativa

oxidação seletiva entre C2 e C3

oxidação seletiva entre C5 e C6

redução seletiva de C5

segunda quebra oxidativa

D-galactose

L-gliceraldeído

C4 tem a configuração relativa *L*.

Avaliação do carbono 5

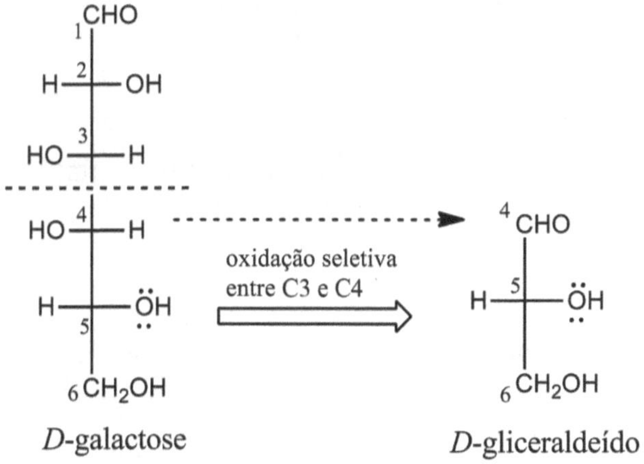

oxidação seletiva entre C3 e C4

D-galactose

D-gliceraldeído

C5 tem a configuração relativa *D*.

Resultado geral:

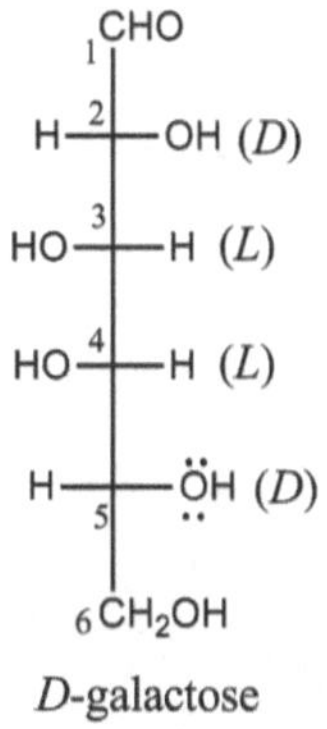

$$\begin{array}{c} {}_1CHO \\ H - {}^2C - OH \ (D) \\ HO - {}^3C - H \ (L) \\ HO - {}^4C - H \ (L) \\ H - {}^5C - OH \ (D) \\ {}_6CH_2OH \end{array}$$

D-galactose

9.7 DETERMINAÇÃO DA SÉRIE D OU L EM ESTRUTURAS CÍCLICAS

Exemplos

Carboidrato (1)

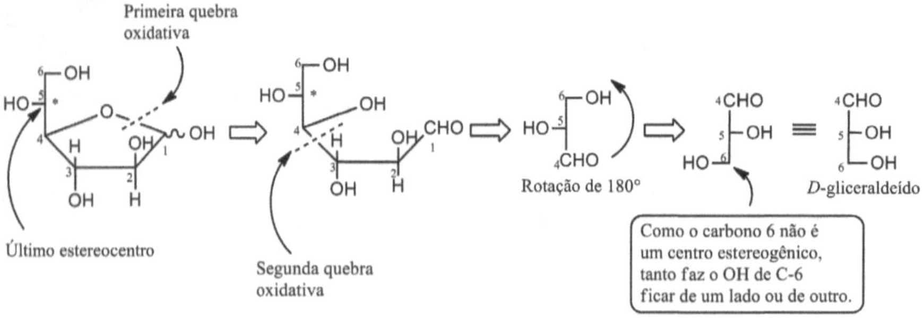

Como o carbono 6 não é um centro estereogênico, tanto faz o OH de C-6 ficar de um lado ou de outro.

O carboidrato 1 pertence à série *D*.

Carboidrato (2)

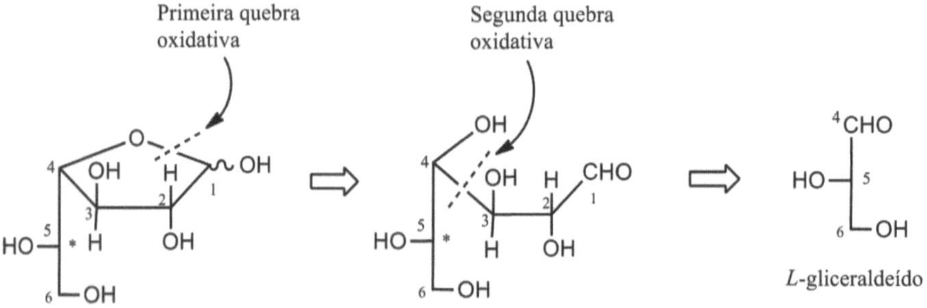

O carboidrato 2 pertence à série *L*.

Carboidrato (3)

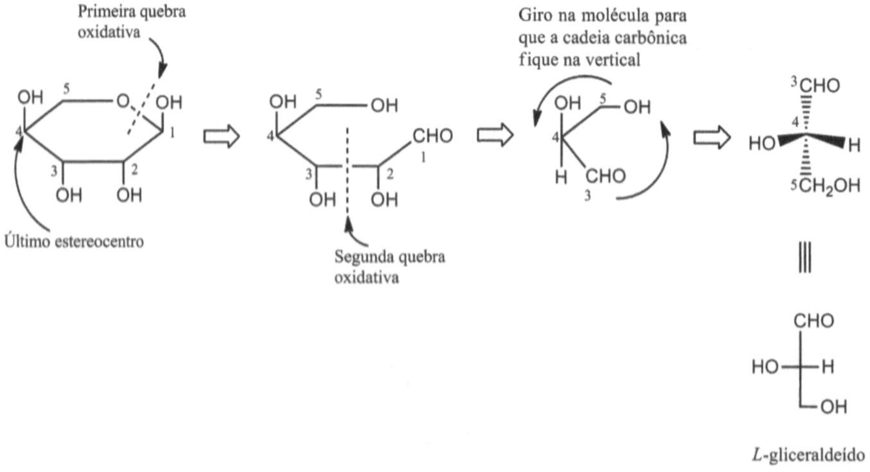

O carboidrato 3 pertence à série *L*.

Carboidrato 4 (glicose)

Último estereocentro

Primeira quebra oxidativa

Giro na molécula para que CHO fique para cima e o CH_2OH fique para baixo

Deslocamento da molécula para as ligações C_5-CHO e C_5-CH_2OH ficarem para trás e para que C_5-OH C_5-H fiquem para frente.

Glicose

Segunda quebra oxidativa

D-gliceraldeído

Esse enantiômero da glicose pertence à série *D*.

Carboidrato 5 (glicose)

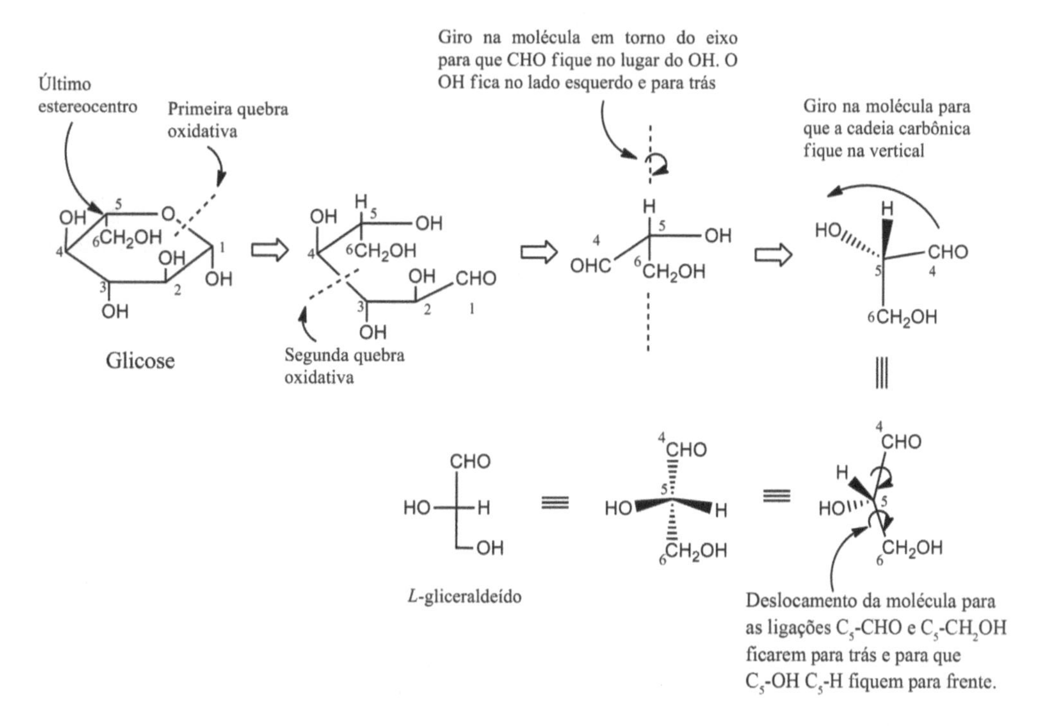

Esse enantiômero da glicose pertence à série *L*.

Carboidrato (6)

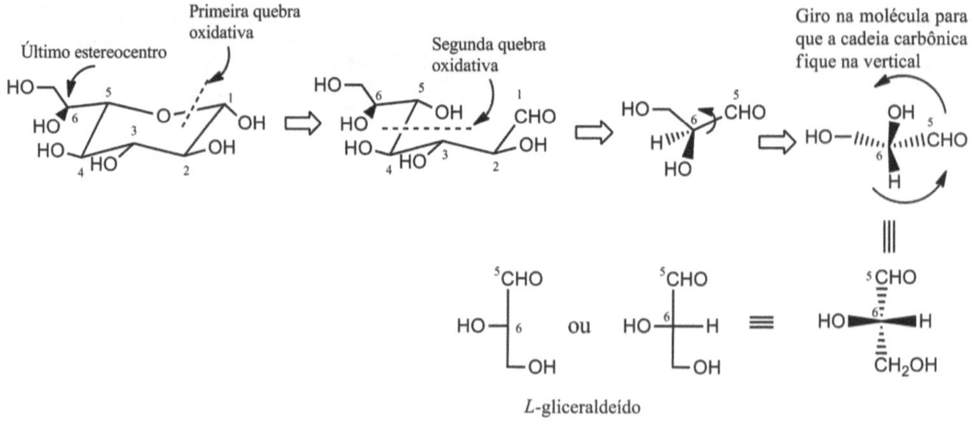

Primeira quebra oxidativa
Último estereocentro
Segunda quebra oxidativa
Giro na molécula para que a cadeia carbônica fique na vertical

L-gliceraldeído

O carboidrato 6 pertence à série *L*.

Carboidrato (7)

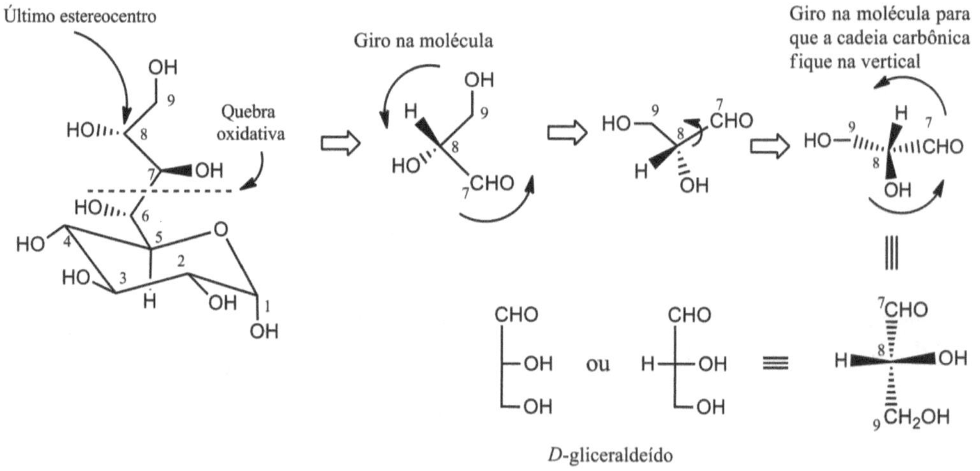

Último estereocentro
Giro na molécula
Quebra oxidativa
Giro na molécula para que a cadeia carbônica fique na vertical

D-gliceraldeído

O carboidrato 7 pertence à série *D*.

9.8 CLASSIFICAÇÃO DAS NOMENCLATURAS α-D, β-D, α-L E β-L NA FÓRMULA DE HAWORTH

Carboidrato (1)

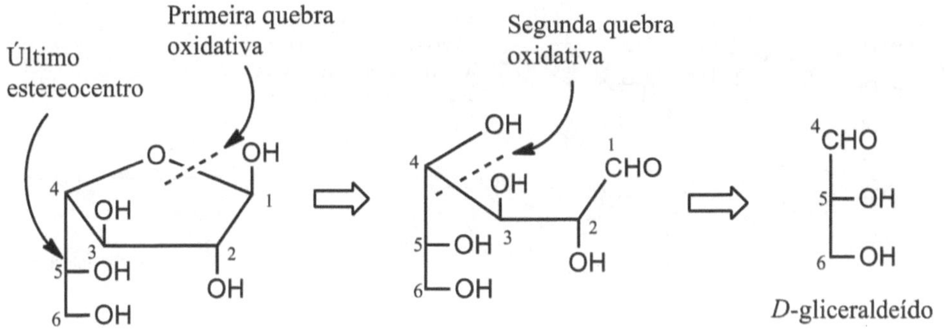

Último estereocentro
Primeira quebra oxidativa
Segunda quebra oxidativa
D-gliceraldeído

O carboidrato 1 tem a configuração *D* e o OH do carbono anomérico (C1) para cima é *β*. Logo, o carboidrato é *β-D*.

Carboidrato (2)

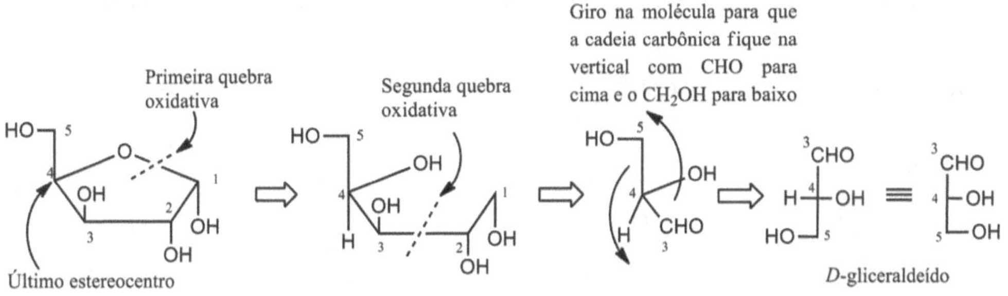

Primeira quebra oxidativa
Segunda quebra oxidativa
Giro na molécula para que a cadeia carbônica fique na vertical com CHO para cima e o CH_2OH para baixo
Último estereocentro
D-gliceraldeído

O carboidrato 2 tem a configuração *D* e o OH de C1 para baixo é *α*. Logo, o carboidrato é *α-D*.

Carboidrato (3)

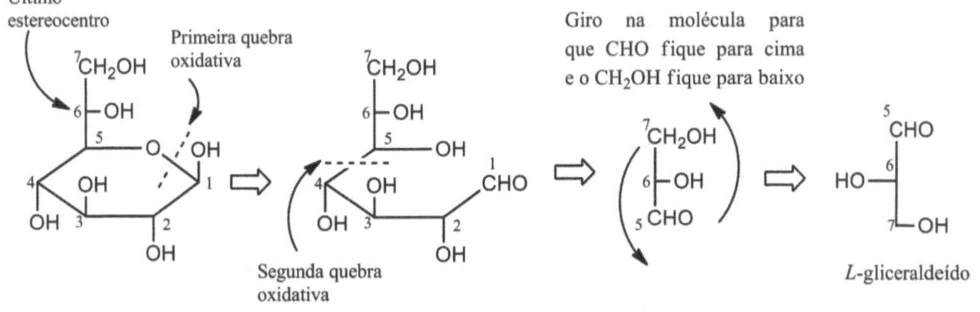

Último estereocentro
Primeira quebra oxidativa
Segunda quebra oxidativa
Giro na molécula para que CHO fique para cima e o CH_2OH fique para baixo
L-gliceraldeído

O carboidrato 3 tem a configuração *L* e o OH de C1 para cima é *α*. Logo, o carboidrato é *α-L*.

Carboidrato (4)

Último estereocentro

Primeira quebra oxidativa

Segunda quebra oxidativa

Giro na molécula para que a cadeia carbônica fique na vertical com CHO para cima e o CH_2OH para baixo

L-gliceraldeído

O carboidrato 4 tem a configuração *L* e o OH de C1 para baixo é *β*. Logo, o carboidrato é *β-L*.

Exercícios

1) Classifique os carboidratos a seguir em anômeros *α-D*, *β-D*, *α-L* ou *β-L*:

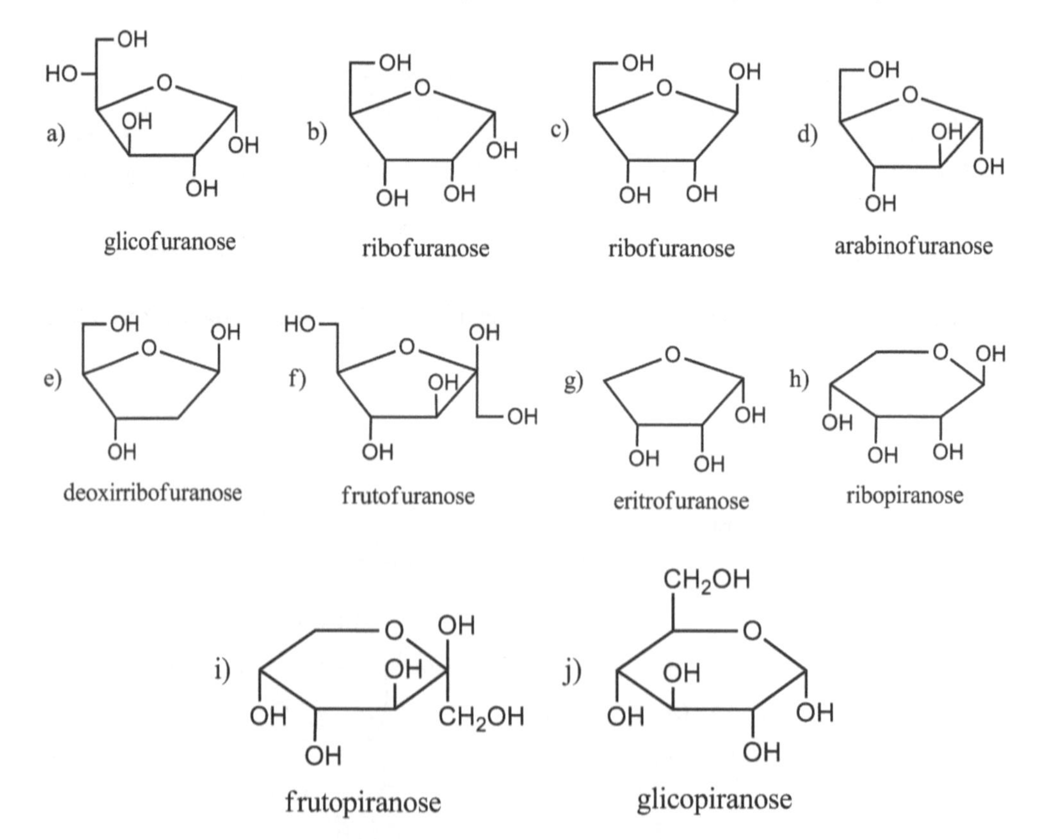

2) Passar as estruturas cíclicas de Haworth para representação de Fischer.

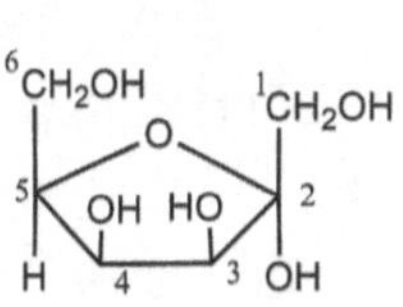

3) Passar as estruturas cíclicas de Haworth a seguir para representação de Fischer na forma aberta e cíclica, respeitando as nomenclaturas:

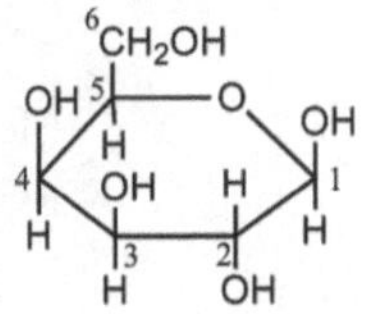

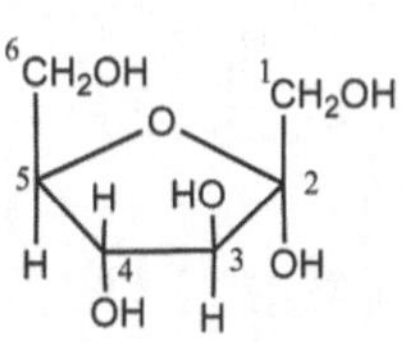

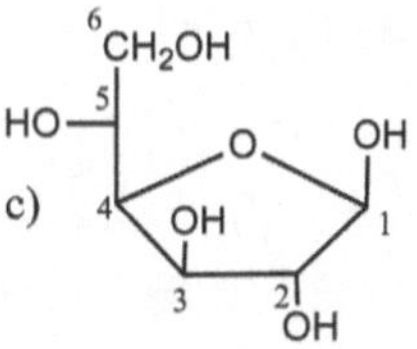

a) 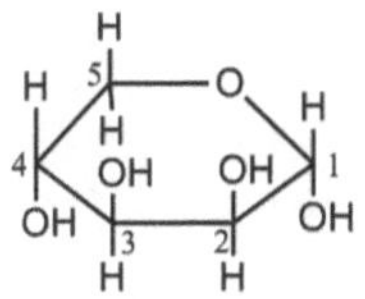 *α-D*-lixopiranose

b) 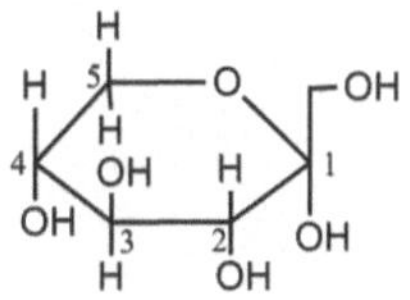 *α-D*-sorbopiranose

c) 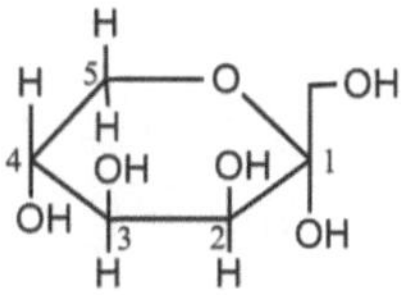 *α-D*-tagatopiranose

d) 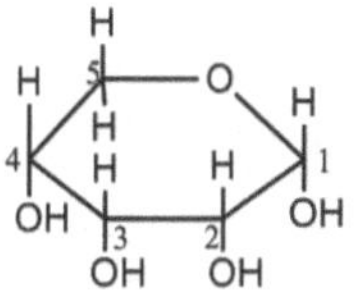 *α-D*-ribopiranose

e) 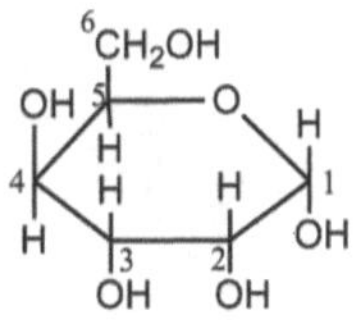 *α-D*-gulopiranose

f) 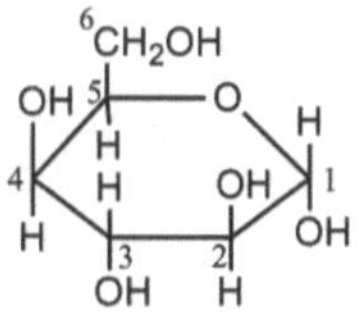 *α-D*-idopiranose

CAPÍTULO 10

NOMENCLATURA DAS CONFORMAÇÕES DE KLYNE E PRELOG

10.1 TERMINOLOGIA: SIN-PERIPLANAR, ANTI-PERIPLANAR, SINCLINAL E ANTICLINAL

Uma conformação pode ser descrita aproximadamente por intervalos de ângulos de torção. Para definir precisamente os confôrmeros, Klyne e Prelog propuseram um sistema de classificação que pode ser resumido conforme a figura a seguir.

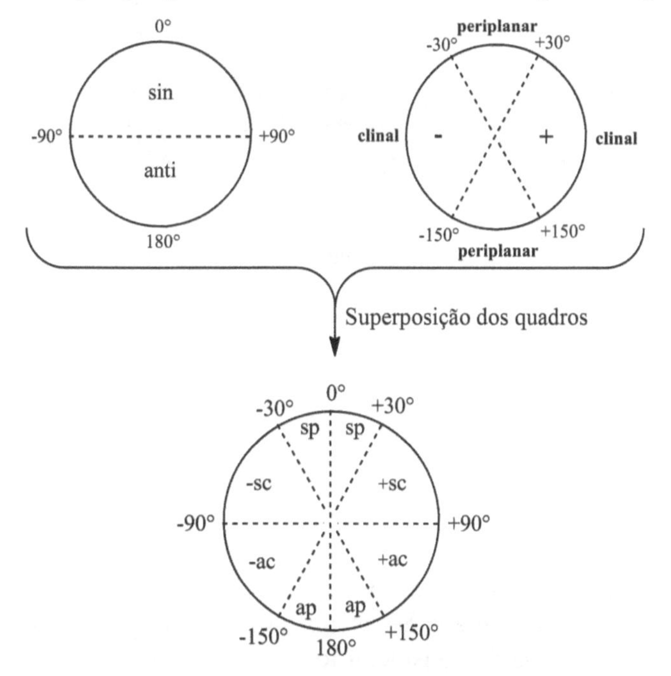

Especificação do ângulo de torção

-30° a +30° → sin-periplanar (sp) (quase plano)

-150° a +150° → anti-periplanar (ap)

+150° a +90° → anticlinal (+ac) (inclinado)

+90° a +30° → sinclinal (+sc)

-30° a -90° → sinclinal (-sc)

-90° a -150° → anticlinal (-ac)

Os confôrmeros são definidos pelo ângulo de torção (ω) entre dois grupos prioritários **a** e **b**, determinados segundo a regra de sequência CIP. Na representação de Newman, o grupo **a** pertence ao carbono da frente. Em seguida, observa-se a posição do grupo **b** sobre o quadro, levando em consideração o menor ângulo de rotação.

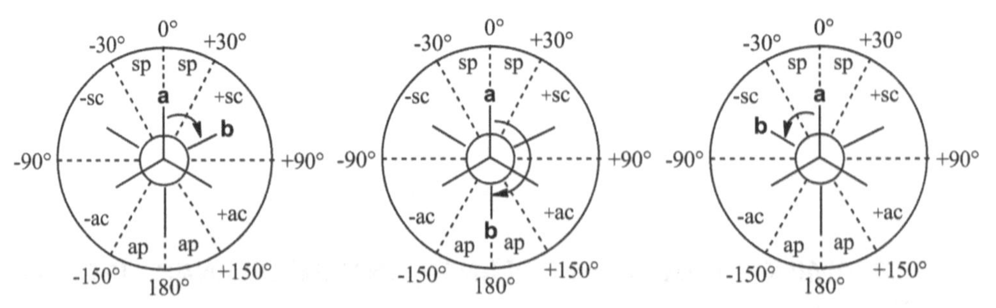

A figura corresponde ao confôrmero sinclinal (+sc)

A figura corresponde ao confôrmero antiperiplanar (ap)

A figura corresponde ao confôrmero sinclinal (-sc)

Exemplos

+sc | -sc | ap | -ac | +ac

ap | +sc | -sc | ap | +sc

Quando no mesmo átomo de carbono houver dois átomos ou grupos prioritários idênticos, é o terceiro que será o de referência para o ângulo de torção (ω). Nesta situação, não serão levadas em consideração as prioridades da regra de sequência CIP.

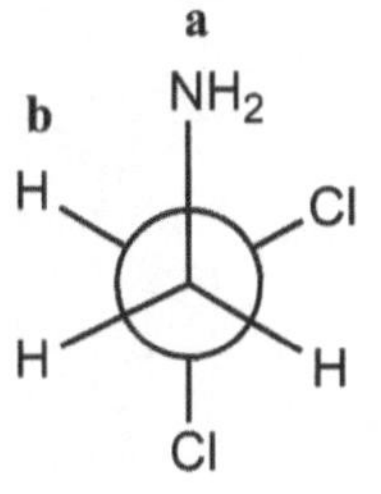

-sc 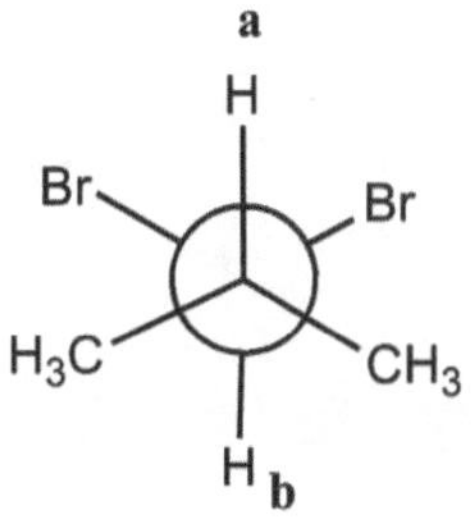 ap 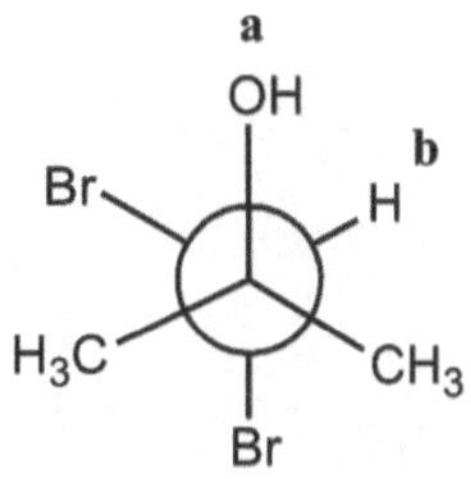 +sc

Quando no mesmo átomo de carbono houver três átomos ou grupos idênticos, a conformação será definida pelo menor ângulo de torção. Em caso de igualdade do ângulo, o sinal positivo (+) é prioritário sobre o sinal negativo (-).

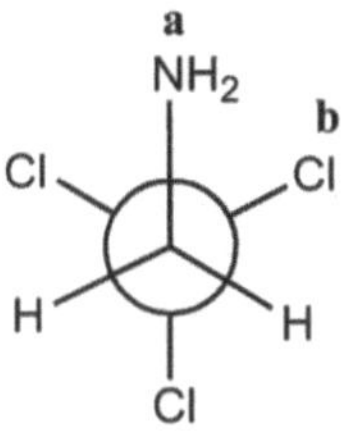

+sc 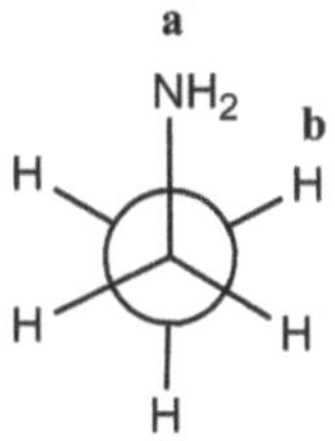 +sc 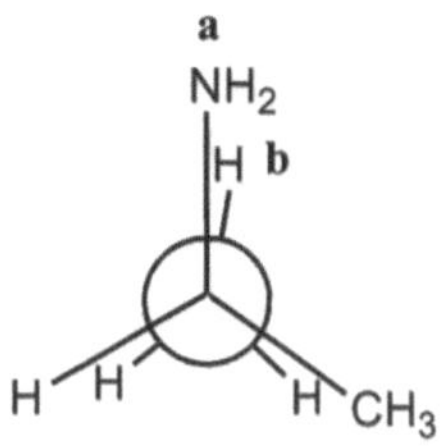 sp

Outros exemplos:

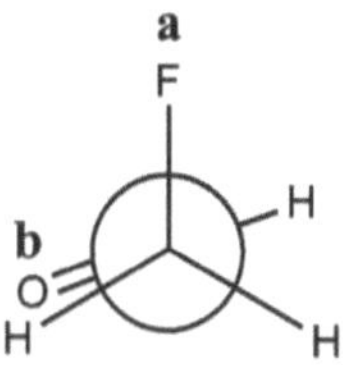

-ac 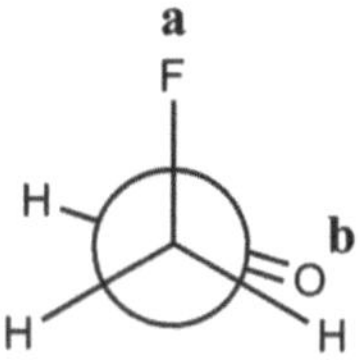 +ac 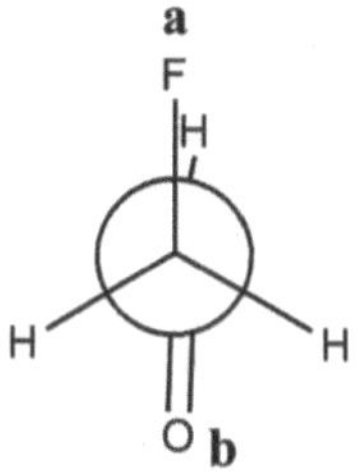 ap 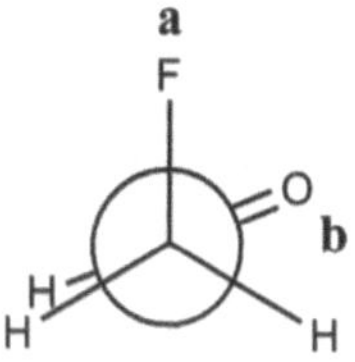 +sc

CAPÍTULO 11
RELAÇÃO ENTRE GRUPOS DE UMA MOLÉCULA

11.1 TOPICIDADE

A topicidade descreve a relação entre grupos e átomos numa dada molécula, e é muito usada principalmente para distinguir átomos de hidrogênios contidos no mesmo carbono. É uma ferramenta muito importante nas análises de hidrogênios na espectroscopia de ressonância magnética nuclear (RMN^{1}H).

Os grupos ou átomos de uma molécula podem ser homotópicos (equivalentes), enantiotópicos e diastereotópicos.

11.2 GRUPOS HOMOTÓPICOS (EQUIVALENTES)

No caso do modelo molecular a seguir, em que a e b são iguais:

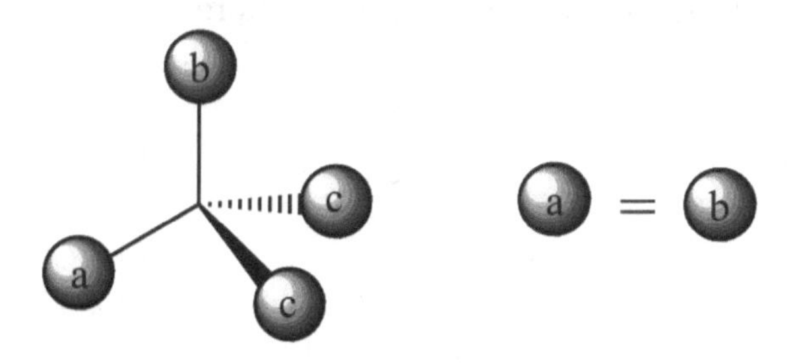

Nesse tipo de modelo, os dois átomos **c,** assim como os substituintes **a** e **b,** são grupos equivalentes. Uma forma de saber se os grupos de átomos são equivalentes é aplicando a operação do tipo Cn ($1<n<\infty$). Por exemplo, se, numa operação do tipo C_2, a molécula permanece inalterada, então os grupos de átomos são topologicamente equivalentes. A estrutura (a) a seguir é totalmente simétrica, pois apresenta tanto um eixo de simetria de ordem 2 (C_2) quanto um plano de simetria.

Rotação de 180°

(a) (b)

Exemplos

Rotação de 180°

Rotação de 180°

Quando dois átomos ou grupos são quimicamente equivalentes, a substituição de cada um deles por qualquer outro átomo ou grupo conduz à formação de estruturas idênticas. Nos exemplos a seguir, do diclorometano e 1,1-Dicloroeteno, as substituições dos hidrogênios por deutério, ou por qualquer outro átomo, conduz à mesma molécula. Esses átomos de hidrogênios são topologicamente equivalentes e são chamados de homotópicos, assim como os átomos de cloro.

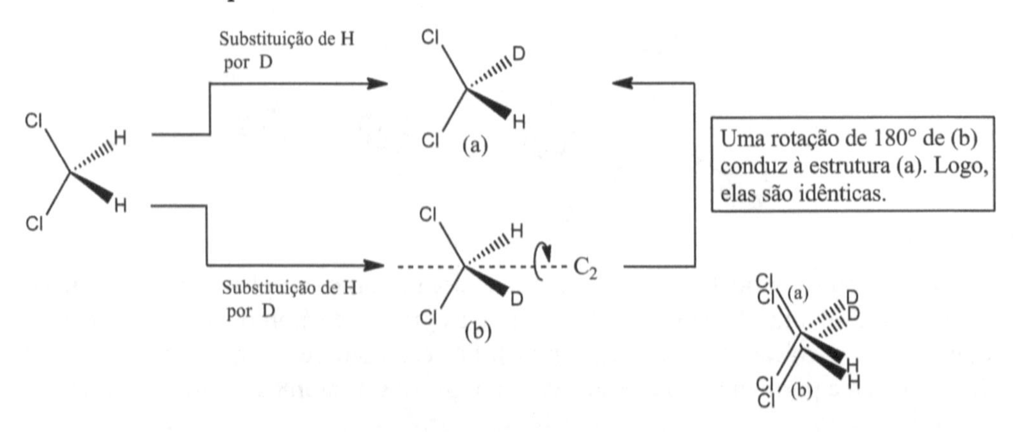

Substituição de H por D

Uma rotação de 180° de (b) conduz à estrutura (a). Logo, elas são idênticas.

Substituição de H por D

(a) (b) C_2

Numa molécula, todos os hidrogênios encontrados em ambientes quimicamente idênticos são quimicamente equivalentes (equivalentes em reações químicas) e possuem, em geral, o mesmo deslocamento químico (δ) na RMN^{1}H.

Os hidrogênios homotópicos não são diferenciados pela RMN^{1}H, porque eles entram em ressonância na mesma frequência, não acoplam entre si e possuem o mesmo deslocamento químico (δ) em qualquer ambiente, quiral ou não (reagentes ou solventes). Diz-se que os hidrogênios são quimicamente equivalentes. Termos como simpleto, dupleto, tripleto, quarteto, sexteto e septeto, encontrados nas figuras, referem-se à multiplicidade de sinais. São os números de picos esperados para o acoplamento vicinal em um espectro de RMN^{1}H.

Exemplos

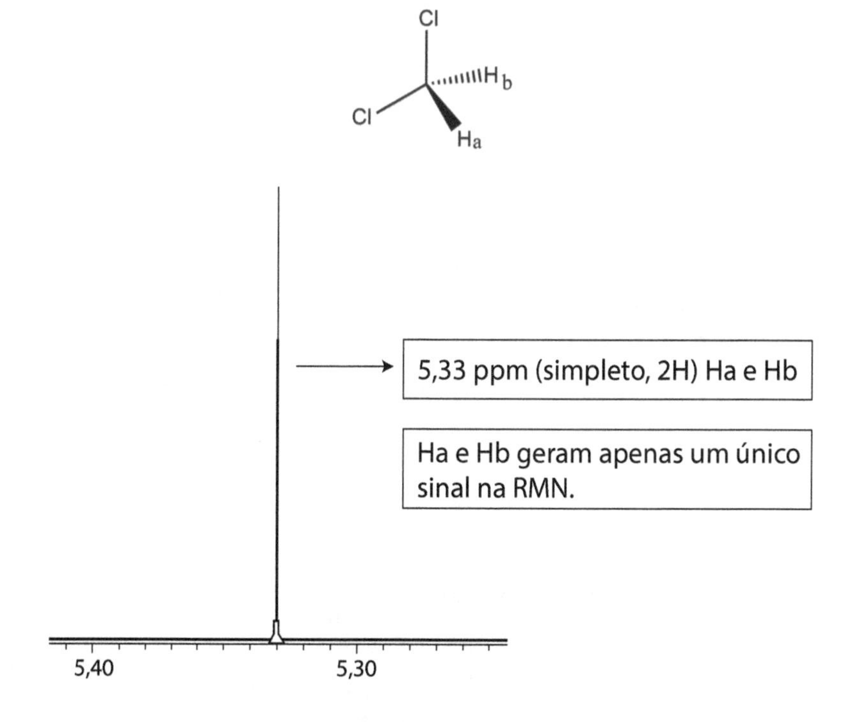

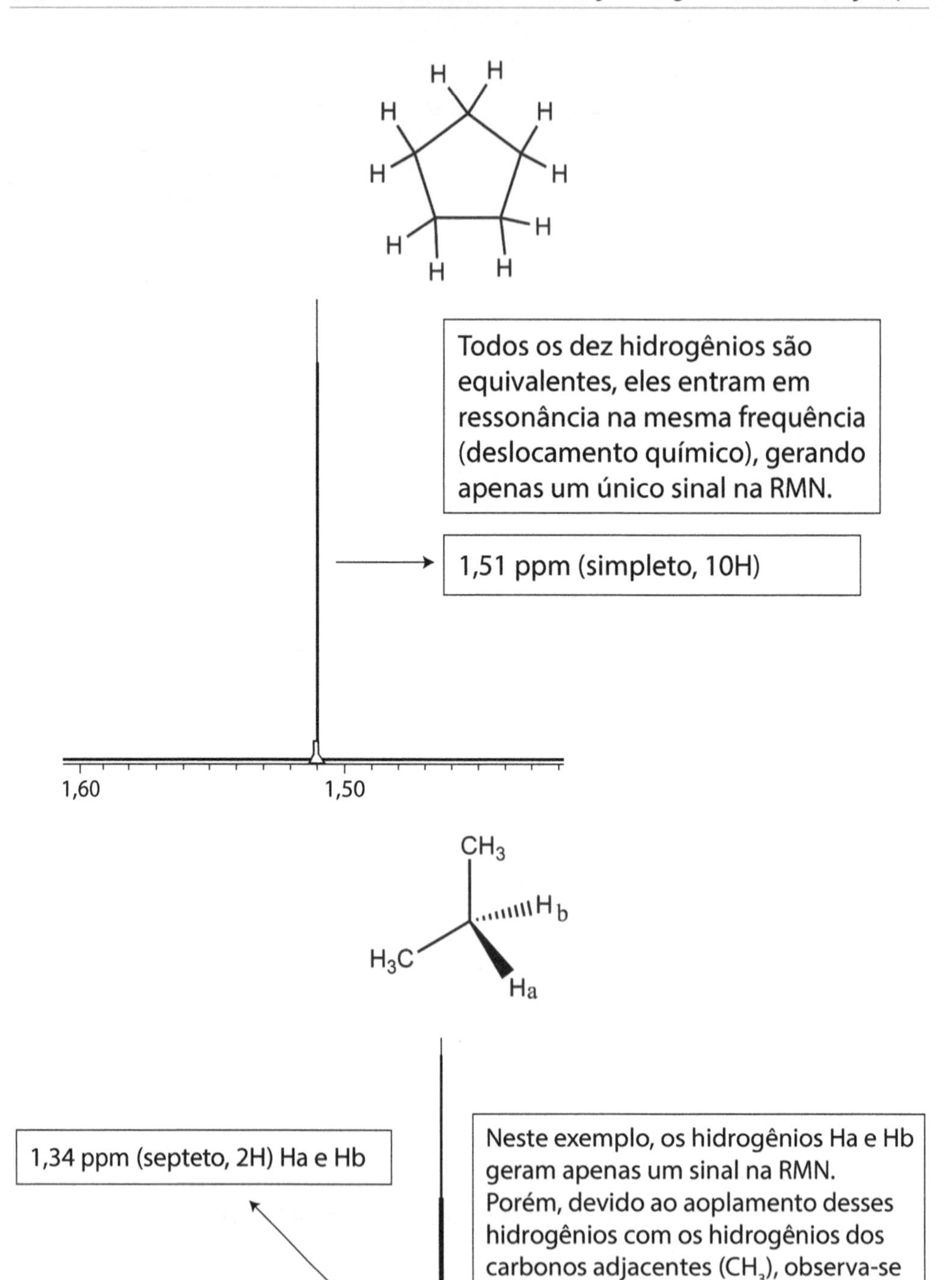

H
Todos os dez hidrogênios são equivalentes, eles entram em ressonância na mesma frequência (deslocamento químico), gerando apenas um único sinal na RMN.
1,51 ppm (simpleto, 10H)
1,60
1,50
CH3
Hb
H3C
Ha
1,34 ppm (septeto, 2H) Ha e Hb
Neste exemplo, os hidrogênios Ha e Hb geram apenas um sinal na RMN. Porém, devido ao aoplamento desses hidrogênios com os hidrogênios dos carbonos adjacentes (CH3), observa-se um septeto.
3
2
1
0

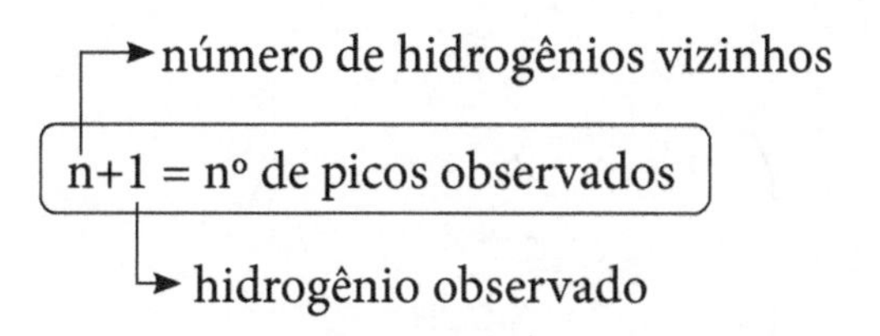

6H de CH_3 + 1 Hidrogênio Ha ou Hb = 7 picos (septeto)

11.3 GRUPOS ENANTIOTÓPICOS

No caso do modelo molecular a seguir, a e b são diferentes:

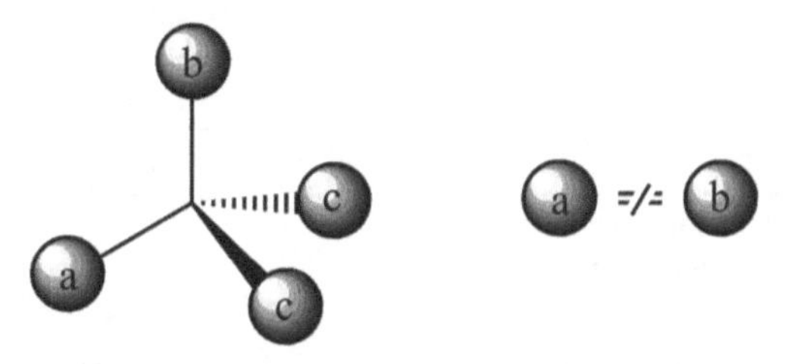

Neste tipo de modelo, se os dois átomos **c** idênticos forem permutáveis por uma operação S_n sem modificar a estrutura original, então, esses grupos **c** serão chamados de grupos ou átomos enantiotópicos.

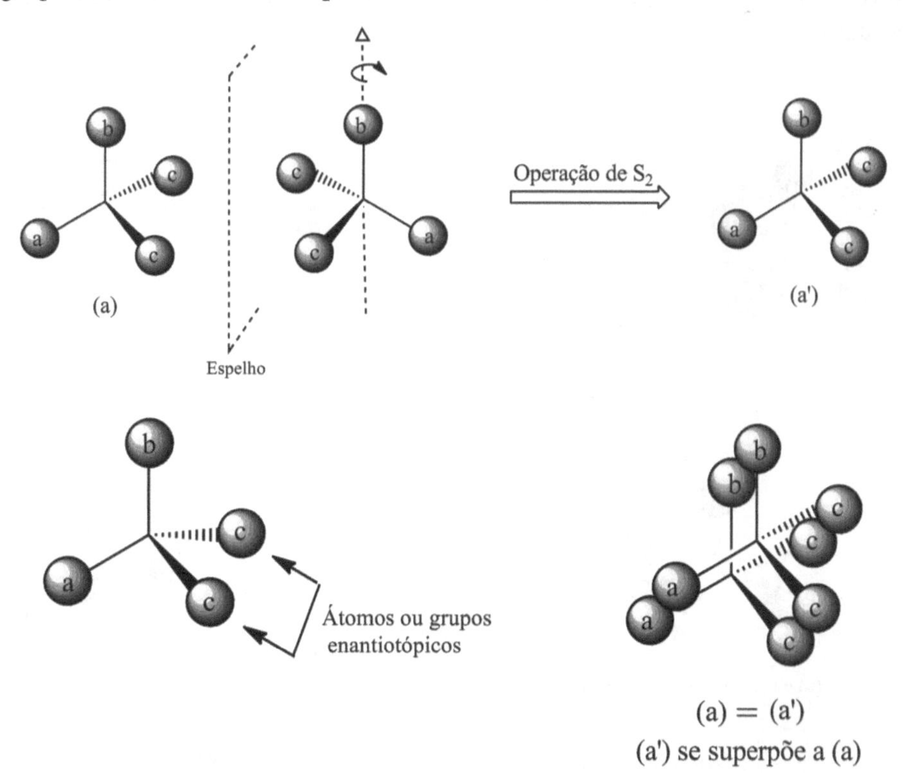

Exemplo

COOH
H₃C H H
(a)

Operação S_2

(a')

$(a') = (a)$
(a') se superpõe a (a)

Átomos de hidrogênios enantiotópicos

Outra forma de saber se os átomos são enantiotópicos seria a substituição alternada por grupos ou átomos aquirais. Então, a substituição alternada dos grupos **c** por um grupo **d** aquiral leva à formação de um par de enantiômeros. Um giro em torno do eixo vertical (Δ) mostra que a estrutura **b** é imagem especular de **a**. **A** e **b** são imagens especulares um do outro, não superponíveis.

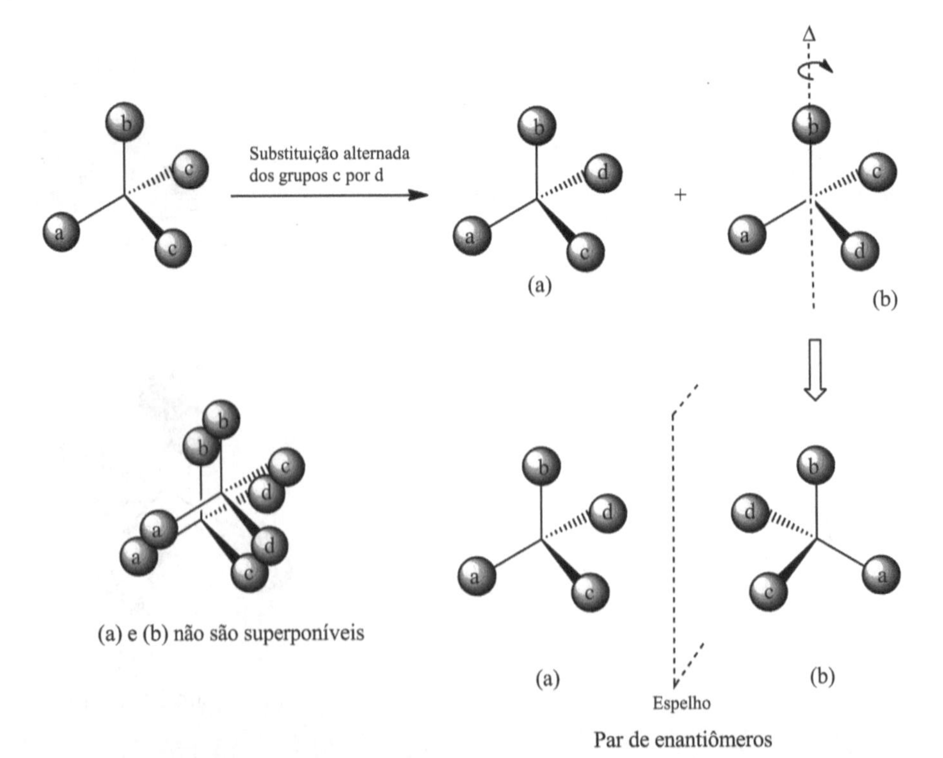

No ácido propanóico, a substituição alternada dos átomos de H por átomos de deutério, ou por qualquer outro átomo, leva à formação de um par de enantiômeros **a** e **b**. Um giro em torno do eixo vertical Δ mostra que a estrutura **b** é imagem especular de **a** e elas não são superponíveis. Os hidrogênios envolvidos são enantiotópicos.

Substituição alternada dos H por deutério (D)

Ácido propanóico

a e b não são superponíveis

Par de enantiômeros

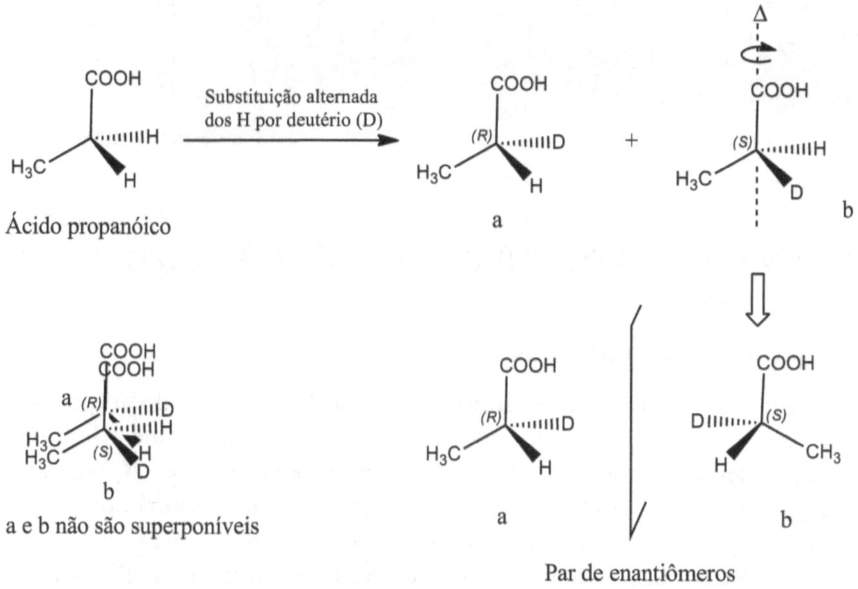

No 3-Cloro-1-Propeno, a substituição alternada dos átomos de hidrogênios (H) por átomos de deutério (D) leva à formação de um par de enantiômeros **a** e **b**. Um giro em torno do eixo vertical (Δ) mostra que a estrutura **b** é imagem especular da estrutura **a** e elas não são superponíveis. Contudo, os hidrogênios envolvidos são enantiotópicos.

Substituição alternada dos H por D

3-cloro-1-propeno

a e b não são superponíveis

Par de enantiômeros

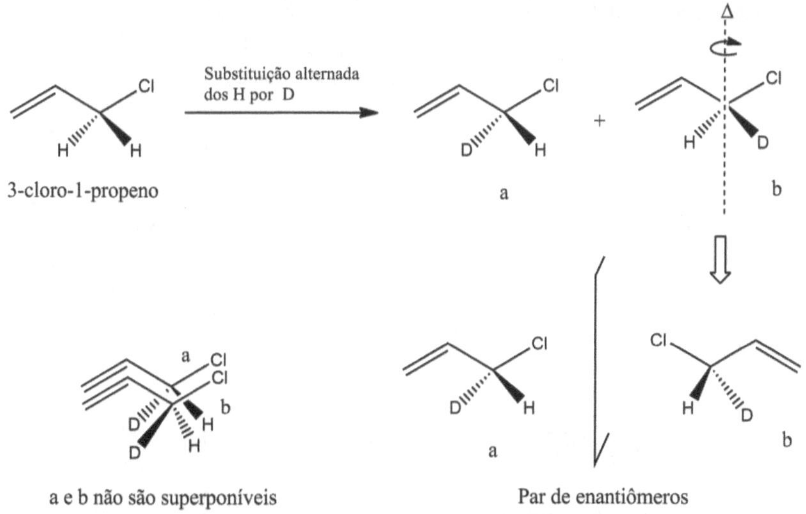

No 1-Cloro-1-Metil-Ciclopropano, a substituição alternada dos átomos de hidrogênios (Ha) por átomos de deutério (D), leva também a formação de um par de enantiômeros **a** e **b**. Os hidrogênios Ha e Hb são enantiotópicos.

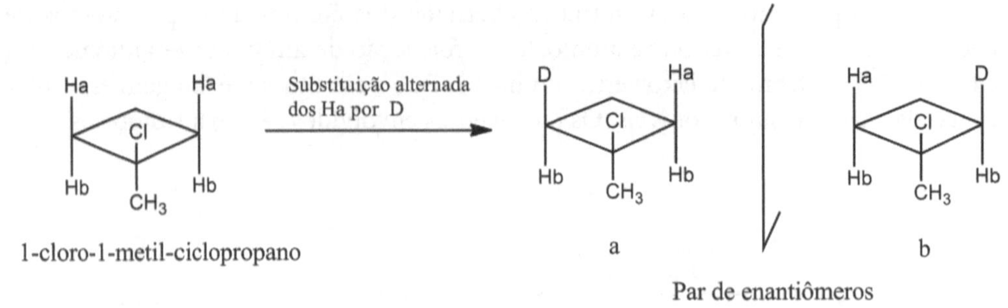

Substituição alternada dos Ha por D

1-cloro-1-metil-ciclopropano

a b

Par de enantiômeros

11.4 ANÁLISE ENVOLVENDO HIDROGÊNIOS HOMOTÓPICOS E ENÂNTIOTÓPICOS

Exemplo do bromo-metoxi-metano

Os hidrogênios geminal são enantiotópicos e os hidrogênios do grupo metoxi são homotópicos. Como já vimos, a substituição alternada dos átomos de hidrogênios geminais por deutério leva à formação de um par de enantiômeros. Observa-se que a substituição alternada dos átomos de hidrogênios do grupo metoxi por deutério leva ao mesmo composto. A rotação livre do grupo metila ao redor da ligação C-O garante que os três hidrogênios sejam equivalentes e gerem um simpleto na RMN^{1}H.

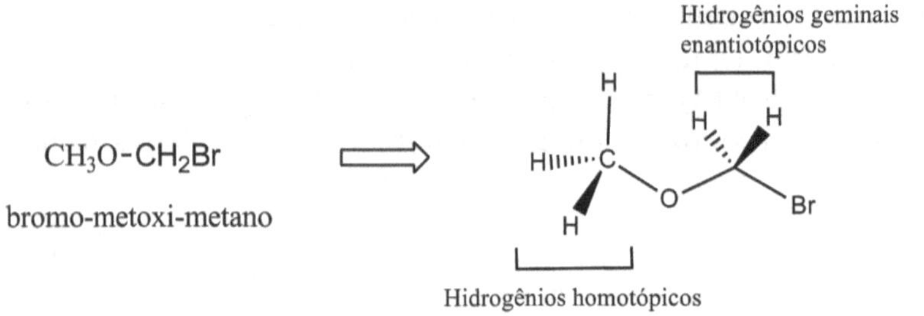

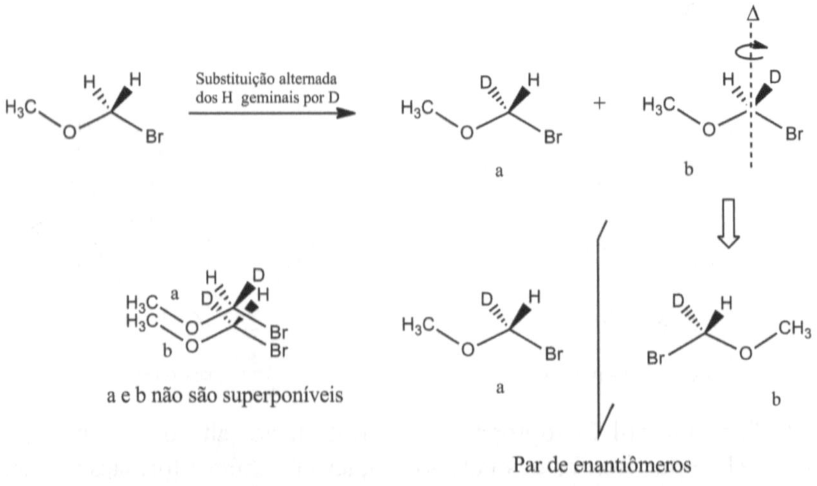

CH_3O-CH_2Br

bromo-metoxi-metano

Hidrogênios geminais enantiotópicos

Hidrogênios homotópicos

Substituição alternada dos H geminais por D

a b

a e b não são superponíveis

a b

Par de enantiômeros

Substituição alternada dos H metila por D

$D-CH_2O\ CH_2Br$

Mesmo composto

A rotação livre do grupo metila ao redor da ligação C-O garante que os três hidrogênios sejam equivalentes.

Mesmo composto

Os hidrogênios enantiotópicos não são diferenciados pela RMN^{1}H (deslocamentos químicos iguais) porque eles entram em ressonância na mesma frequência, não acoplam entre si. Eles são quimicamente equivalentes em um solvente aquiral, mas quimicamente não equivalentes em um solvente quiral.

Exemplos

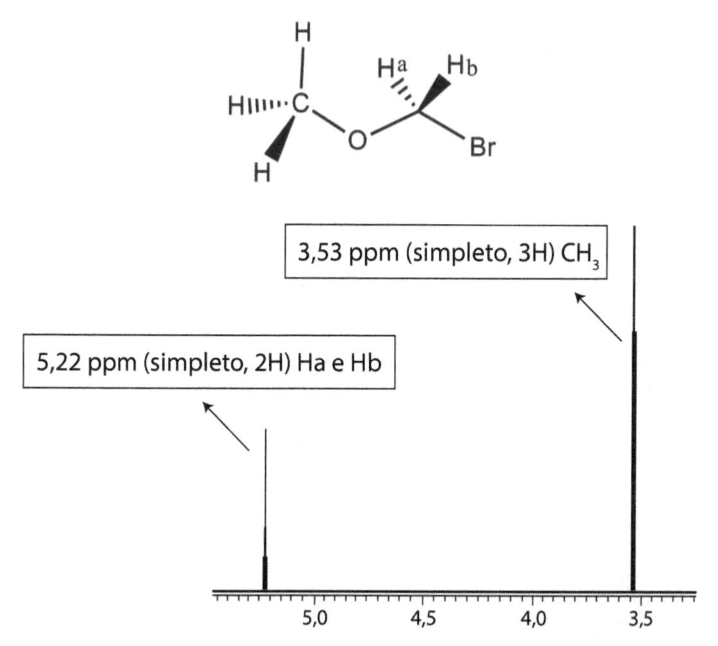

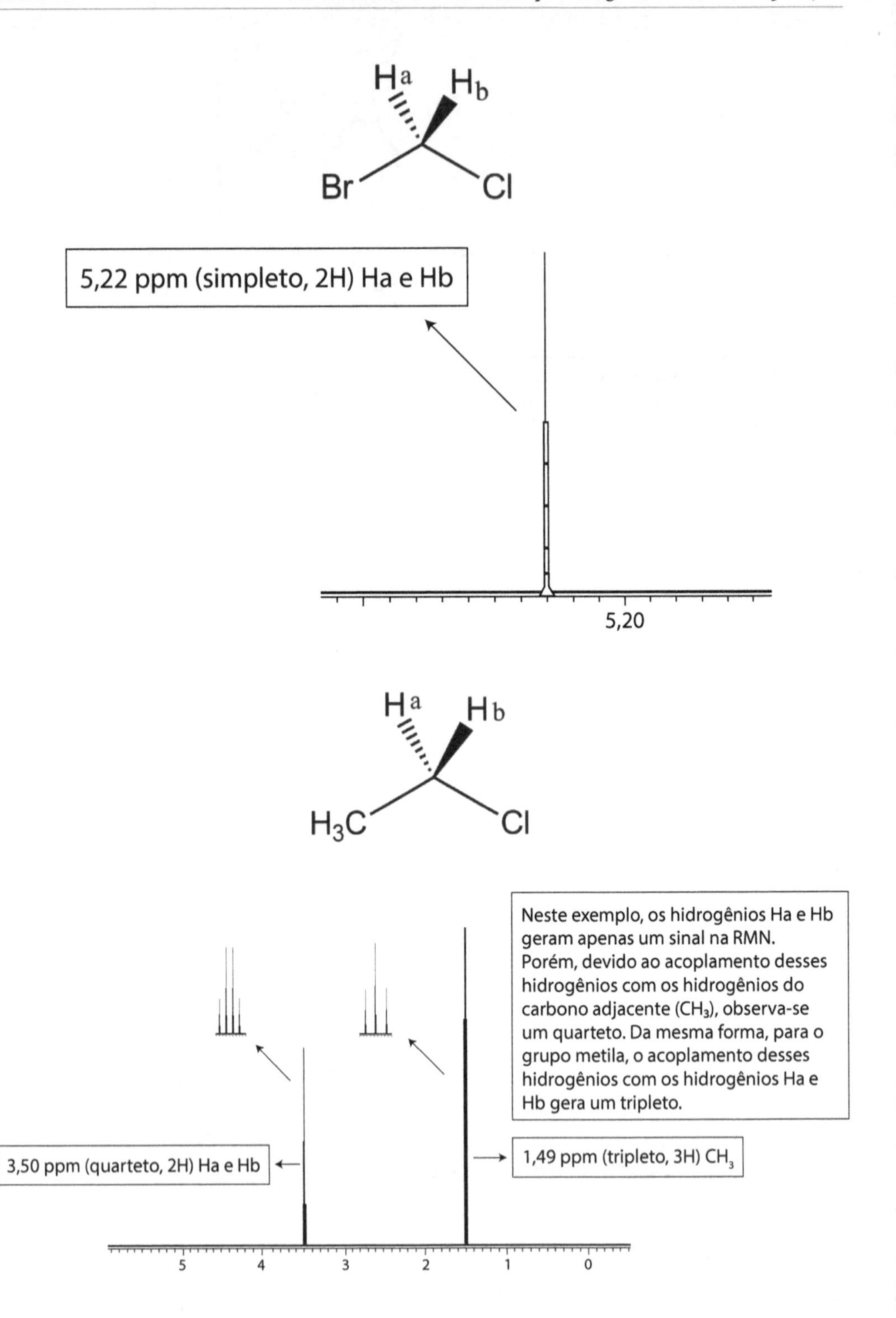
Ha
Hb
Br
Cl
5,22 ppm (simpleto, 2H) Ha e Hb
5,20
Ha
Hb
H3C
Cl
Neste exemplo, os hidrogênios Ha e Hb geram apenas um sinal na RMN. Porém, devido ao acoplamento desses hidrogênios com os hidrogênios do carbono adjacente (CH3), observa-se um quarteto. Da mesma forma, para o grupo metila, o acoplamento desses hidrogênios com os hidrogênios Ha e Hb gera um tripleto.
3,50 ppm (quarteto, 2H) Ha e Hb
1,49 ppm (tripleto, 3H) CH3
5
4
3
2
1
0

11.5 GRUPOS DIASTEREOTÓPICOS

No caso do modelo molecular a seguir, há um centro estereogênico:

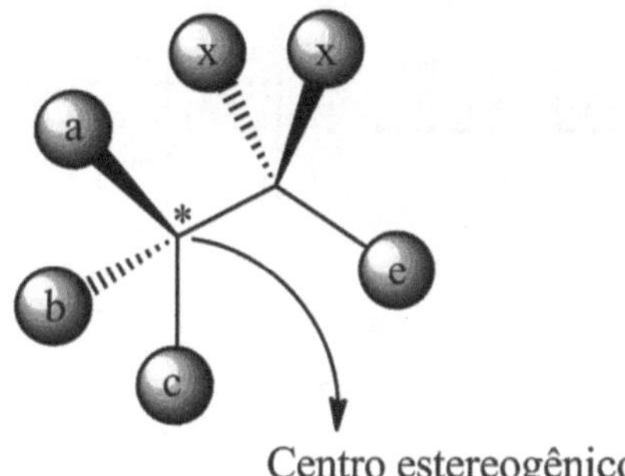

Neste tipo de estrutura molecular, os dois átomos ou grupos **x** em α de um centro estereogênico são chamados de átomos ou grupos diastereotópicos. Então, a substituição de cada um deles por qualquer outro átomo ou grupo conduz à formação de compostos que são diastereoisômeros.

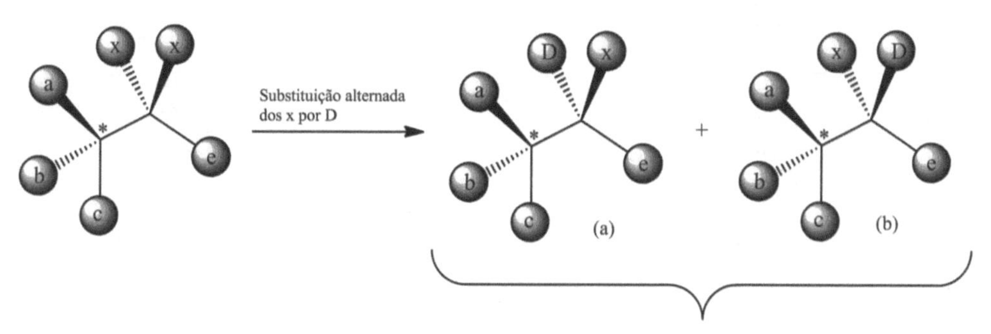

Exemplos

No (*S*)-2-cloro-butano, a substituição alternada dos átomos de H por átomos de deutério, ou por qualquer outro átomo, por exemplo, leva a formação de um par de diastereoisômeros.

Substituição alternada dos H geminais por D

(*S*)-2-cloro-butano

(a) + (b)

par de diastereoisômeros

Na estrutura de Fischer abaixo, do (*R*)-2-hidroxi-butanal, a substituição de cada um dos átomos de H por átomos de deutério gerou a formação de um par de diastereoisômeros.

Substituição alternada dos H geminais por D

(*R*)-2-hidroxi-butanal

(a) (b)

Par de diastereoisômeros

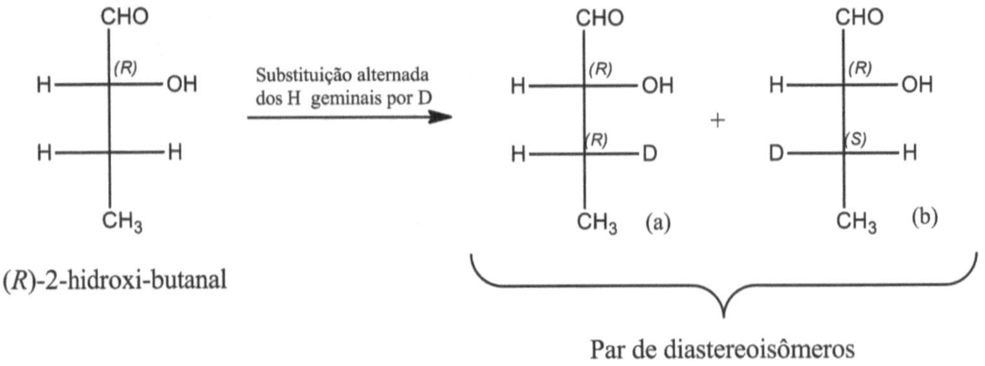

No cloroeteno, a substituição de cada um dos hidrogênios do grupo $=CH_2$ por deutério gerou dois compostos que são diastereoisômeros.

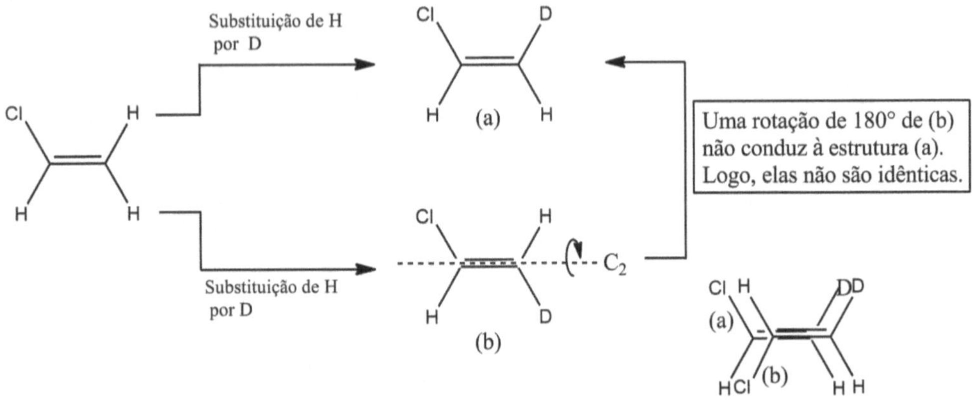

Substituição de H por D

Uma rotação de 180° de (b) não conduz à estrutura (a). Logo, elas não são idênticas.

Substituição de H por D

(a) (b)

Observação: Para que dois átomos **x** sejam diastereotópicos, não é necessário que eles estejam em α de um centro estereogênico, podem estar afastados.

Por exemplo, no ácido (*S*)-2-(4-propil-fenil)-propanóico, a substituição alternada dos átomos de H, tanto do grupo metileno ligado diretamente ao anel benzeno quanto ao próximo de átomos de deutério, leva à formação de um par de diastereoisômeros.

Substituição alternada dos H por D

(a) (b)

Par de diastereoisômeros

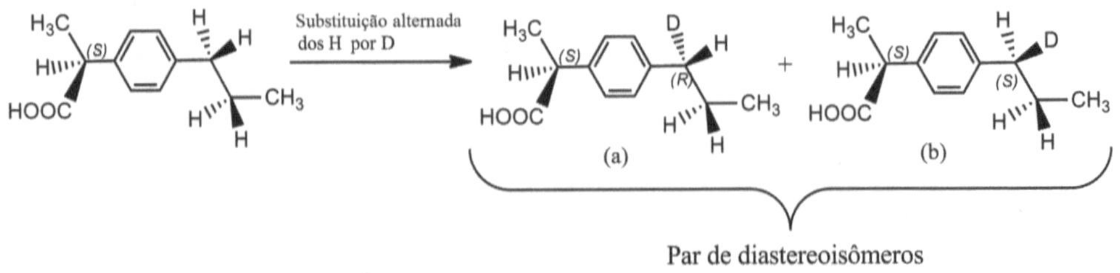

Substituição alternada dos H por D

(a) (b)

Par de diastereoisômeros

Grupos diastereotópicos não são equivalentes. Os hidrogênios possuem deslocamentos químicos diferentes na RMN. Em muitos compostos, os hidrogênios geminais diastereotópicos são diferentes e, em geral, se separam em dubletos na ausência de acoplamentos com outro grupo de núcleos. Contudo, em alguns casos existem diferenças tão pequenas entre os deslocamentos químicos desses hidrogênios geminais que não é fácil observá-las. Desta forma, os dois hidrogênios funcionam como um único grupo.

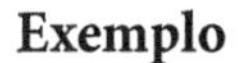

Exemplo

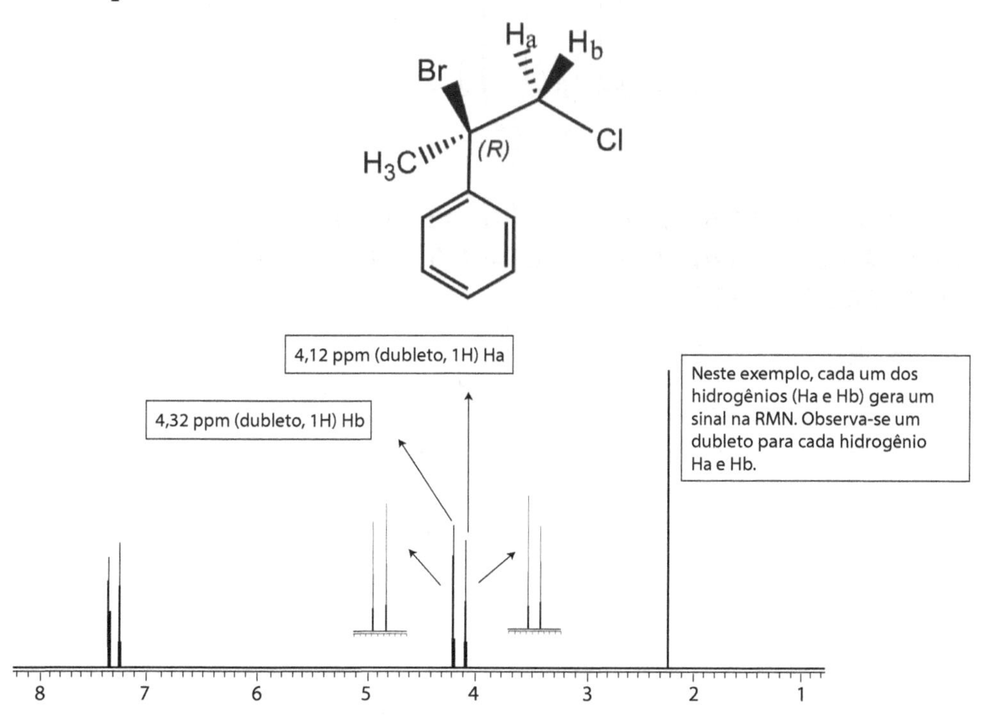

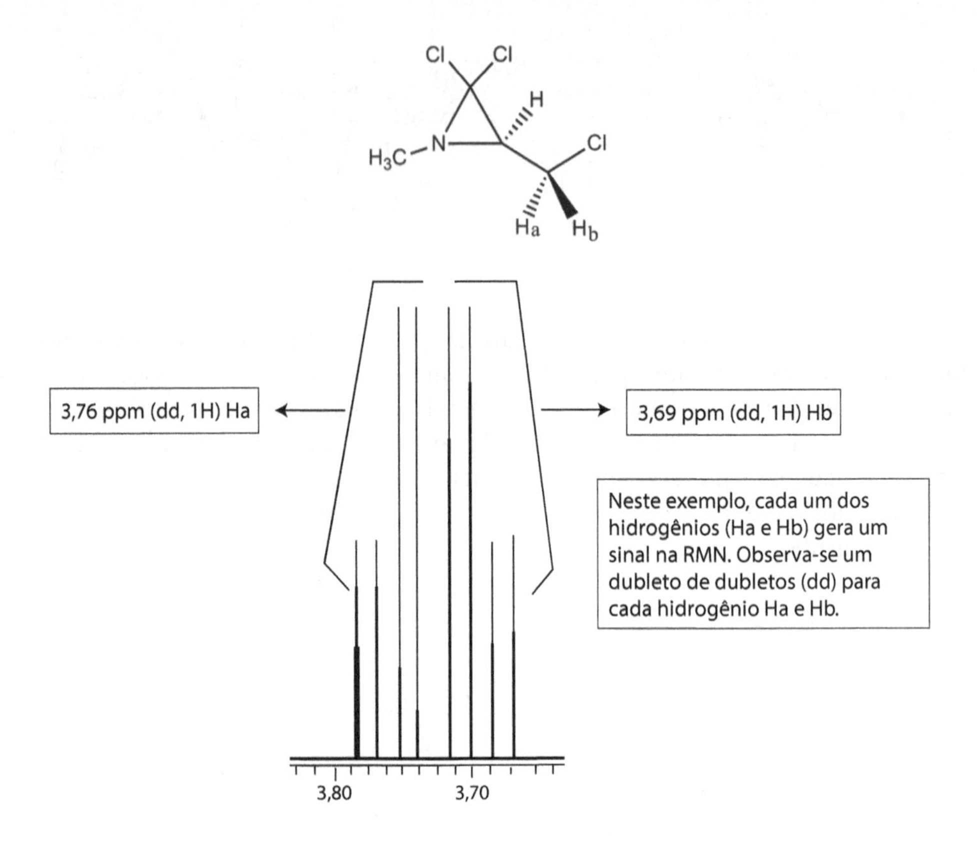

11.6 EXEMPLOS DE HIDROGÊNIOS GEMINAIS E METILAS GEMINAIS HOMOTÓPICOS, ENANTIOTÓPICOS E DIASTEREOTÓPICOS

1) R_1, R_2, R_3, R_4, R_5, R_6, R_7, R_8

2) R_1, R_2, R_3, R_4, R_5, R_6, R_7, R_8 (*)

3) R_1, R_2, R_3, R_4, R_5, R_6, R_7, R_8 (*)

$R_4 \neq R_5$

Exemplos

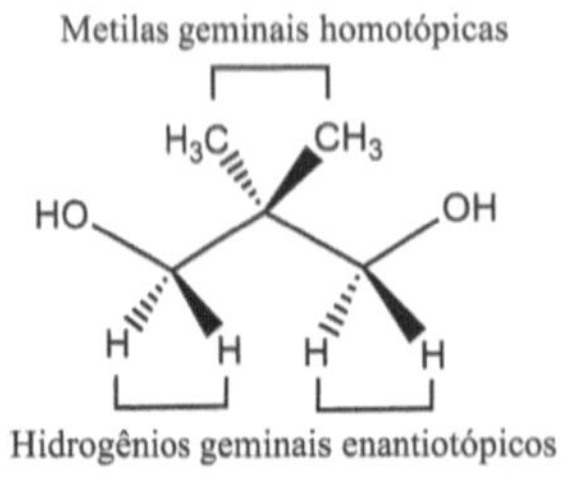

Metilas geminais diastereotópicas

H_3C, CH_3, H, OH, HO, CH_3, H, H

Hidrogênios geminais diastereotópicos

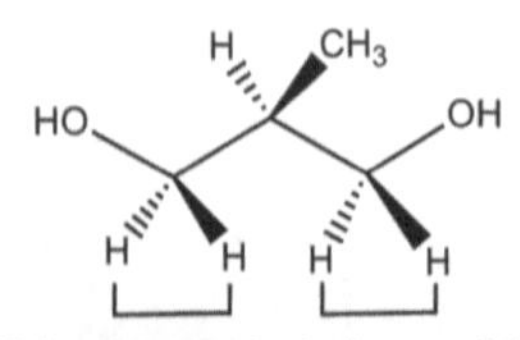

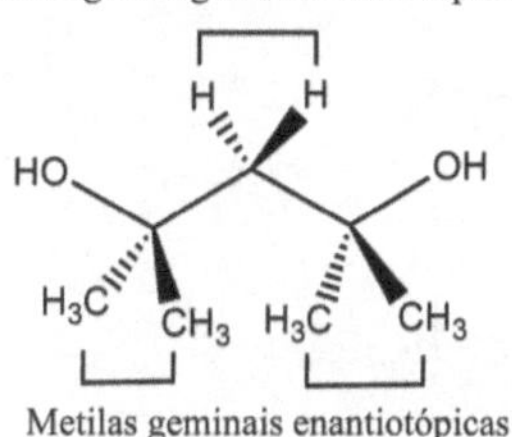

Hidrogênios geminais diastereotópicos

H H
H OH
HO CH_3 H_3C CH_3

Metilas geminais diastereotópicas

H COOH
HOOC COOH
H H H H

Hidrogênios geminais diastereotópicos

Exercícios resolvidos

1) Nas estruturas a seguir do 1,3-Difenilpropano-1,3-Diol, os hidrogênios do carbono 2, assim como os hidrogênios do carbono 1 e 3, são homotópicos, enantiotópicos ou diastereotópicos?

a) 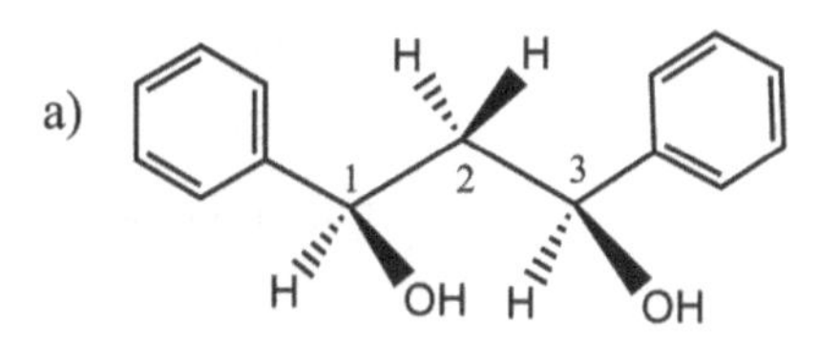

b)

H H
1 2 3
H OH H OH

Resposta

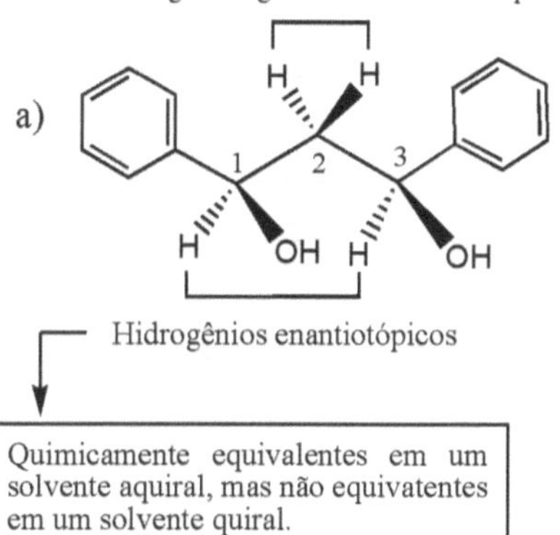

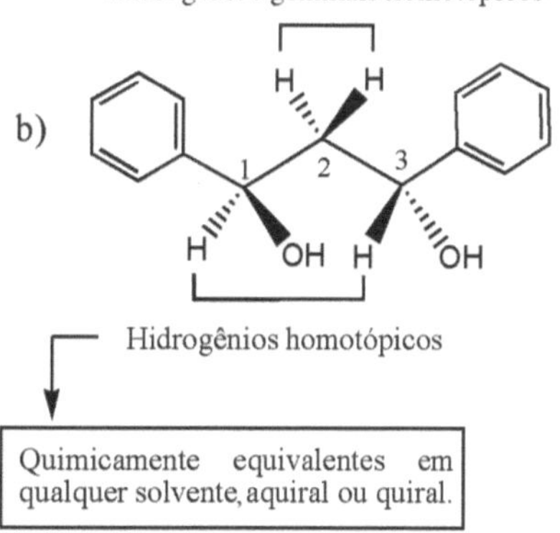

2) Nas estruturas a seguir, os hidrogênios marcados são homotópicos, enantiotópicos ou diastereotópicos?

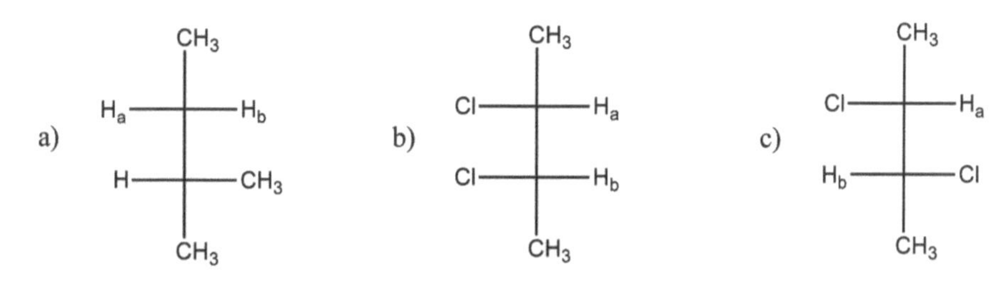

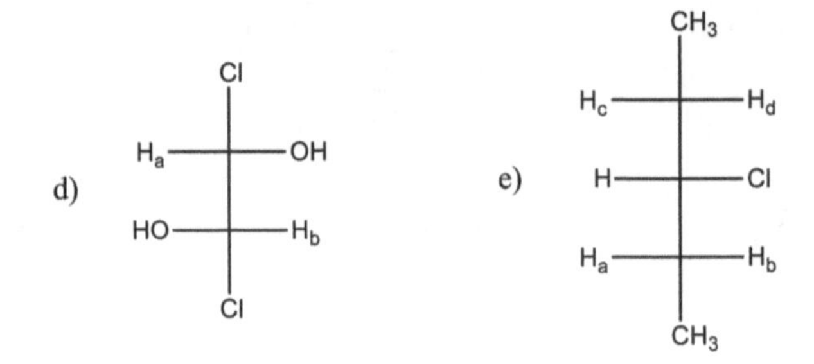

Resposta

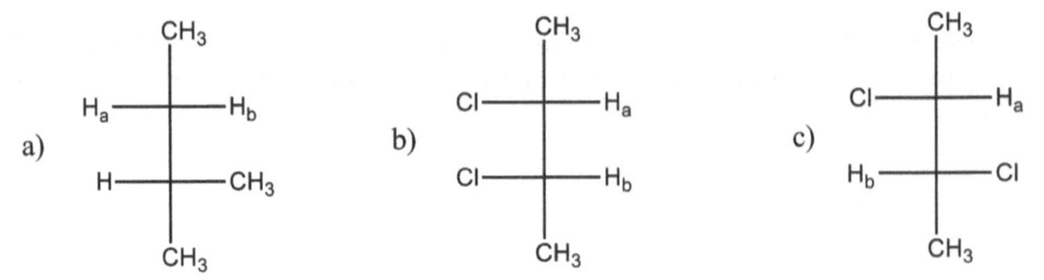

a) H_a e H_b são enantiotópicos

b) H_a e H_b são enantiotópicos

c) H_a e H_b são homotópicos

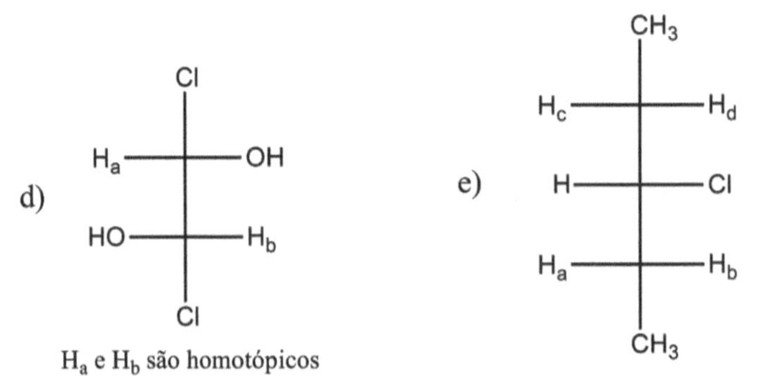

d) H_a e H_b são homotópicos

e) H_a e H_c são enantiotópicos
H_a e H_b são diastereotópicos
H_c e H_d são diastereotópicos

CAPÍTULO 12

FACES HOMOTÓPICAS, FACES ENANTIOTÓPICAS E FACES DIASTEREOTÓPICAS

Como já mencionado anteriormente, as faces planas de um centro trigonal do tipo (C=X, RR_1) podem ser diferenciadas pelas configurações, faces *si* e *re*. É importante salientar que só podem existir faces *si* e *re* quando os três substituintes do centro forem diferentes entre si. Dependendo dos substituintes, as faces podem ser homotópicas, enantiotópicas ou diastereotópicas.

12.1 FACES HOMOTÓPICAS

Quando se tem moléculas com sistema do tipo (C=X, R, R_1, em que os substituintes são iguais: R = R_1), suas duas faces se tornam idênticas. No esquema geral a seguir, adicionando um reagente nucleófilo ao composto carbonílico, a probabilidade de ele entrar por trás ou pela frente é a mesma. Nesse caso, os produtos formados são iguais. Observe que, após um giro de 180° em torno do eixo vertical, as estruturas (b) e (a) se superpõem.

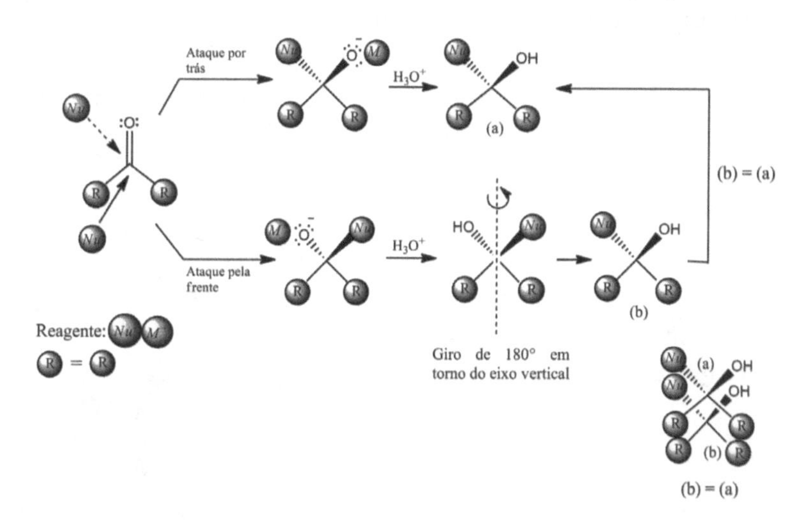

Exemplo

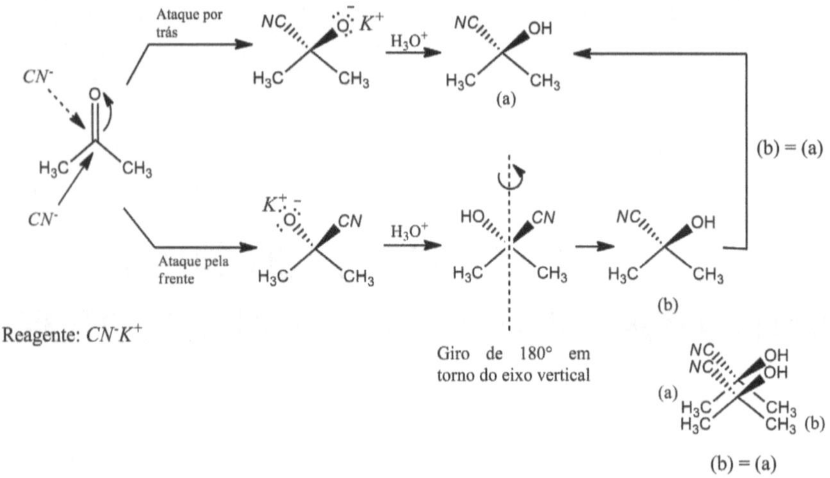

Reagente: CN^-K^+

No exemplo anterior, utilizando como substrato a propanona e o reagente cianeto de potássio, o ataque do nucleófilo por trás forma uma cianoidrina (a) e o ataque pela frente forma uma cianoidrina (b). Então, após um giro de 180° em torno do eixo vertical, as estruturas (b) e (a) se superpõem. Logo, elas são iguais.

12.2 FACES ENANTIOTÓPICAS

Quando se tem moléculas com sistema do tipo (C=X, R, R_1, em que os substituintes são diferentes: $R \neq R_1$), suas duas faces são diferenciadas pelas configurações, faces *si* e *re*. No esquema geral a seguir, adicionando um reagente nucleófilo ao composto carbonílico, a probabilidade dele entrar por trás ou pela frente é a mesma, desde que não sejam usados reagentes ou solventes quirais. Nesse caso os produtos formados são enantiômeros, dessa forma as faces *si* e *re* nessas moléculas são enantiotópicas. Observe no esquema que, após um giro de 180° em torno do eixo vertical, as estruturas (b) e (a) não se superpõem. É importante salientar que não há uma relação entre *re* ou *si* e a configuração absoluta *R* ou *S*, sobretudo, a entrada de um nucleófilo pela face si tanto pode dar origem ao enantiômero *R* como ao *S*.

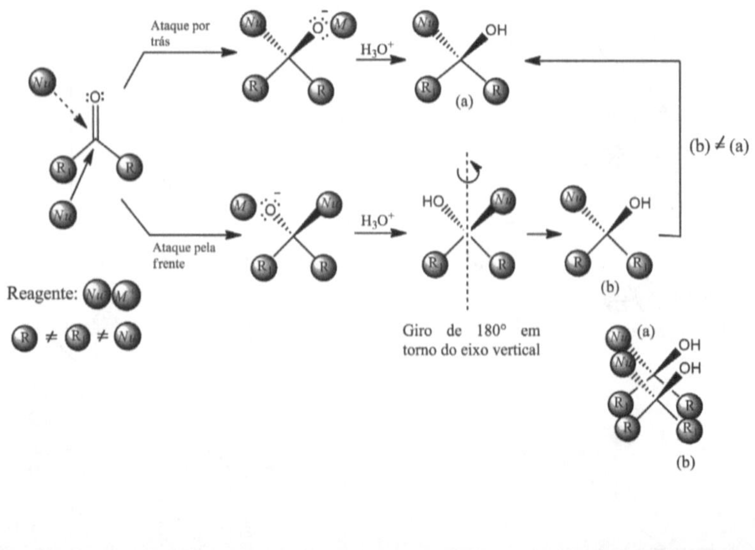

Exemplo

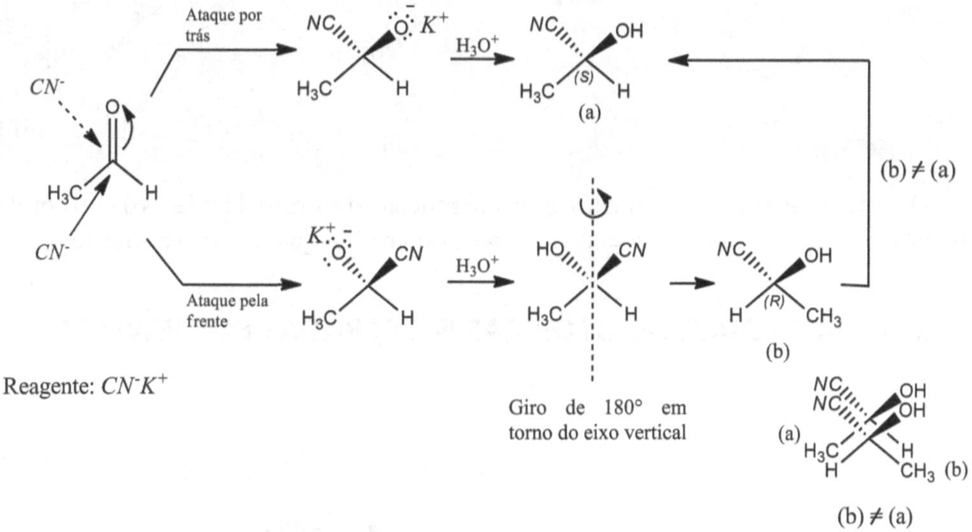

Reagente: CN^-K^+

Giro de 180° em torno do eixo vertical

No exemplo anterior, utilizando como substrato o etanal e o reagente cianeto de potássio, o ataque do nucleófilo por trás (face *re)* forma uma cianoidrina (a) de configuração (*S*), e o ataque pela frente (face *si*) forma uma cianoidrina (b) de configuração (*R*). Logo, elas não se superpõem e são enantiômeros. Como nenhum material de partida ou reagente apresenta quiralidade, os produtos obtidos são mistura racêmica.

12.3 FACES DIASTEREOTÓPICAS

Quando não se tem um centro estereogênico vizinho ao grupo carbonila, o ataque do reagente nucleófilo nas duas faces ocorre com a mesma probalilidade, sem nenhuma estereosseletividade, levando a uma mistura racêmica. Veja o exemplo a seguir.

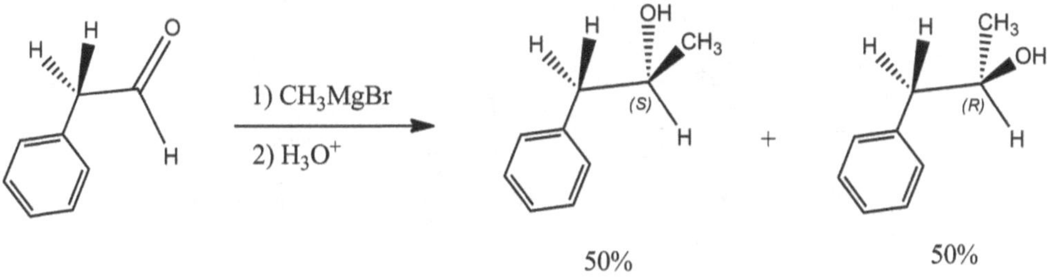

1) CH_3MgBr
2) H_3O^+

50% 50%

Quando uma molécula apresenta um centro estereogênico vizinho a uma carbonila, observa-se experimentalmente que esse centro induz a uma diastereosseletividade (formação de um diastereoisômero majoritário em relação ao outro) durante o ataque do nucleófilo.

Partindo do (*S*)-2-fenilbutanal, observa-se a formação, depois do ataque do nucleófilo, de 66% de álcool (*S*,*S*) e 34% de (*S*,*R*).

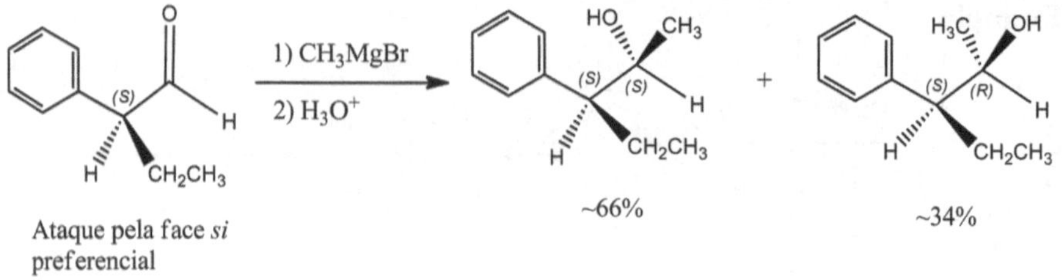
O
(S)
H
H
CH₂CH₃
Ataque pela face si
preferencial
1) CH₃MgBr
2) H₃O⁺
HO
CH₃
(S)
(S)
H
H
CH₂CH₃
~66%
+
H₃C
OH
(S)
(R)
H
H
CH₂CH₃
~34%

O centro estereogênico induziu a uma diferenciação entre as duas faces da carbonila, o que levou a uma mistura de dois diastereoisômeros na qual um é majoritário.

12.4 FACES DIASTEREOTÓPICAS MOSTRADAS EM NEWMAN

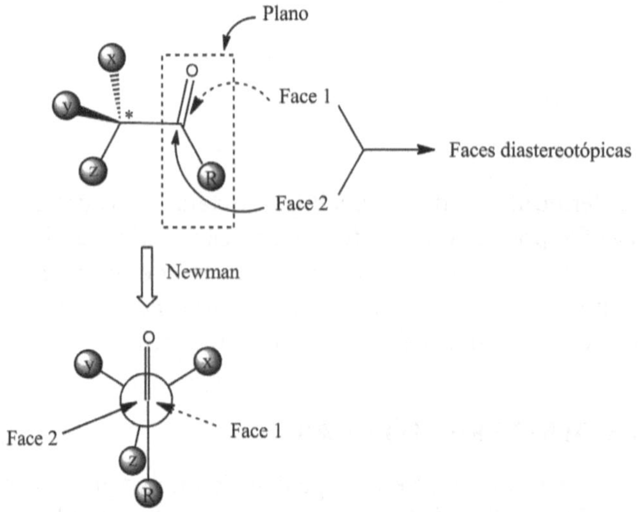
Plano
O
Face 1
Face 2
Faces diastereotópicas
Newman
O
Face 2
Face 1

Os reagentes nucleófilos aquirais e quirais fazem distinção entre essas faces diastereotópicas, levando a formação de dois produtos diastereoisômeros possíveis, (a) e (b).

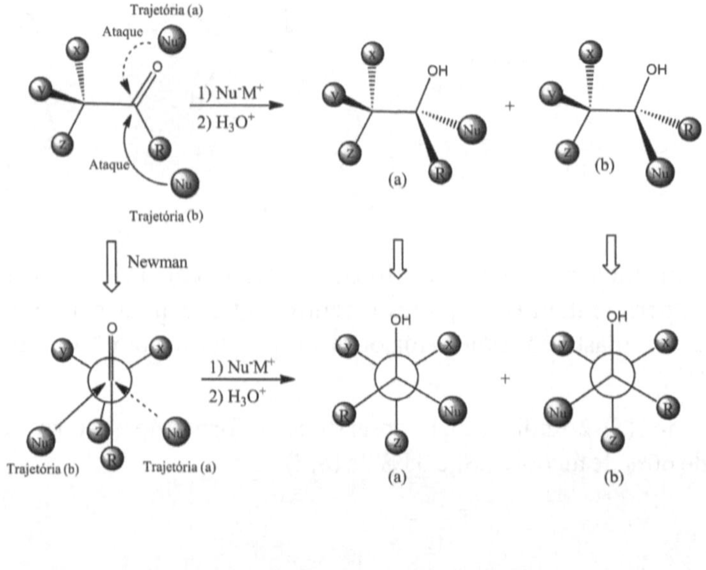
Trajetória (a)
Ataque
O
Ataque
Trajetória (b)
1) Nu⁻M⁺
2) H₃O⁺
OH
(a)
+
OH
(b)
Newman
O
Trajetória (b)
Trajetória (a)
1) Nu⁻M⁺
2) H₃O⁺
OH
(a)
+
OH
(b)

Com o objetivo de tentar prever qual dos diastereoisômeros formados experimentalmente é majoritário, foram elaborados diferentes modelos teóricos a partir de uma conformação privilegiada, como modelo de Cram (1952), modelo de Cram quelado (1959), modelo de Cornoforth (1959), modelo de Karabatsos (1967), modelo de Felkin (1968), modelo de Felkin e Ahn (1977), dentre outros, cada um com suas particularidades de previsão.

12.5 MODELO DE CRAM (1952)

A conformação proposta por Cram é a mais simples e a mais antiga.

Esse modelo considera a carbonila mais volumosa do que o substituinte R. O grupo grande ou volumoso do carbono de trás se encontra antiparalelo à carbonila ou eclipsado com o grupo R. Esse modelo mostrou-se útil quando não há substituintes polares no centro estereogênico em α. Ele também não leva em consideração a repulsão entre os grupos R e G.

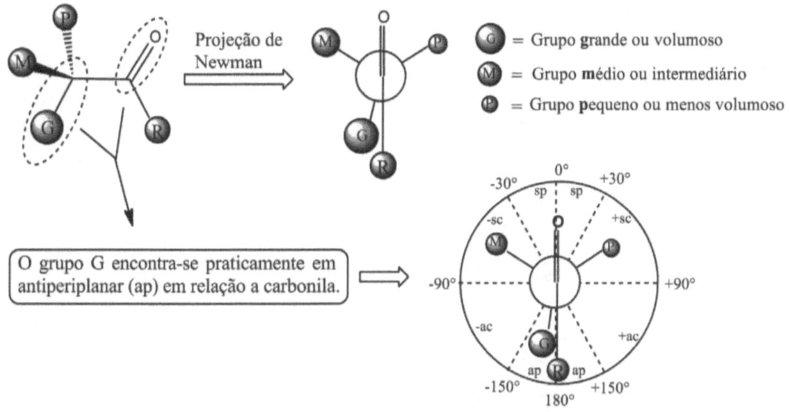

Projeção de Newman

G = Grupo grande ou volumoso
M = Grupo médio ou intermediário
P = Grupo pequeno ou menos volumoso

O grupo G encontra-se praticamente em antiperiplanar (ap) em relação a carbonila.

0° -30° +30° sp sp -sc +sc -90° +90° -ac +ac ap ap -150° +150° 180°

O ataque do nucleófilo, que ocorre preferencialmente sobre a face menos impedida (do lado do pequeno grupo), conduz à formação do diastereoisômero majoritário.

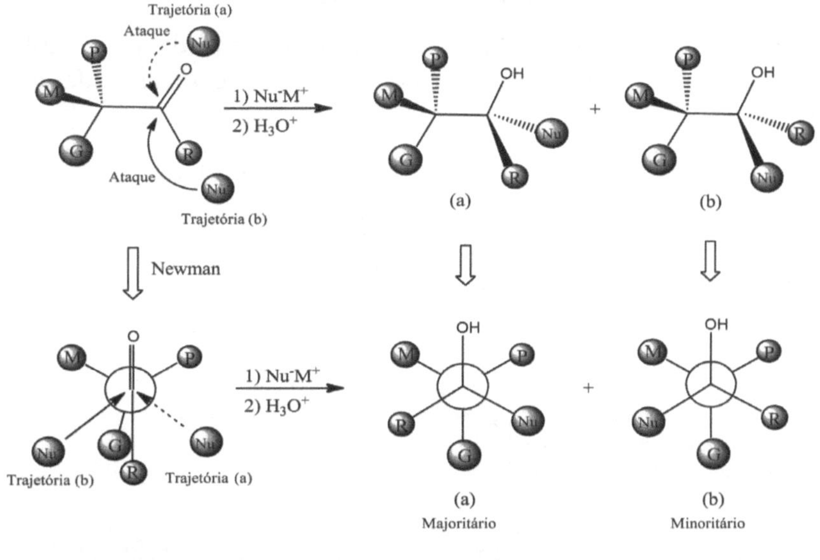

Trajetória (a) Ataque Ataque Trajetória (b)

1) Nu^-M^+
2) H_3O^+

(a) (b)

Newman

Trajetória (b) Trajetória (a)

1) Nu^-M^+
2) H_3O^+

(a) Majoritário

(b) Minoritário

12.6 MODELO QUELADO DE CRAM (1959)

Quando o centro estereogênico em α tem um grupo que é uma base de Lewis, observa-se uma quelação entre a carbonila, esse grupo e um contra íon metálico M^+, que é associado ao nucleófilo ou um ácido de Lewis. Essa quelação leva a uma conformação muito rígida, e o ataque do nucleófilo ocorre preferencialmente sobre a face menos impedida (do mesmo lado do pequeno grupo).

Ataque do nucleófilo pelo mesmo lado do pequeno grupo.

G = grupo **g**rande ou volumoso
M = grupo **m**édio ou intermediário
P = grupo **p**equeno ou menos volumoso
M^+ = íon metálico

Exemplo

NH_2 = grupo **g**rande
CH_3 = grupo **m**édio
H = grupo **p**equeno

12.7 MODELO DE CORNOFORTH (1959)

Este modelo considera também a carbonila mais volumosa do que o substituinte R. O grupo X, que é mais eletronegativo, encontra-se antiparalelo à carbonila ou eclipsado com o grupo R.

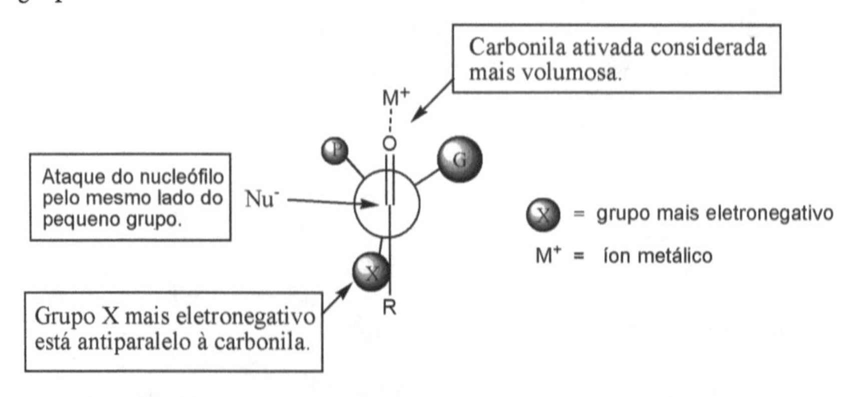
Carbonila ativada considerada mais volumosa.
M+
O
P
G
Ataque do nucleófilo pelo mesmo lado do pequeno grupo.
Nu-
X
R
Grupo X mais eletronegativo está antiparalelo à carbonila.
X = grupo mais eletronegativo
M+ = íon metálico

12.8 MODELO DE KARABATSOS (1967)

Este modelo considera a carbonila mais volumosa do que o substituinte R e o grupo médio no carbono de trás se encontra eclipsado com a carbonila ativada ou antiparalelo com o grupo R.

O grupo médio encontra-se eclipsado com a carbonila.

Ataque do nucleófilo pelo mesmo lado do pequeno grupo.

Nu⁻ M⁺ O M P G R

12.9 MODELO DE FELKIN (1968)

Neste modelo de conformação estrela, o grupo grande ou volumoso do carbono de trás se encontra em um ângulo de 90° em relação à carbonila. O ataque do nucleófilo ocorre do lado oposto ao grupo grande, com um ângulo de mais ou menos 90°.

M O 90° Nu⁻ G P R

Ataque do nucleófilo pelo mesmo lado do pequeno grupo ou pela face menos impedida.

O grupo grande encontra-se em um ângulo de 90° em relação à carbonila.

12.10 MODELO DE FELKIN E ANH (1977)

A diferença deste modelo para o anterior é que o ataque do nucleófilo pela face menos impedida ocorre com um ângulo de 107° em relação à carbonila. Com essa trajetória, o nucleófilo fica mais distante do grupo médio.

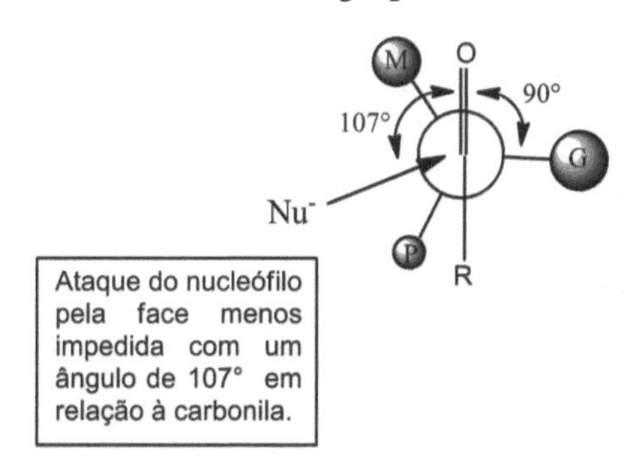
M
O
90°
107°
G
Nu⁻
P
R
Ataque do nucleófilo pela face menos impedida com um ângulo de 107° em relação à carbonila.

Exemplo

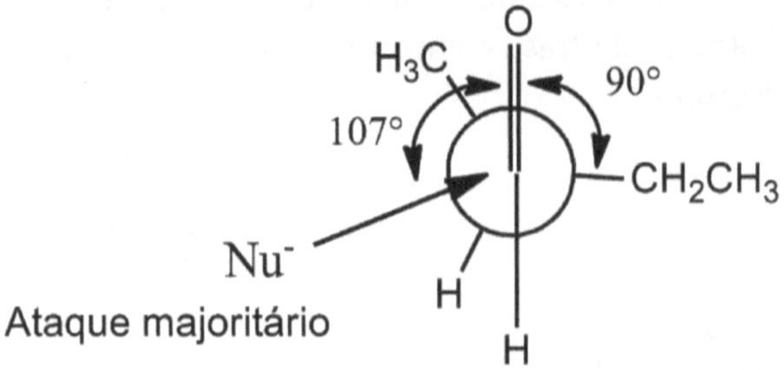

Em razão das interações em eclipse que ocorrem nos modelos de Cram e de Karabatsos, os estados de transições das reações são de energia elevadas. Já o estado de transição do modelo de Felkin é de energia mais baixa.

Exercícios resolvidos

1) Dado o sistema a seguir, em que G, M e P são, respectivamente, os substituintes grandes, médios e pequenos, desenhe os modelos de Cram, Karabatsos e Felkin, indicando o ataque preferencial (majoritário) do nucleófilo (*Nu:*) em cada um deles.

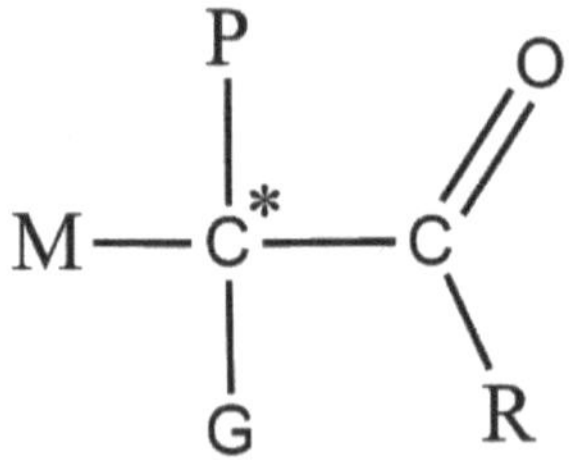

Resposta

- No modelo de Cram, o grupo grande está eclipsado com o grupo R. O ataque preferencial (majoritário) do nucleófilo na carbonila ocorrerá entre o grupo grande e pequeno.
- No modelo de Karabatsos, o grupo médio está eclipsado com o grupo CO da carbonila. O ataque preferencial (majoritário) do nucleófilo na carbonila ocorrerá entre o grupo médio e pequeno.
- No modelo de Felkin, o grupo grande encontra-se em um ângulo de 90° em relação à carbonila. O ataque preferencial (majoritário) do nucleófilo na carbonila ocorrerá entre o grupo médio e pequeno.

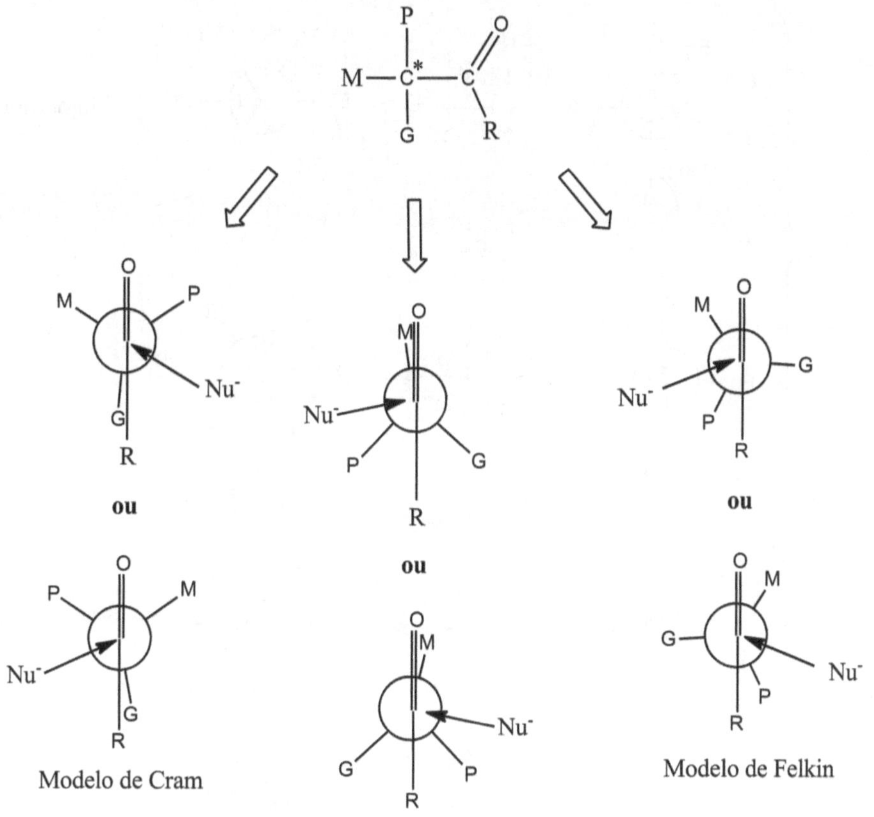

Modelo de Cram

Modelo de Karabatsos

Modelo de Felkin

2) Dada a reação a seguir, complete a reação com o produto majoritário em Newman, utilizando a regra de Felkin, e indique o ataque preferencial do nucleófilo (*Et* ⁻).

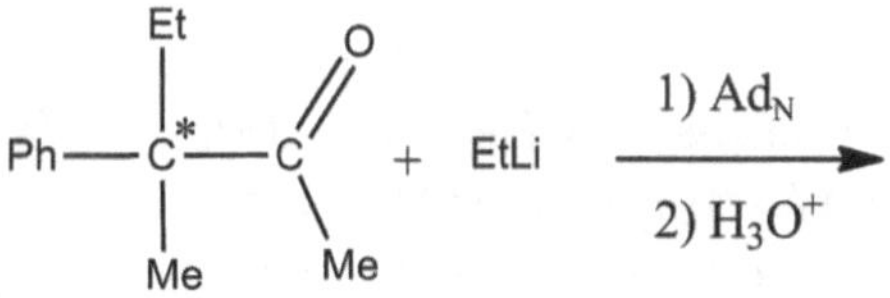

1) Ad_N
2) H_3O^+

Ph = fenil Et = etil Me = metil

Resposta

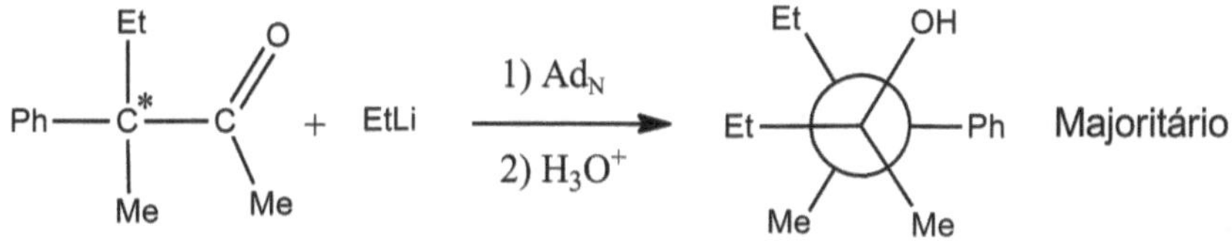

1) Ad_N
2) H_3O^+

Majoritário

Ph = fenil Et = etil Me = metil

(a)

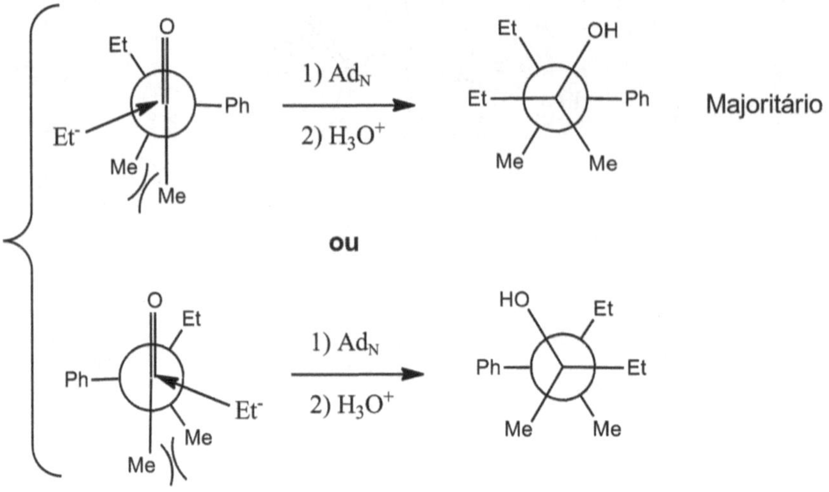

1) Ad_N
2) H_3O^+

Majoritário

ou

1) Ad_N
2) H_3O^+

(b)

1) Ad_N
2) H_3O^+

Minoritário

ou

1) Ad_N
2) H_3O^+

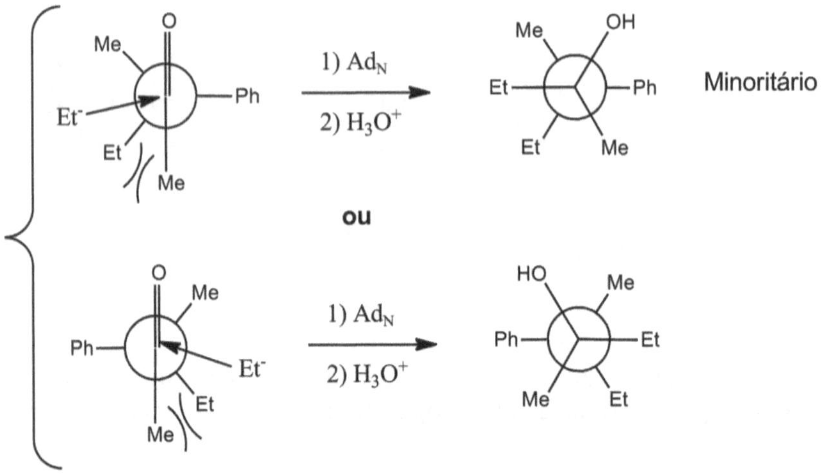

Existem duas conformações possíveis: A conformação (a) é mais favorável que a (b). A interação (Van der Waals) gauche entre os átomos não ligados é mais fraca entre as metilas na conformação (a) do que entre o grupo metil e etil na conformação (b). O ataque do nucleófilo (Et^-) ocorrerá do lado oposto ao grupo grande, que está ligado ao carbono alfa do grupo carbonila. Nesse caso, o grupo fenil é mais volumoso que o grupo etila, que por sua vez é mais volumoso que o grupo metila.

CAPÍTULO 13

ESTEREOISOMERIA DE DIENOS ACUMULADOS, SISTEMAS ESPIRANOS, SISTEMAS ALQUILIDENO-CICLOALCANOS E SISTEMAS BIFENILAS

Existem sistemas moleculares, como dienos acumulados, espiranos, alquilideno--cicloalcanos e sistemas bifenilas, que não têm estereocentros, mas têm um eixo de quiralidade e podem ser desdobrados em enantiômeros. Eles são definidos pelas suas configurações absolutas eixo-rectus, ou *eR*, e eixo-sinister, ou *eS*. Veja na figura a seguir os tipos de estruturas.

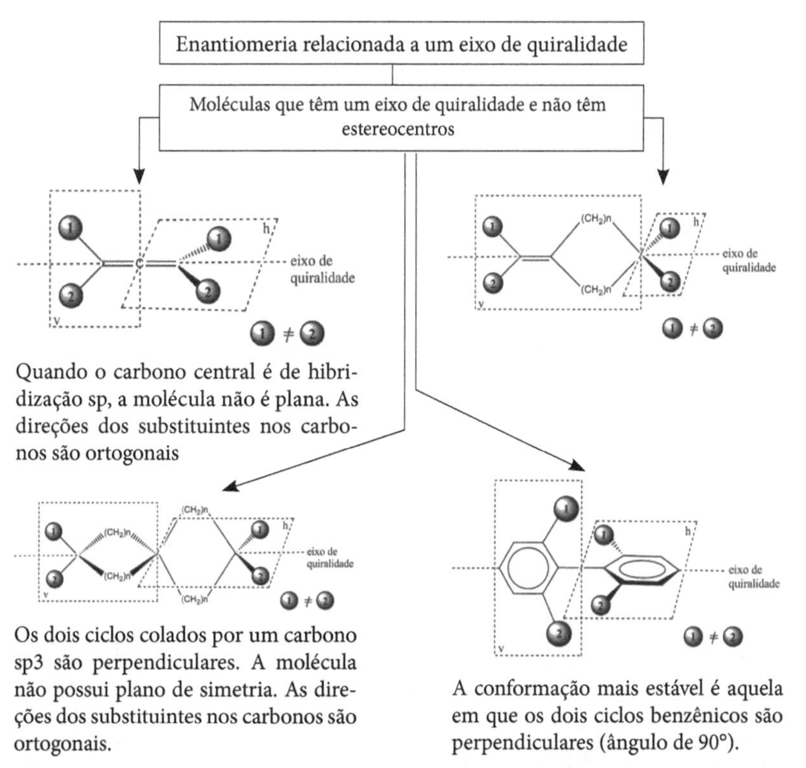

Enantiomeria relacionada a um eixo de quiralidade
Moléculas que têm um eixo de quiralidade e não têm estereocentros
eixo de quiralidade
h
v
$(CH_2)n$
1 ≠ 2
Quando o carbono central é de hibridização sp, a molécula não é plana. As direções dos substituintes nos carbonos são ortogonais
Os dois ciclos colados por um carbono sp3 são perpendiculares. A molécula não possui plano de simetria. As direções dos substituintes nos carbonos são ortogonais.
A conformação mais estável é aquela em que os dois ciclos benzênicos são perpendiculares (ângulo de 90°).

As configurações *eR* e *eS* são determinadas utilizando a projeção de Newman seguindo as seguintes convenções: Os substituintes **1** e **2** do carbono da frente são classificados como **a** e **b** (em que **a** tem preferência sobre **b**), segundo a regra CIP. Os substituintes **1** e **2** do carbono de trás são classificados **a'** e **b'** (em que **a'** tem preferência sobre **b'**). Se a sequência a → b → a', é no sentido horário, o enantiômero tem a configuração *eR*. Se a sequência a → b → a', é no sentido anti-horário, o enantiômero tem a configuração *eS*.

13.1 DIENOS ACUMULADOS

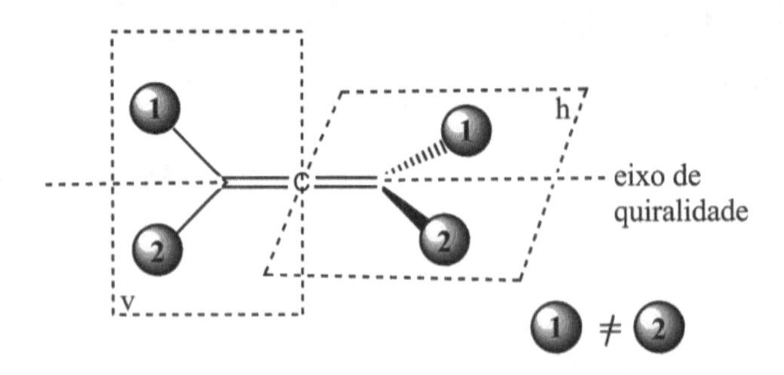

Exemplo

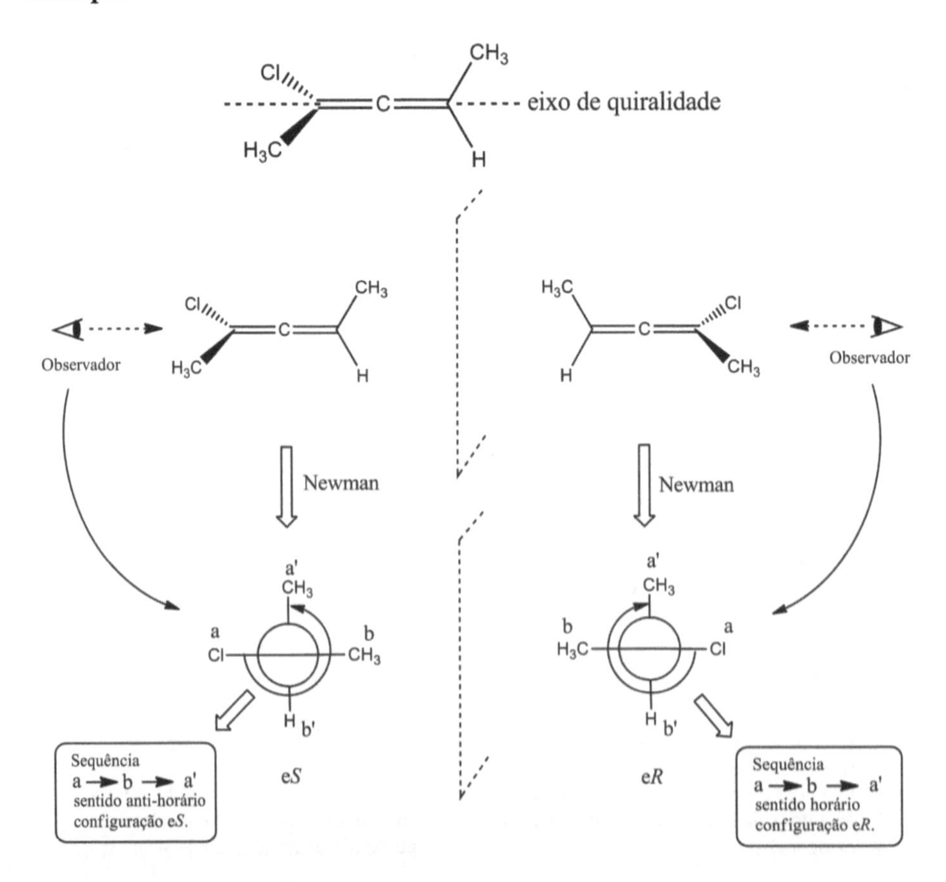

13.2 SISTEMAS ESPIRANOS

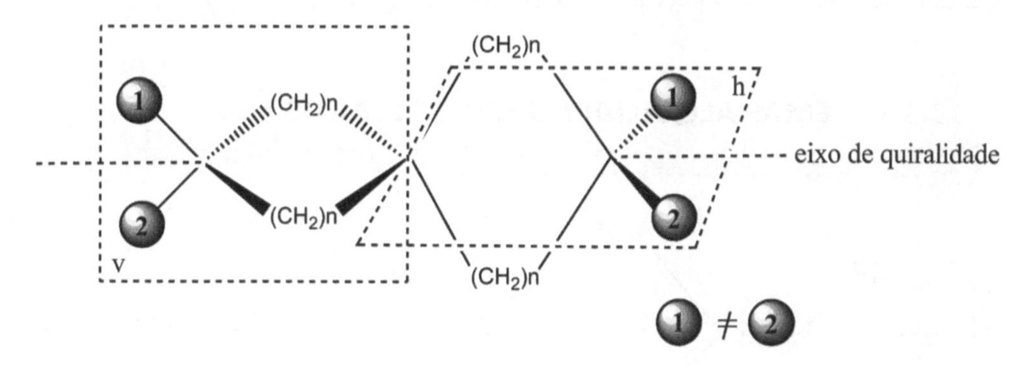

Observação: Para apresentar um eixo de quiralidade é necessário que os dois ciclos substituídos sejam de ordem par.

Exemplo

Dicloro-4,4'espiroundecano [5,5]

Observador
Newman
Observador
Newman

e*R*

e*S*

Com um ciclo ímpar:

Ao apresentar um ciclo de ordem ímpar, a molécula anterior não apresenta eixo de quiralidade, e sim uma isomeria por carbono estereogênico.

13.3 SISTEMAS ALQUILIDENO-CICLOALCANOS

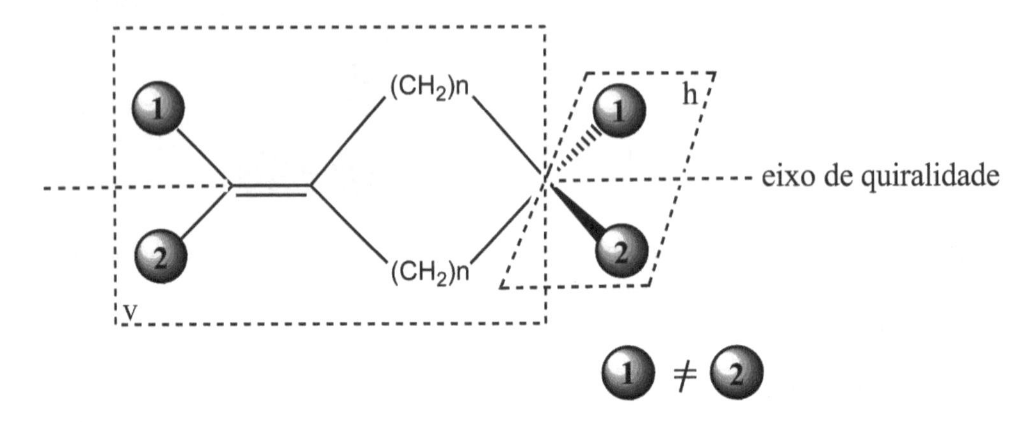

Observação: Para apresentar um eixo de quiralidade, é necessário também que o ciclo seja de ordem par, caso contrário, o sistema terá, de uma parte, isomeria *cis-trans*, e de outra, estereoisomeria, por ter um carbono estereogênico.

Exemplo

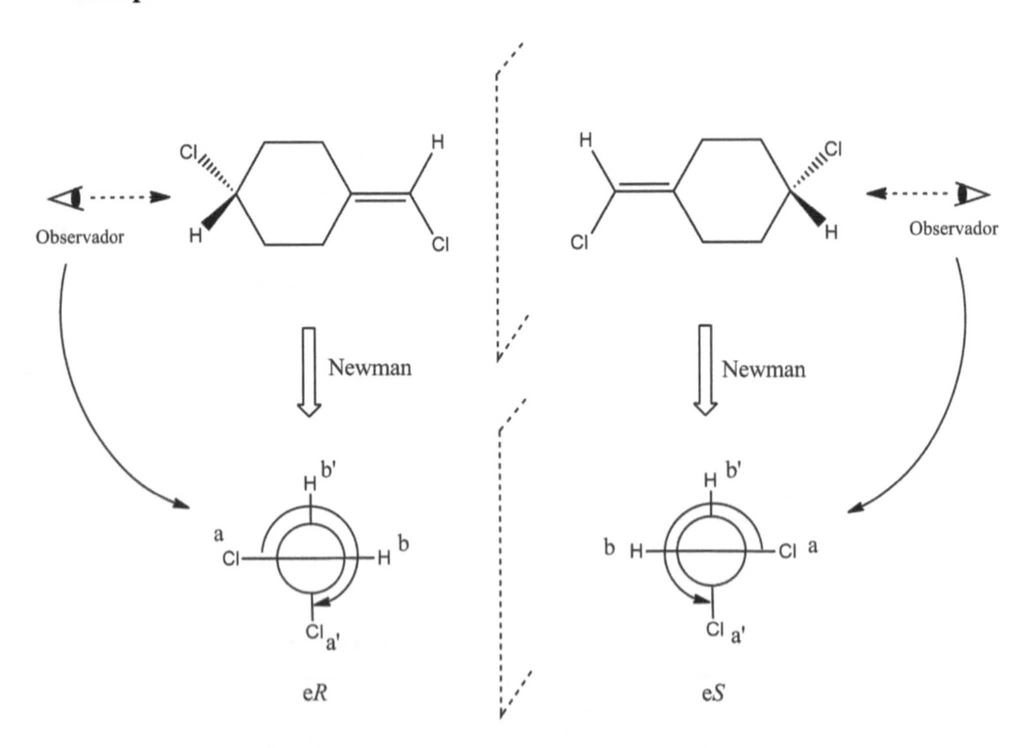

No caso das duas moléculas (a) e (b) a seguir, elas terão, de uma parte, isomeria *Z-E*, e de outra, estereoisomeria, por terem um carbono estereogênico. A molécula (a) possui, de uma parte, um enantiômero (a'), e de outra parte, é diastereoisômera da configuração (b). Por sua vez, (b) possui um enantiômero, (b').

(a) (a') (b) (b')

13.4 SISTEMAS BIFENILAS

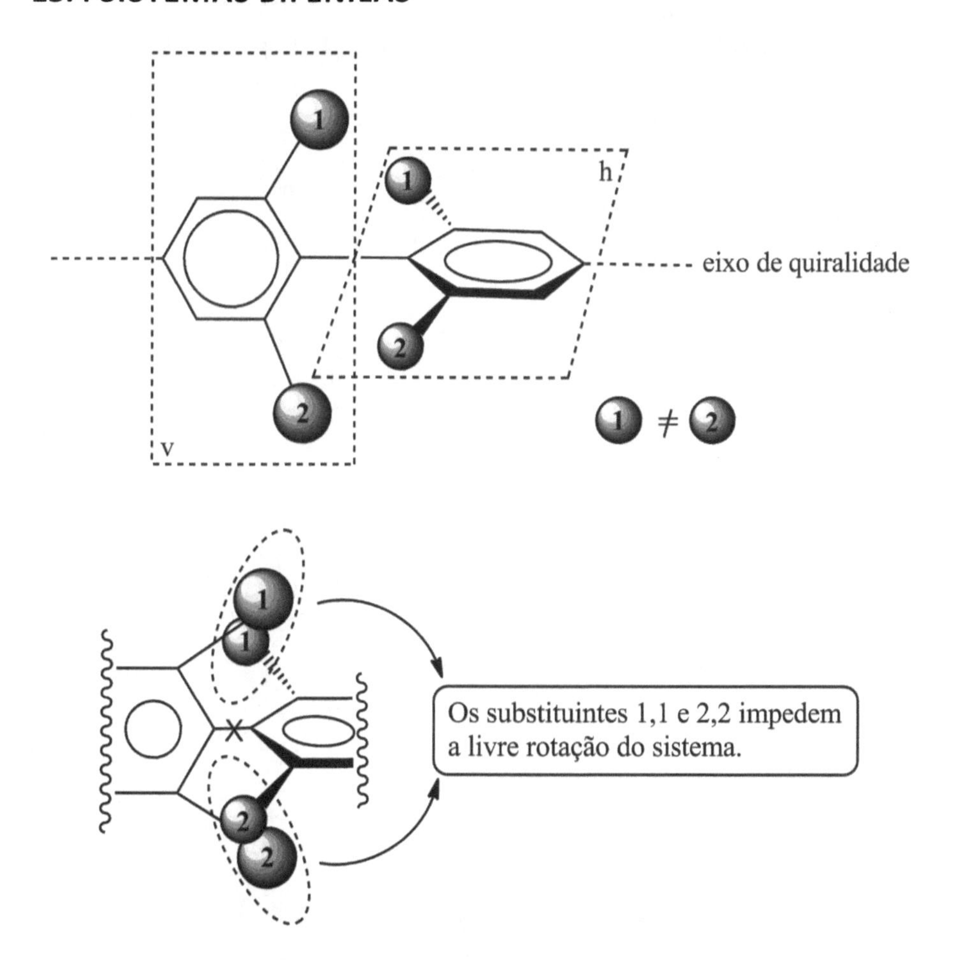

Exemplo

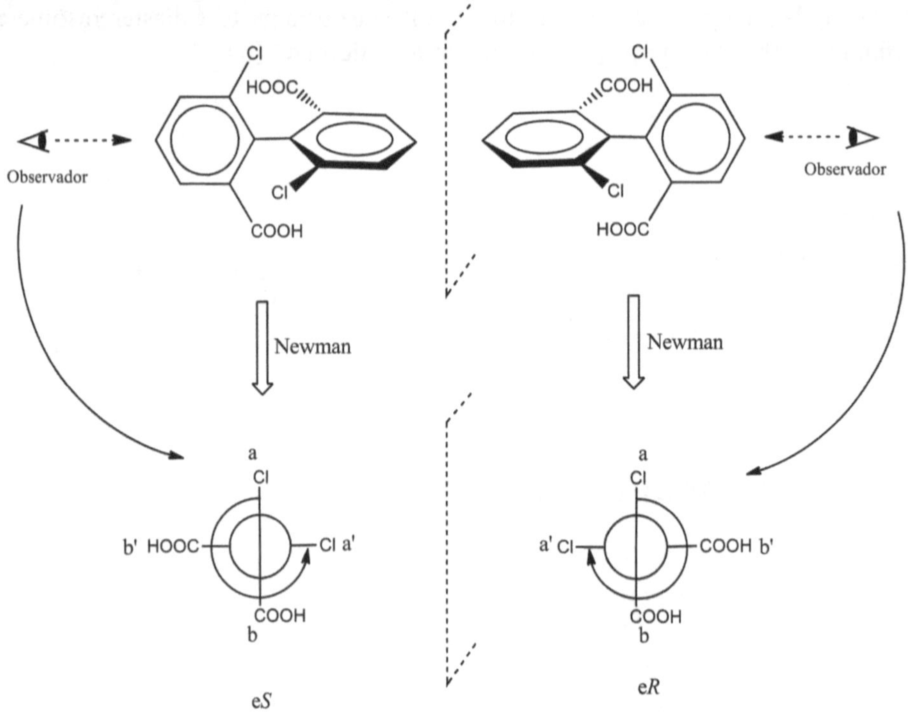
Cl
HOOC
Cl
COOH
Observador
Cl
COOH
Cl
HOOC
Observador
Newman
Newman
a
Cl
b' HOOC
Cl a'
COOH
b
a
Cl
a' Cl
COOH b'
COOH
b
eS
eR

CAPÍTULO 14

PLANO DE QUIRALIDADE (CONFIGURAÇÃO ABSOLUTA *pR* E *pS*)

14.1 DESCRITORES *pR* E *pS*

Os descritores *pR* e *pS* são utilizados para mostrar que existe um plano de quiralidade (p). O que designa o lado do plano que vai ser considerado prioritário na descrição é o átomo ou grupo de referência (grupo piloto). Em seguida, a partir do átomo de referência, classificam-se os átomos que estão no plano, na ordem que se encontram.

Na figura (a), se olharmos o plano do lado do grupo piloto, vemos a → b → c no sentido horário, portanto o composto é *pR*. Caso contrário, seria *pS*.

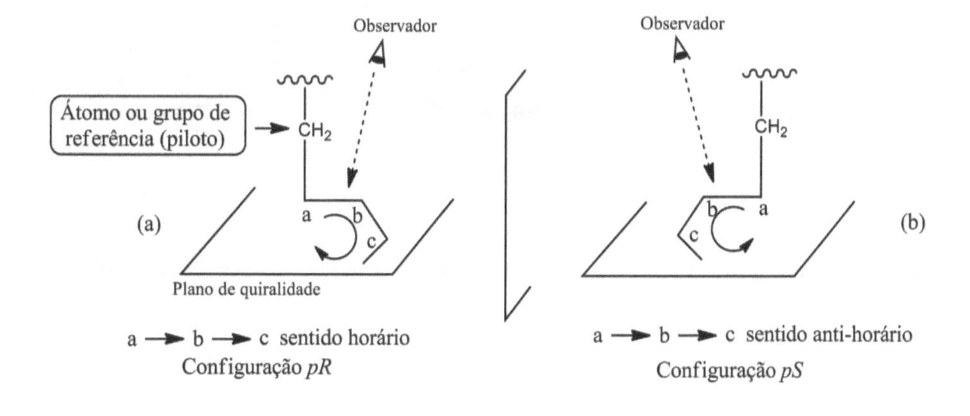

Exemplo

(Grupo piloto) → CH_2

H
c`
O
a
b
c
Br

a > b > c
c > c`

pR

Obs.: O grupo piloto é determinado segundo as regras de sequências.

Plano de quiralidade contendo o anel benzeno

No exemplo a seguir, o grupo CH_2 da esquerda é considerado prioritário (grupo piloto) porque ele está mais próximo do grupo NO_2 do que o CH_2 da direita.

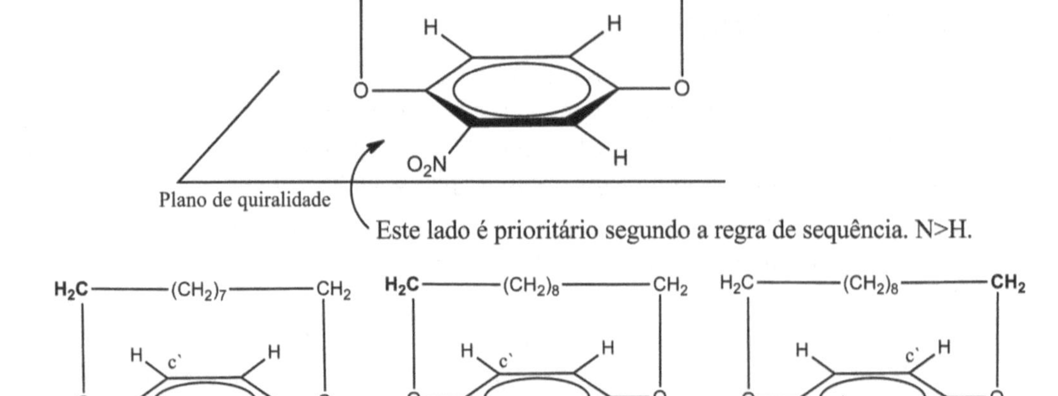

No caso abaixo, quando dois grupos pilotos são equivalentes, os dois resultados são iguais, ou seja, *pR*.

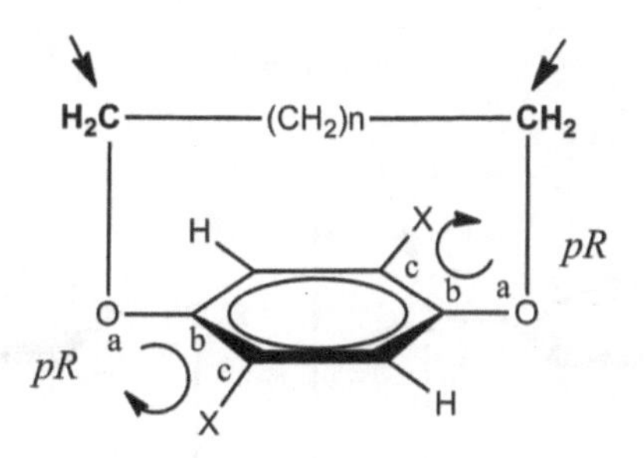

X = F, Cl, Br, NO_2, CO_2H ....

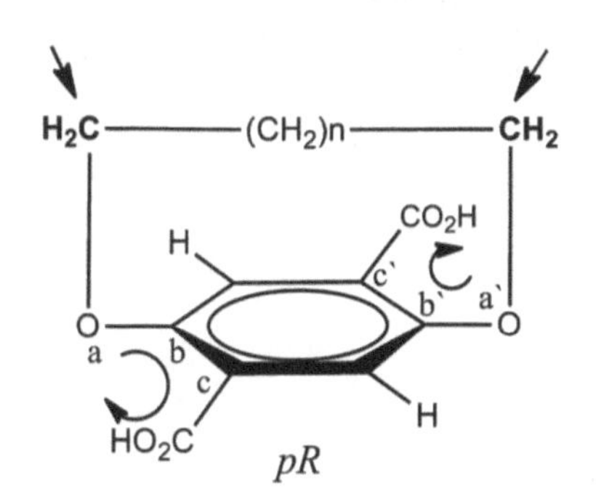

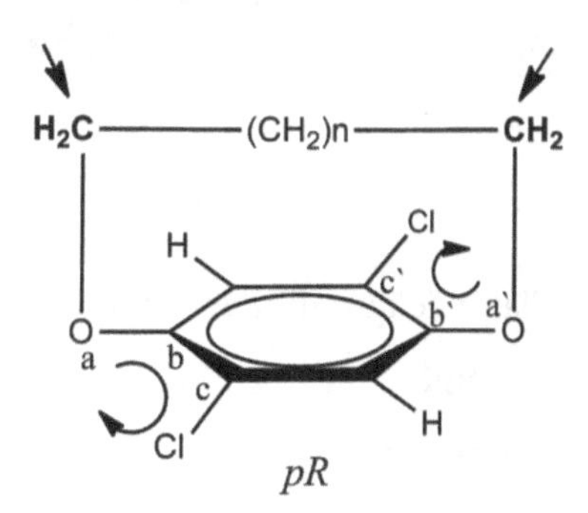

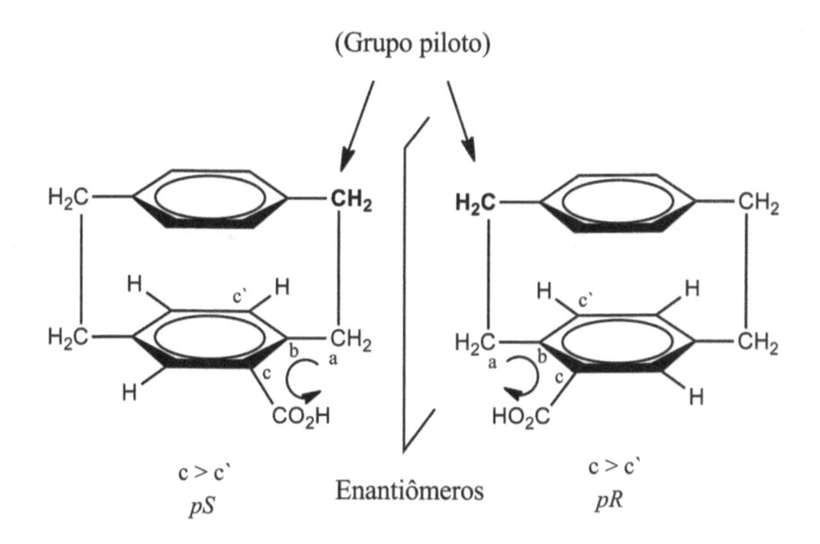

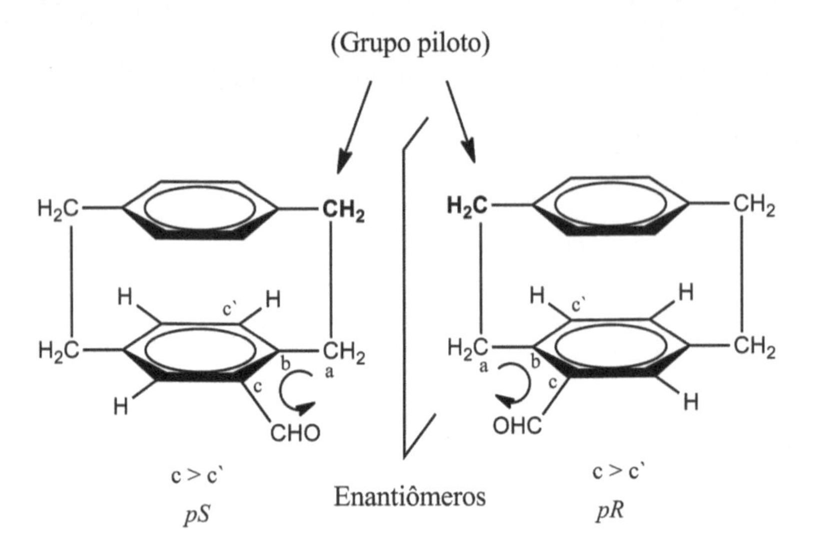

Plano de quiralidade contendo uma dupla ligação

Exemplo

(*E*)-cicloocteno

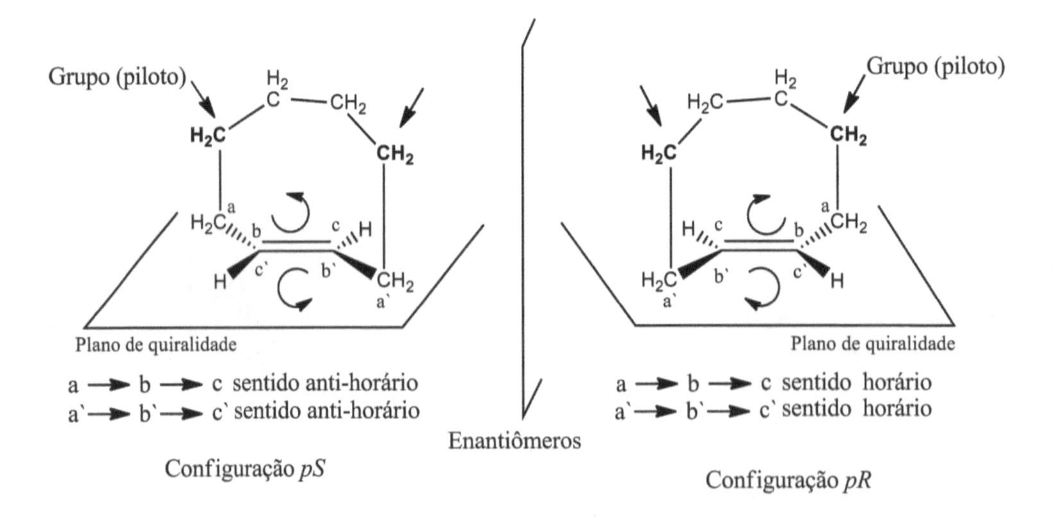

CAPÍTULO 15
SISTEMAS *SIN*, *ANTI*, *LIKE* E *UNLIKE*

15.1 SISTEMAS *SIN* E *ANTI* DE MASAMUNE

Um sistema muito útil para designar a configuração relativa de compostos de cadeia longa é o *sin-anti* de S. Masamune. De acordo com essa descrição, a cadeia principal é desenhada na forma de ziguezague. Quando os substituintes de referência a e b estiverem do mesmo lado do plano definido pela cadeia principal, a configuração relativa é *sin*, e quando estiverem em lados opostos do plano, é *anti*.

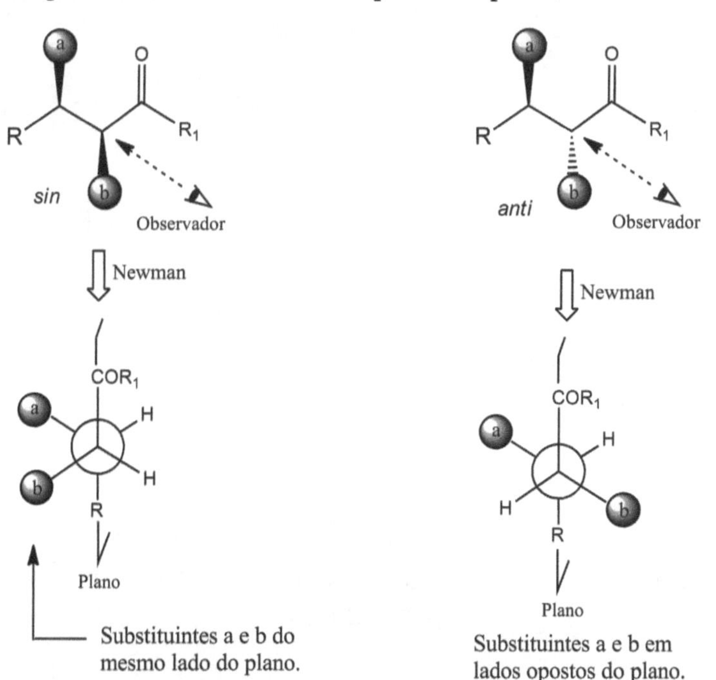

Observe, na figura a seguir, que as estruturas *sin*-1 e *sin*-2 são enantiômeros, assim como as estruturas *anti*-1 e *anti*-2.

sin-1 *sin*-2 *anti*- *anti*-2

Newman Newman Newman Newman

Espelho
Enantiômeros

Espelho
Enantiômeros

Exemplos

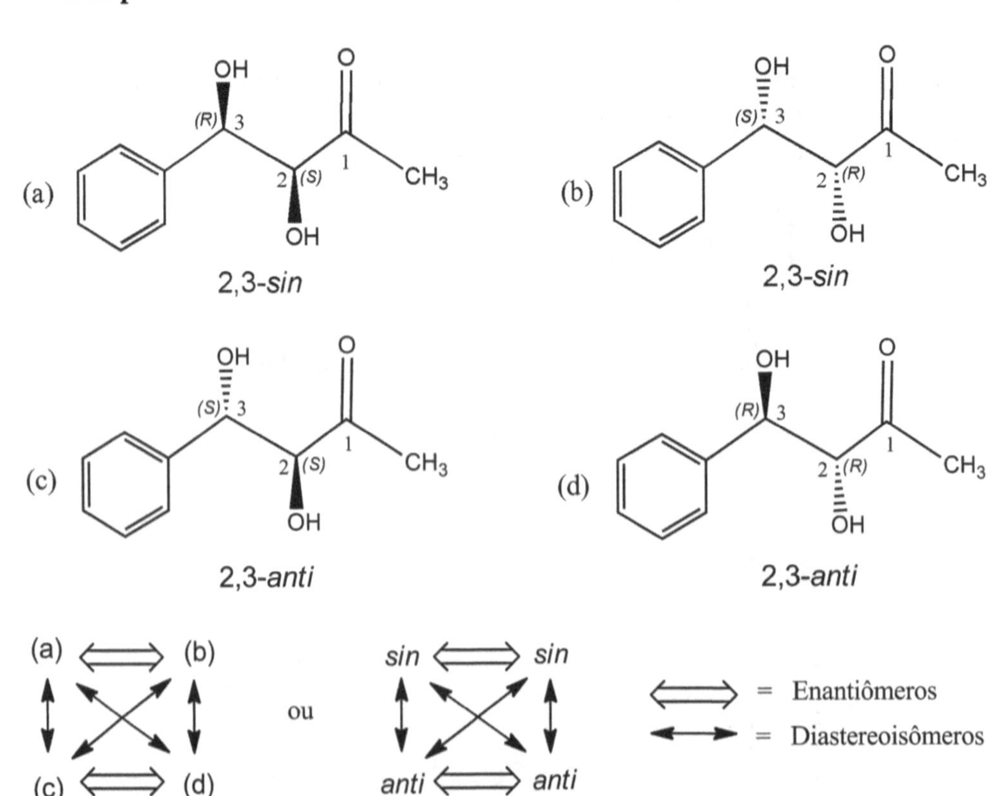

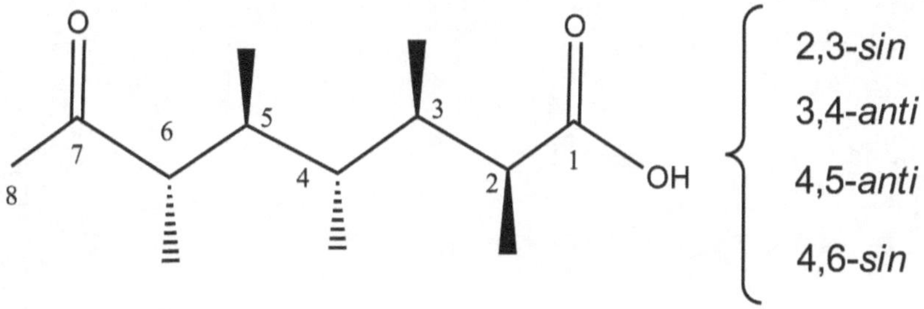

2,3-*sin*
3,4-*anti*
4,5-*anti*
4,6-*sin*

15.2 SISTEMAS *LIKE* E *UNLIKE*

A descrição *like* (*l*) e *unlike* (*u*) foi criada por D. Seebach e V. Prelog em 1982 para descrever a configuração relativa de compostos com dois centros estereogênicos. A configuração relativa é *like* se os dois centros forem *R,R* e/ou *S,S*, e a configuração relativa é *unlike* se os dois centros forem *R,S* e/ou *S,R*.

Exemplos

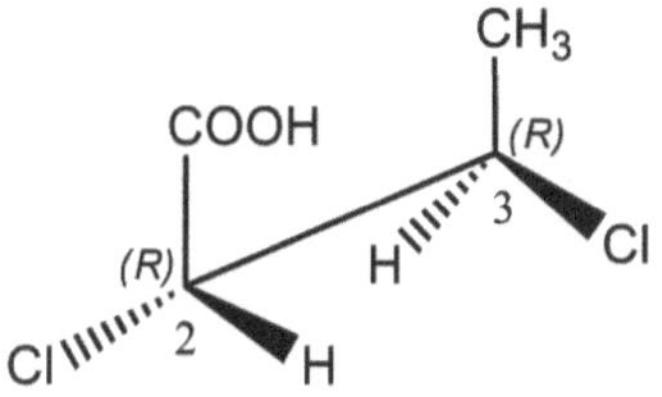

2*R*, 3*R*
like

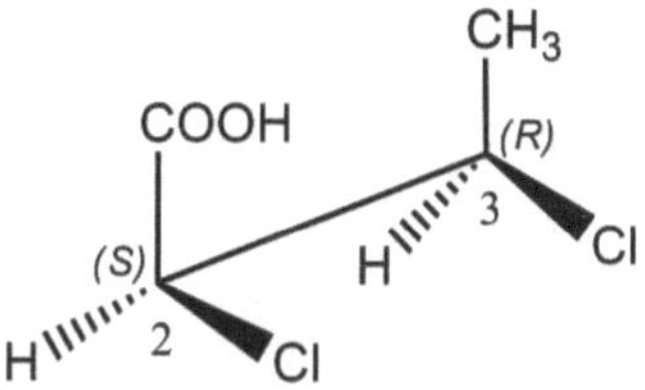

2*S*, 3*R*
unlike

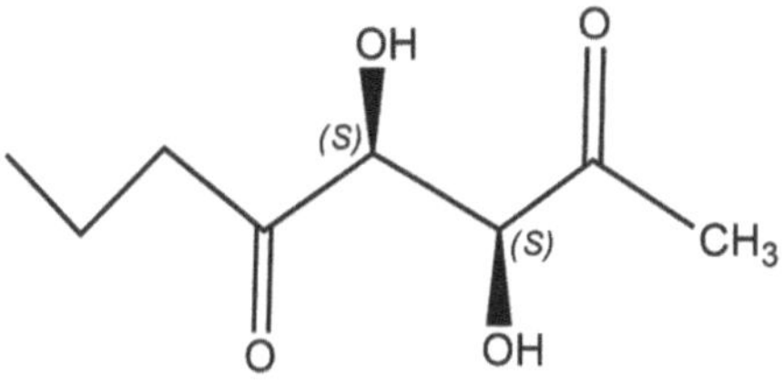

like ou *sin*

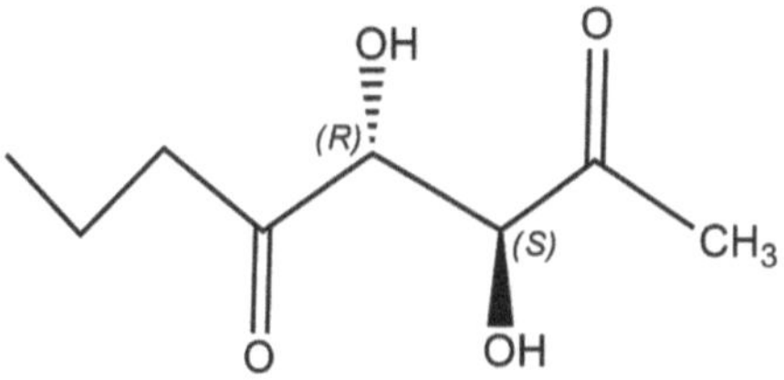

unlike ou *anti*

CAPÍTULO 16

MÉTODO DE SEPARAÇÃO DE RACEMATOS POR FORMAÇÃO DE DIASTEREOISÔMEROS

Como havíamos mencionado anteriormente, os enantiômeros têm pontos de ebulição idênticos, assim como solubilidades idênticas em solventes aquirais. Consequentemente, os métodos clássicos de separação de compostos orgânicos, como cristalização, separação por coluna cromatográfica em suporte e solventes aquirais e destilação, não funcionam quando aplicados a um racemato. Contudo, um dos métodos muito usados para separação de enantiômeros é baseado na reação de um racemato com um reagente enantiomericamente puro *R* ou *S*. Essa reação transforma um racemato em uma mistura de diastereoisômeros.

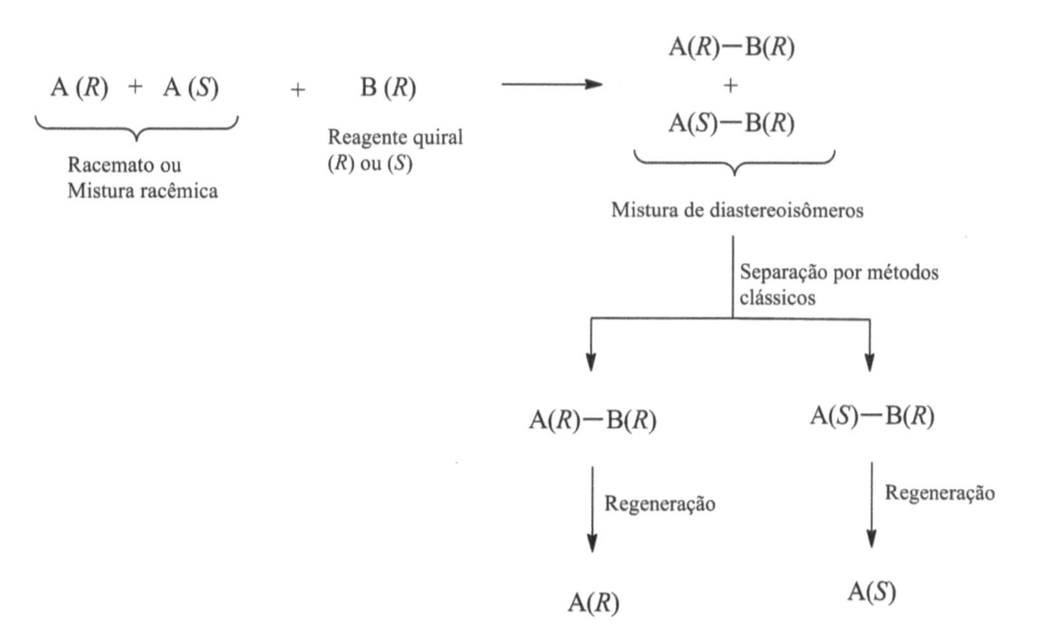

Neste método, o reagente quiral (B) enantiomericamente puro (ee de 100%) deve ser bem escolhido para assegurar uma boa resolução. Ele deve reagir com (A) sem modificar a configuração absoluta. Os diastereoisômeros (A-B) formados podem ser um composto clássico, uma hidrazona, um sal, um éster ou um complexo molecular qualquer. Evidentemente, a reação inversa deve ser igualmente possível. Como os diastereoisômeros não têm a mesma energia e suas constantes físicas são diferentes, eles podem ser separados por métodos clássicos (cristalização, separação por coluna cromatográfica, separação por cromatografia em placa preparativa, dentre outros). Os reagentes quirais (B) mais utilizados são reagentes básicos e ácidos. O fluxograma abaixo mostra alguns exemplos do tipo da mistura racêmica, do reagente quiral enantiomericamente puro e dos diastereoisômeros formados.

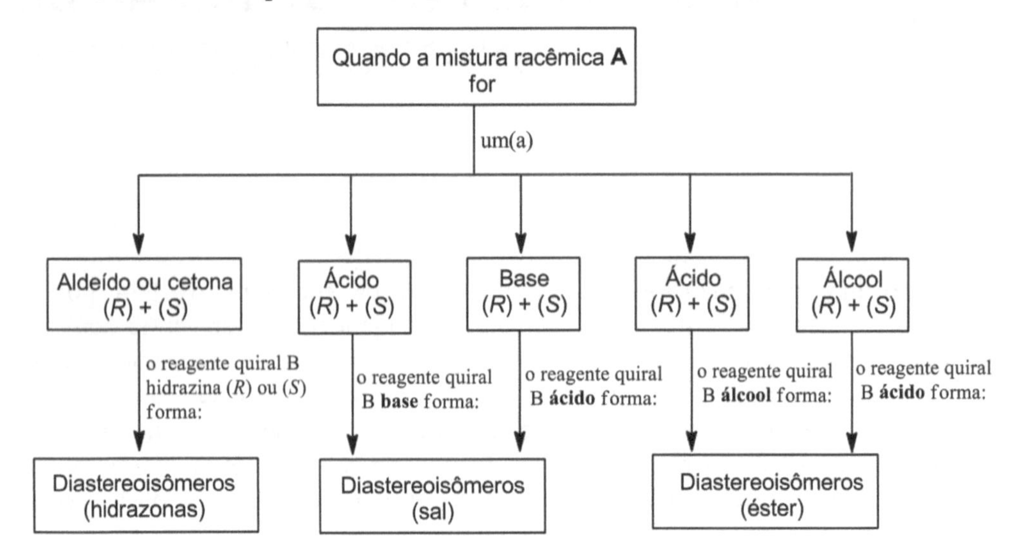

16.1 EXEMPLOS DE RESOLUÇÃO DE RACEMATOS

Ácido 2-hiroxipropanóico racêmico

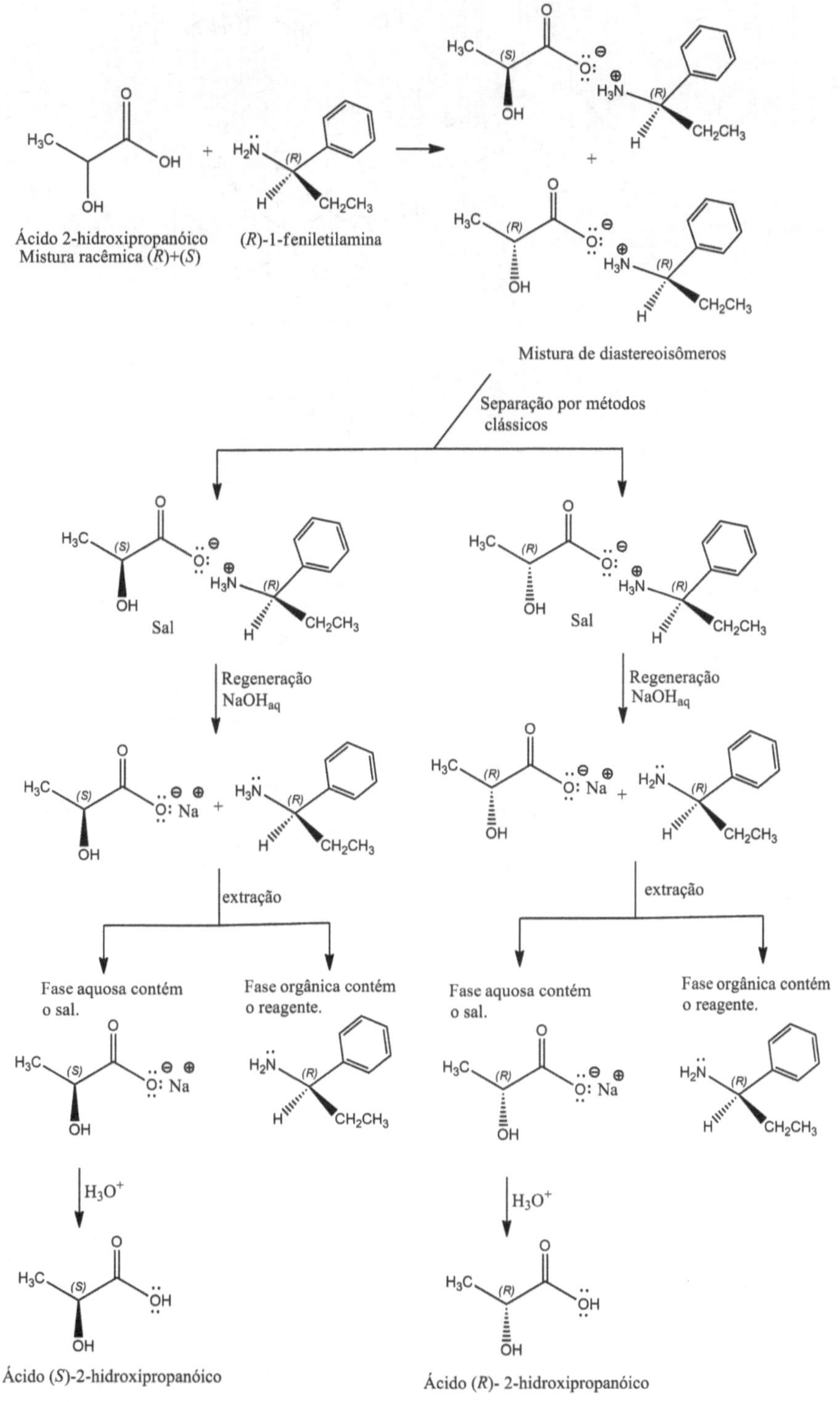

Ácido 2-hidroxipropanóico
Mistura racêmica (*R*)+(*S*)

(*R*)-1-feniletilamina

Mistura de diastereoisômeros

Separação por métodos clássicos

Sal

Sal

Regeneração
$NaOH_{aq}$

Regeneração
$NaOH_{aq}$

extração

extração

Fase aquosa contém o sal.

Fase orgânica contém o reagente.

Fase aquosa contém o sal.

Fase orgânica contém o reagente.

H_3O^+

H_3O^+

Ácido (*S*)-2-hidroxipropanóico

Ácido (*R*)- 2-hidroxipropanóico

Alanina racêmica

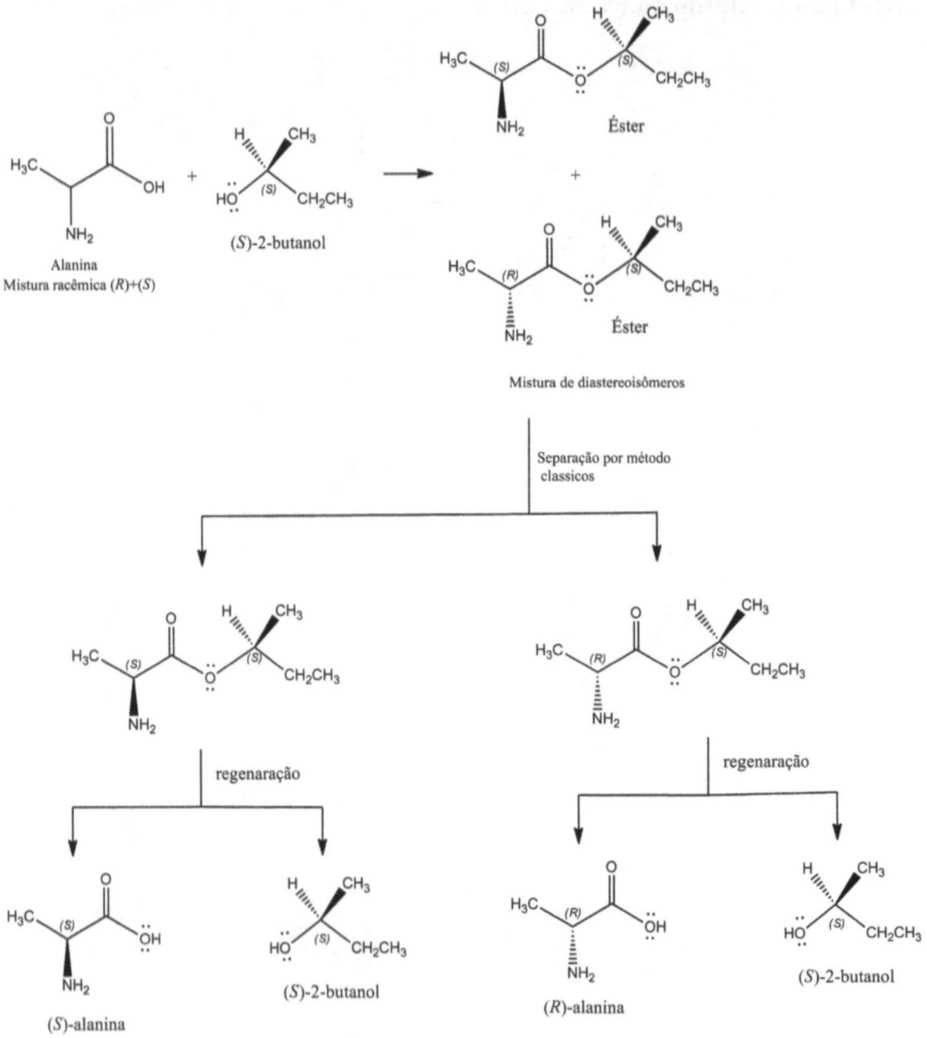

O
H_3C OH
NH_2
Alanina
Mistura racêmica (*R*)+(*S*)

+

H CH_3
HO (S) CH_2CH_3
(*S*)-2-butanol

O H CH_3
H_3C (S) O (S) CH_2CH_3
NH_2
Éster

+

O H CH_3
H_3C (R) O (S) CH_2CH_3
NH_2
Éster

Mistura de diastereoisômeros

Separação por método classicos

O H CH_3
H_3C (S) O (S) CH_2CH_3
NH_2

O H CH_3
H_3C (R) O (S) CH_2CH_3
NH_2

regenaração

regenaração

O
H_3C (S) OH
NH_2
(*S*)-alanina

H CH_3
HO (S) CH_2CH_3
(*S*)-2-butanol

O
H_3C (R) OH
NH_2
(*R*)-alanina

H CH_3
HO (S) CH_2CH_3
(*S*)-2-butanol

RESPOSTAS DOS EXERCÍCIOS

Exercício

Capítulo 5

1)

a)

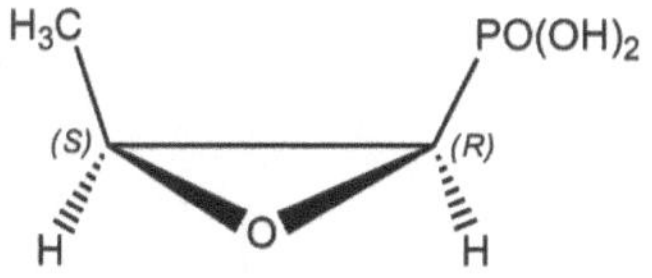

H_3C (S) H O (R) $PO(OH)_2$ H

(*R,S*)- fosfomicina

b)

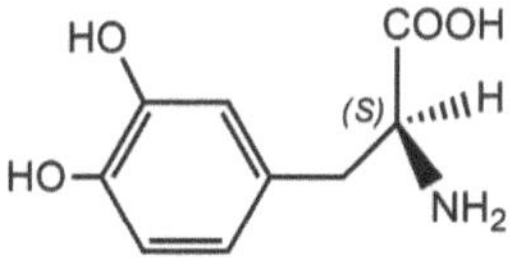

HO HO COOH (S) H NH_2

(*S*)- levodopa

c)

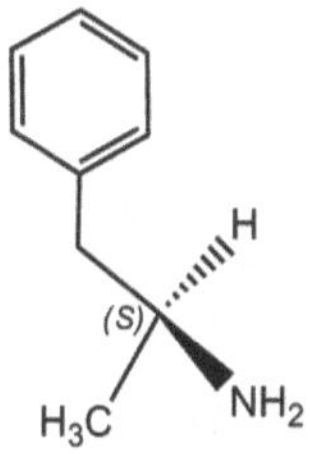

H (S) H_3C NH_2

(*S*)- anfetamina

d)

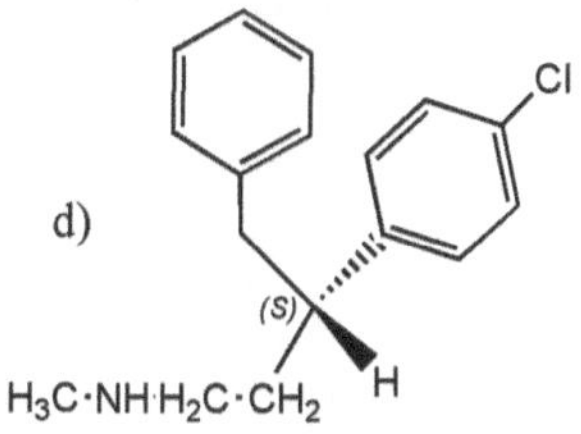

Cl (S) $H_3C\cdot NH\cdot H_2C\cdot CH_2$ H

(*S*)-clorfeniramina

e)

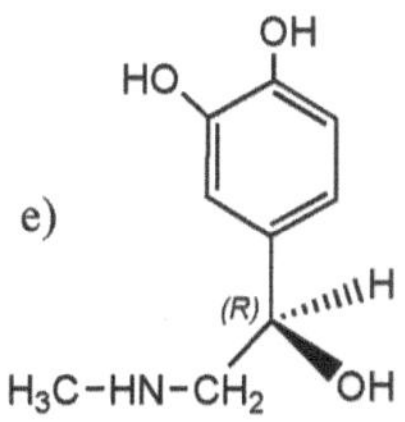

OH HO (R) H $H_3C-HN-CH_2$ OH

(*R*)- adrenalina

f)

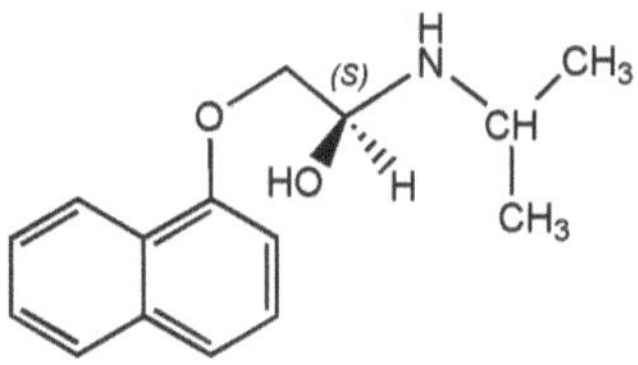

O (S) H N CH_3 CH CH_3 HO H

(*S*)- propranolol

g) (*R*,*R*,*S*)- penicilina

h) (*R*,*S*)- efedrina

i) (*R*)-metadona

j) (*R*)- talidomida

l) (*R*,*R*)- dextropropoxifeno

m) (*S*)- ibuprofeno

n) (*R*)-praziquantel

o) (*R*,*S*)-mefloquina

p) (*S*,*R*,*S*,*S*,*R*)-quinina

2)

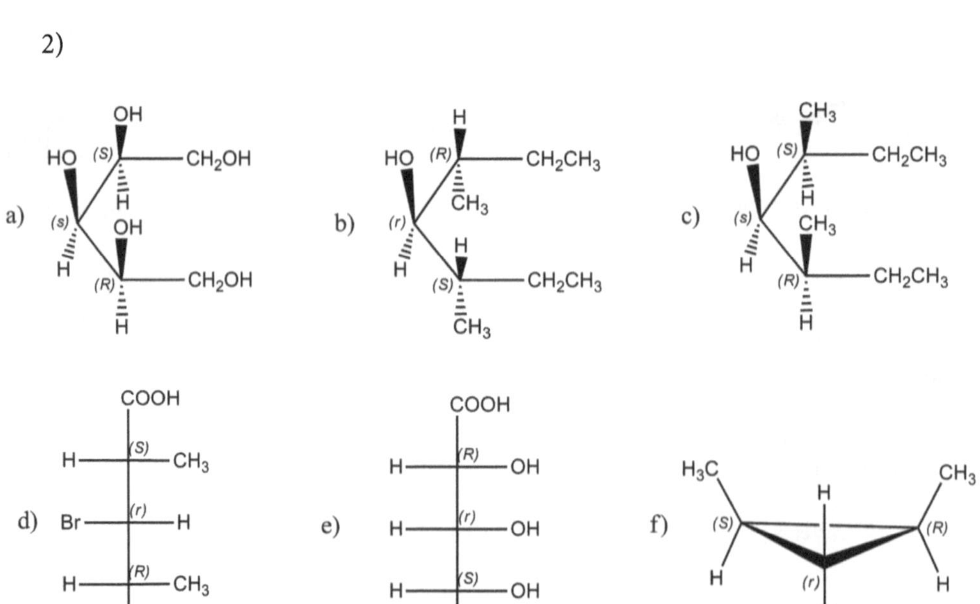

Capítulo 6

1)

H (S)
(R) H—C—Cl } pro-(R)
H—C—Cl
Cl—C—H (R) } pro-(S)
H (S)

a)

CO_2^-
H—C—H } pro-(R)
^-O_2C—C—OH
H—C—H } pro-(S)
CO_2^-

b)

(R) H, OPO_3^-
(S) H
C=O
H (S)
HO
H (R)

c)

CH_3
(S)H, H(R)
H_2C
O—P—O—P—O^-
O, O
(R)H, H(S)
O^-, O^-

d)

CH_2OH } pro-(S)
HO—C—H
CH_2OH } pro-(R)

e)

fragmento do NADH
N
H_2N
O
H (S), H (R)

f)

Capítulo 9

1)

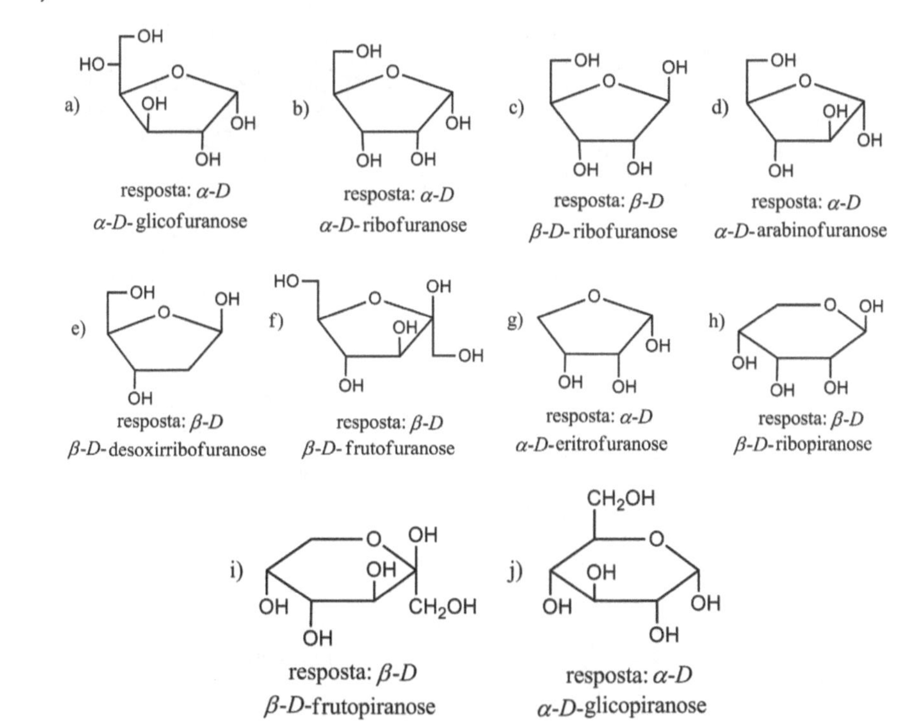

a) resposta: *α-D*
α-D-glicofuranose

b) resposta: *α-D*
α-D-ribofuranose

c) resposta: *β-D*
β-D-ribofuranose

d) resposta: *α-D*
α-D-arabinofuranose

e) resposta: *β-D*
β-D-desoxirribofuranose

f) resposta: *β-D*
β-D-frutofuranose

g) resposta: *α-D*
α-D-eritrofuranose

h) resposta: *β-D*
β-D-ribopiranose

i) resposta: *β-D*
β-D-frutopiranose

j) resposta: *α-D*
α-D-glicopiranose

2)

a)

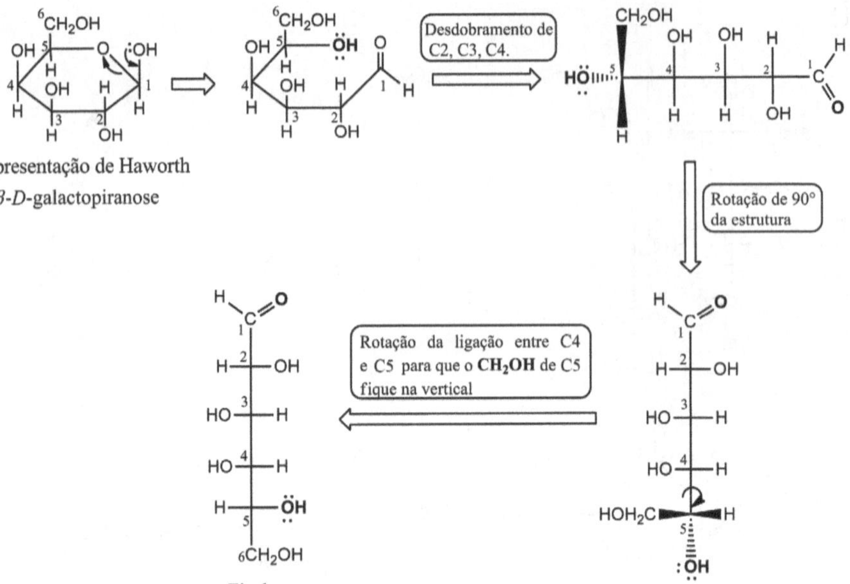

Representação de Haworth
β-*D*-galactopiranose

Desdobramento de C2, C3, C4.

Rotação de 90° da estrutura

Rotação da ligação entre C4 e C5 para que o **CH_2OH** de C5 fique na vertical

Fischer
D-galactose

As respostas de b), c) e d) seguem o mesmo procedimento da de a).

b)

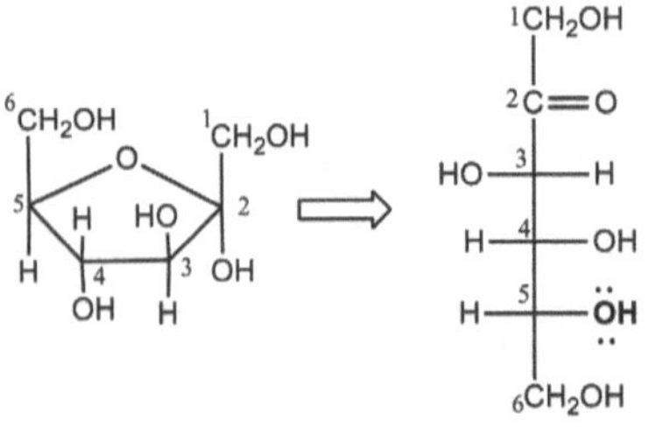

Fischer

D-frutose

c)

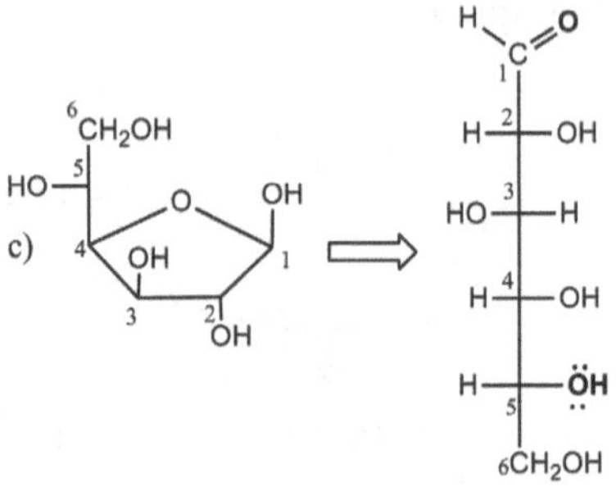

Fischer
D-glicose

d)

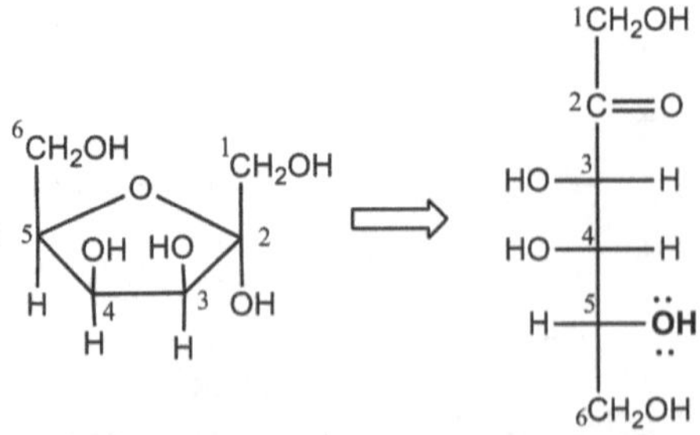

Fischer
D-tagatose

3)

a)

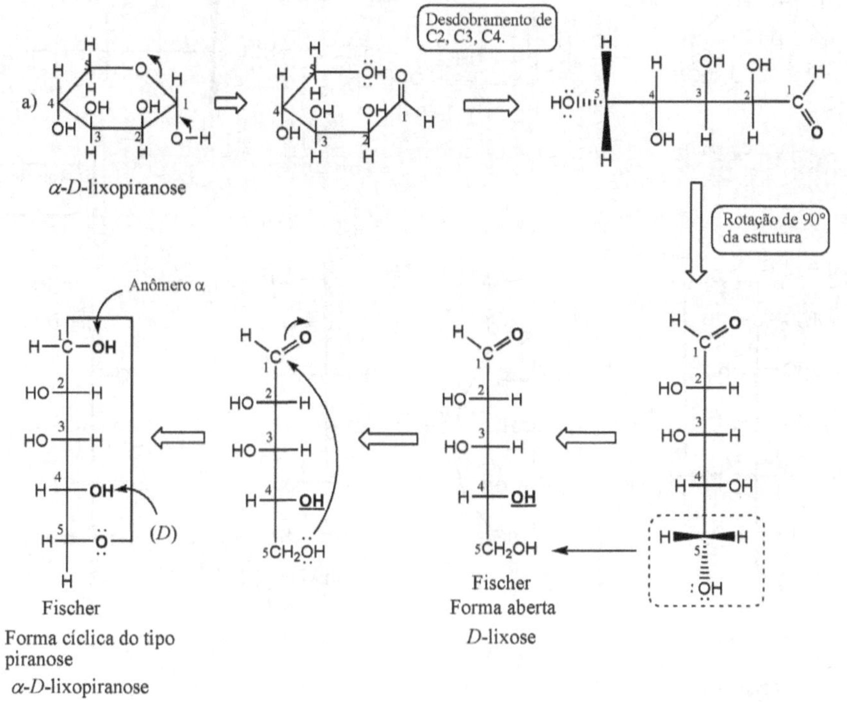

Desdobramento de C2, C3, C4.

α-D-lixopiranose

Rotação de 90° da estrutura

Anômero α

(*D*)

Fischer
Forma cíclica do tipo piranose
α-D-lixopiranose

Fischer
Forma aberta
D-lixose

b)

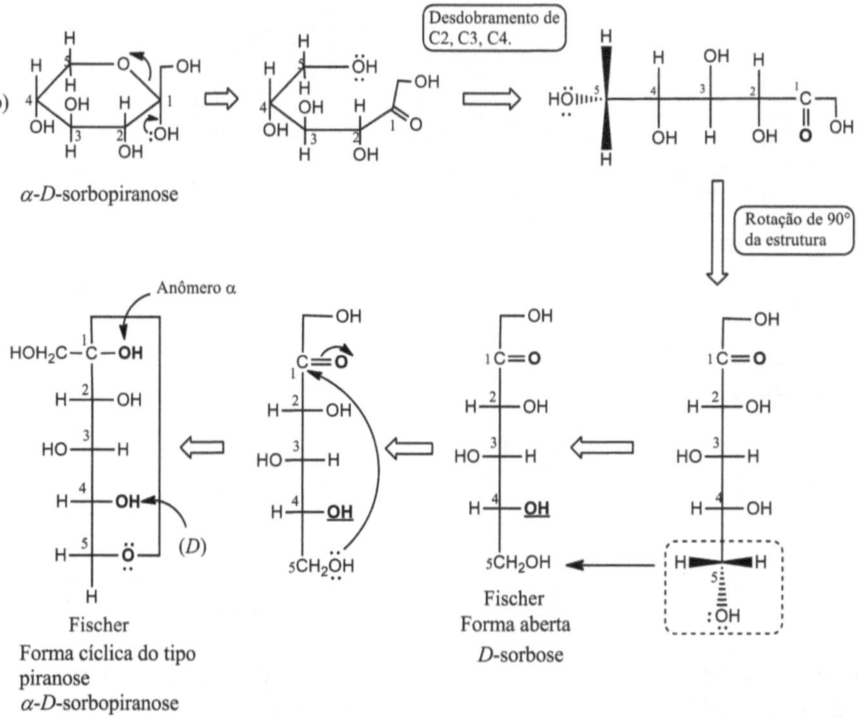

Desdobramento de C2, C3, C4.

α-D-sorbopiranose

Rotação de 90° da estrutura

Anômero α

(*D*)

Fischer
Forma cíclica do tipo piranose
α-D-sorbopiranose

Fischer
Forma aberta
D-sorbose

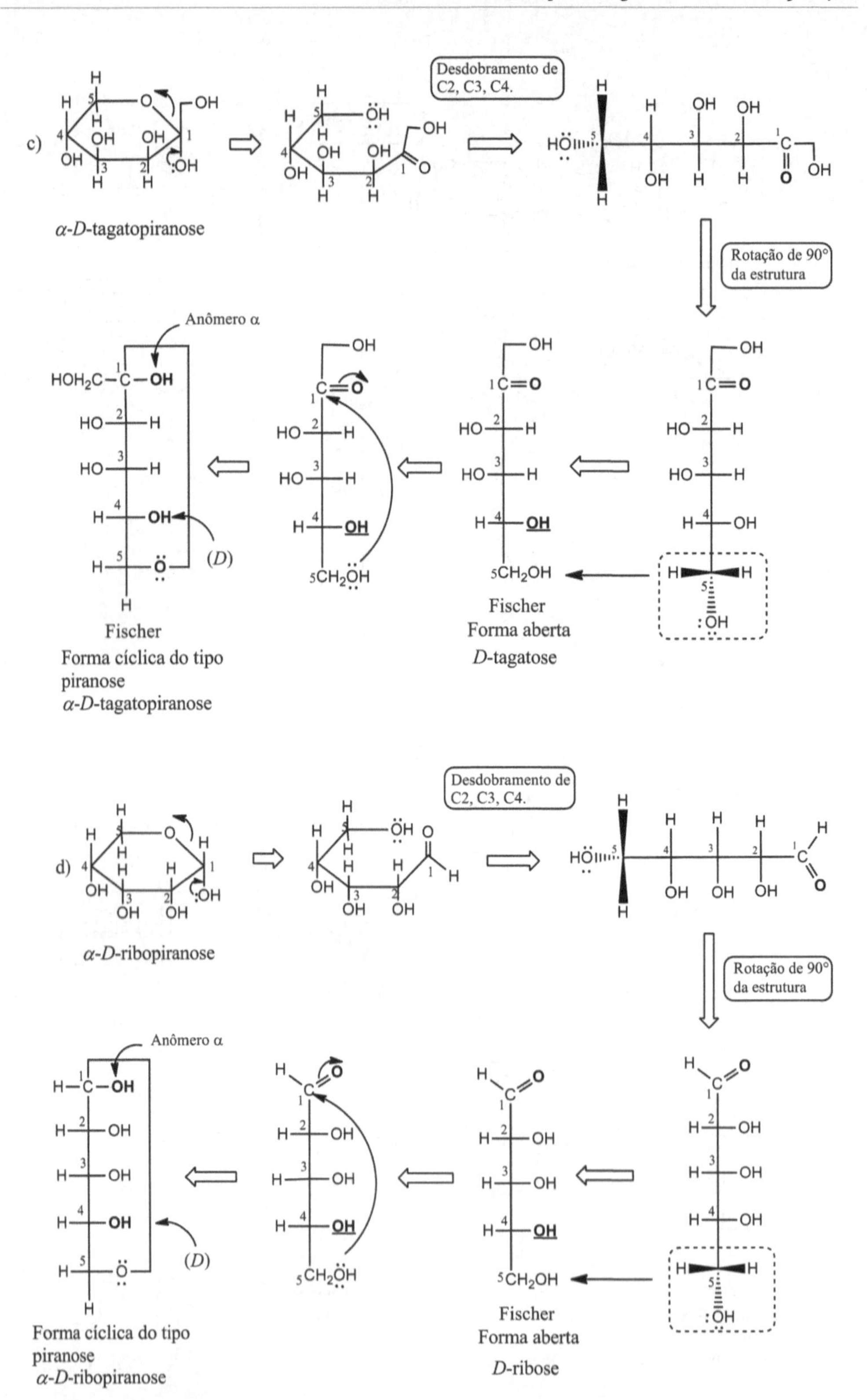
c)
α-D-tagatopiranose
Desdobramento de C2, C3, C4.
Rotação de 90° da estrutura
Anômero α
(D)
Fischer
Forma cíclica do tipo piranose
α-D-tagatopiranose
Fischer
Forma aberta
D-tagatose
d)
α-D-ribopiranose
Desdobramento de C2, C3, C4.
Rotação de 90° da estrutura
Anômero α
(D)
Forma cíclica do tipo piranose
α-D-ribopiranose
Fischer
Forma aberta
D-ribose

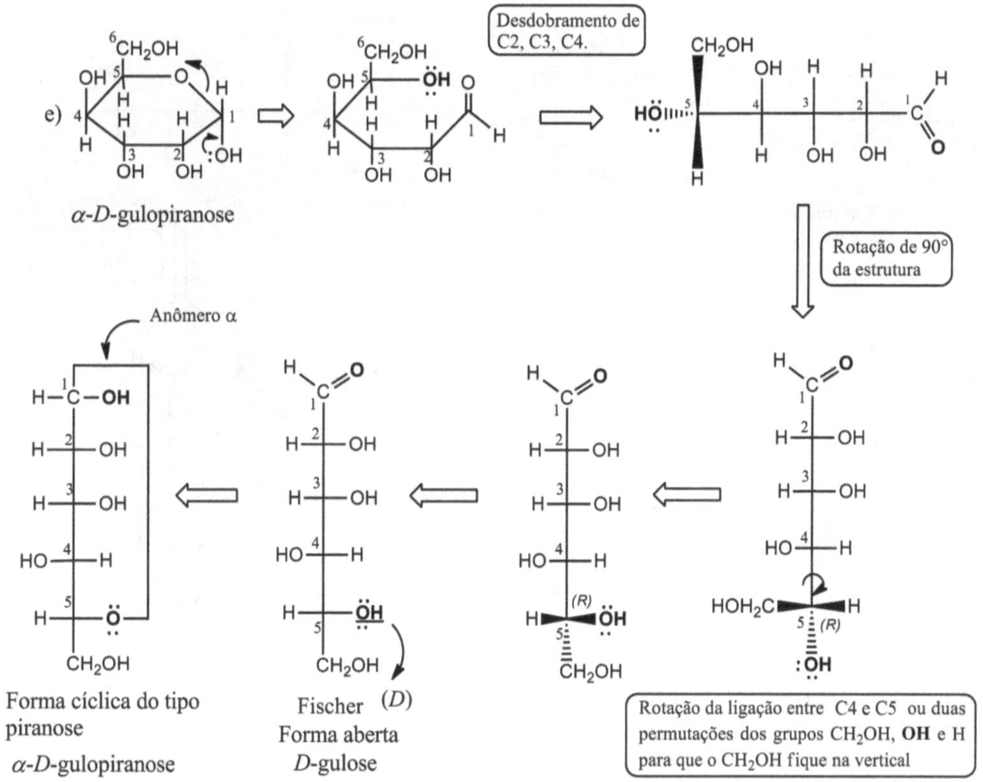

e)

α-*D*-gulopiranose

Desdobramento de C2, C3, C4.

Rotação de 90° da estrutura

Anômero α

Forma cíclica do tipo piranose
α-*D*-gulopiranose

Fischer (*D*)
Forma aberta
D-gulose

Rotação da ligação entre C4 e C5 ou duas permutações dos grupos CH_2OH, **OH** e H para que o CH_2OH fique na vertical

Como fazer duas permutações:

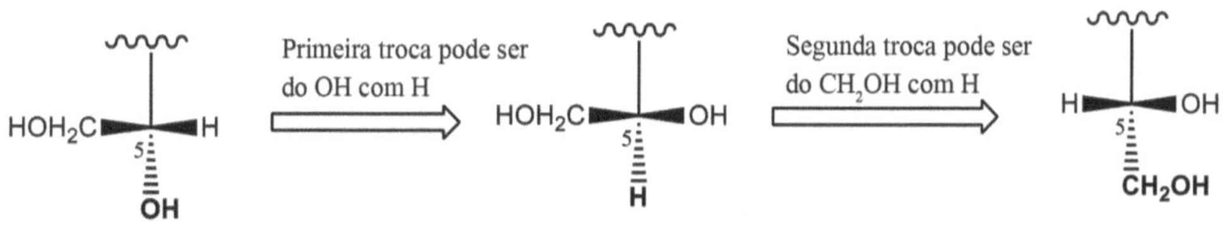

Primeira troca pode ser do OH com H

Segunda troca pode ser do CH_2OH com H

Duas permutações não mudam a configuração absoluta do centro estereogênico em questão. Então, a primeira troca pode ser do OH com H, porém a segunda troca tem que ser obrigatoriamente do CH_2OH com H para que o grupo CH_2OH fique na vertical, respeitando a regra de Fischer. Sobretudo, a primeira troca também pode ser do OH com o CH_2OH. Como o CH_2OH já está na vertical, a segunda troca será com OH e H. Esta segunda condição pode ser observada na figura a seguir.

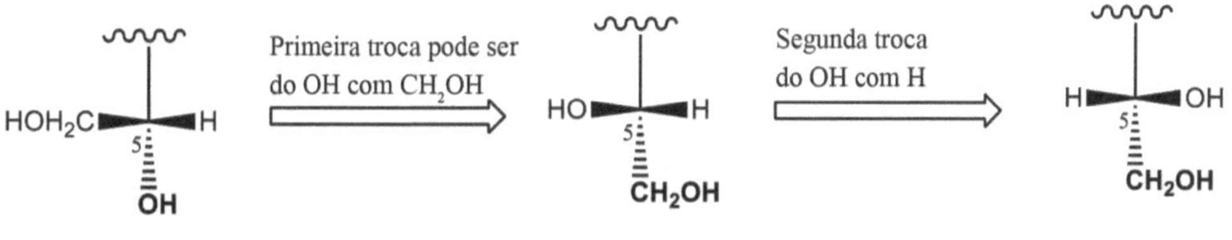

Primeira troca pode ser do OH com CH_2OH

Segunda troca do OH com H

f)

Desdobramento de C2, C3, C4.

α-*D*-idopiranose

Rotação de 90° da estrutura

Anômero α

Rotação da ligação entre C4 e C5 ou duas permutações dos grupos CH_2OH, **OH** e H para que o CH_2OH fique na vertical

Forma cíclica do tipo piranose
α-*D*-idopiranose

Fischer (*D*)
Forma aberta
D-idose

REFERÊNCIAS

Allegretti PE, Schiavoni MM, Castro EA, Furlong JJP. Tautomeric Equilibria Studies by Mass spectrometry. World Journal of Chemistry, 2007; 2(2): 25.

Basic Terminology of Stereochemistry (IUPAC Recommendations 1996). Pure and Applied Chemistry, 1996; 68: 2193-2222.

Carey FA, Sundberg RJ. Advanced Organic Chemistry PartB: Reactions on Synthesis. 3. ed. New York: Springer; 1990.

Cram DJ, Allinger NL. Macro Rings. XII. Stereochemical Consequences of Steric Compression in the Smallest Paracyclophane. J. Am. Chem. Soc., 1955; 77: 6289.

Cram DJ, Elhafez FAA. Studies in Stereochemistry. X. The Rule of Steric Control of Asymmetric Indution. J. Am. Chem. Soc, 1952; 74: 5828.

Cram DJ, Elhafez FAA, Studies in Stereochemistry. XIV. Differences in the Reactivity of Diastereomerically Related Alkyl halides and Sulfonates in the SN2 and E2 Reactions. J. Am. Chem. Soc., 1952; 74: 5851.

Cram DJ, Knight JD. Studies in Stereochemistry. XI. The Preparation and Complete Resolution of the 3,4-dimethyl-4-phenyl-3-hexanol System. J. Am. Chem. Soc, 1952; 74: 5835.

Cram DJ, Kopecky KR. Studies in Stereochemistry. XXX. Models for Steric Control of Asymmetric Indution. J. Am. Chem. Soc, 1959; 81: 2748.

David LN, Michael MC. Lehninger Principles of Biochemistry. 5. ed. London: Macmillan; 2008.

Elhafez FAA, Cram DJ. Studies in Stereochemistry. XIII. The 1,2-Diphenyl-1--propanol System. J. Am. Chem. Soc., 1952; 74: 5846.

Eliel EL, Wilen SH. Stereochemistry of Organic Compounds. New Jersey: John Wiley & Sons; 1994.

Francotte E, Lindner W. Chirality in Drug Research. Weinheim: Wiley-VCH; 2006; 33.

Goodman LS, Gilman A. The Pharmacological Basis of Therapeutics. 10. ed. New York: McGraw-Hill; 2001.

Hanson KR. Use of the Sequence Rule in Specifying Steric Relationships. J. Am. Chem. Soc., 1966: 2731.

Karabatsos GJ. Asymetric Indution. A model for Additions to Carbonyls Directly Bonded to Asymmetric Carbons. J. Am. Chem. Soc., 1967; 89(6): 1367.

Levy DE, Fügeli P. The Organic Chemistry of Sugars. Boca Raton: CRC Press; 2006.

March J. Advanced Organic Chemistry: Reactions, Mechanisms, and Structure. 4. ed. New Jersey: John Wiley & Sons; 1992.

Mateos JL, Cram DJ. Studies in Stereochemistry. XXXI. Conformation, Configuration and Physical Properties of Open-chain Diastereomers, J. Am. Chem. Soc., 1959; 81: 2756.

Oliveira GM. Simetria de moléculas e cristais: fundamentos da espectroscopia vibracional. Grupo A Educação: Porto Alegre; 2009.

Schwartz LH, Bathija BL. Absolute Configuration of Ansa Compound: Gentisic Acid Nonamethylene Ether. J. Am. Chem. Soc., 1976; 98: 5344.

Solomons TWG, Fryhle CB. Organic Chemistry. 9. ed. New Jersey: John Wiley & Sons; 2000.

Thomas G. Fundamentals of medicinal Chemistry. New Jersey: Wiley-Blackwell; 2003.

Voet D, Voet JG. Bioquímica. 3. ed. Grupo A Educação: Porto Alegre; 2006.

Vollhardt P, Schore N. Química orgânica: estrutura e função. 6. ed. Grupo A Educação: Porto Alegre; 2013.